I0001582

FAUNE

DE LA

NORMANDIE

PAR

Henri GADEAU de KERVILLE

Fasc. **II**

OISEAUX

(CARNIVORES, OMNIVORES, INSECTIVORES ET GRANIVORES)

EXTRAIT

du *Bulletin de la Société des Amis des Sciences naturelles de Rouen*,
1er semestre 1889.

PARIS

Librairie J.-B. BAILLIÈRE et Fils

19, Rue Hautefeuille, 19

(Près du boulevard Saint-Germain)

1890

FAUNE

DE LA

NORMANDIE

～～～

OISEAUX

**(CARNIVORES, OMNIVORES, INSECTIVORES
ET GRANIVORES)**

～～～

8" S

5746

ROUEN. — IMPRIMERIE JULIEN LECERF.

FAUNE

DE LA

NORMANDIE

PAR

Henri GADEAU de KERVILLE

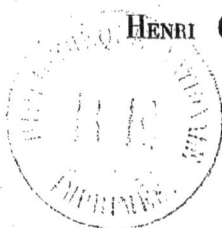

Fasc. II

OISEAUX

(CARNIVORES, OMNIVORES, INSECTIVORES
ET GRANIVORES)

EXTRAIT

du *Bulletin de la Société des Amis des Sciences naturelles de Rouen,*
1er semestre 1889.

PARIS

Librairie J.-B. BAILLIÈRE et Fils

19, Rue Hautefeuille, 19

(Près du boulevard Saint-Germain)

1890

TRAVAUX DU MÊME AUTEUR.

Les Insectes phosphorescents, avec 4 pl. chromolithographiées, Rouen, Léon Deshays, 1881.

Les Insectes phosphorescents, Notes complémentaires et Bibliographie générale (Anatomie, Physiologie et Biologie), Rouen, Julien Lecerf, 1887.

Comptes rendus des 19e, 20e, 21e, 22e, 23e, *et* 24e *réunions des Délégués des Sociétés savantes à la Sorbonne, (Sciences naturelles),* 1881, 1882, 1883, 1884, 1885, *et* 1886, in Bull. de la Soc. des Amis des Scienc. natur. de Rouen, 1er sem. des années 1881, 1882, 1883, 1884, 1885 et 1886; (l'avant-dernier avec 3 pl. en héliogravure et 1 pl. en couleur).

Recherches physiologiques et histologiques sur l'organe de l'odorat des Insectes, par Gustave Hauser, traduit de l'allemand, avec 1 pl. lithographiée, in Bull. de la Soc. des Amis des Scienc. natur. de Rouen, 1er sem. 1881.

Liste générale des Mammifères sujets à l'albinisme, par Elvezio Cantoni, traduction de l'italien et additions, in Bull. de la Soc. des Amis des Scienc. natur. de Rouen, 1er sem. 1882.

Les œufs des Coléoptères, par Mathias Rupertsberger, traduit de l'allemand, in Revue d'Entomologie, ann. 1882.

De l'action du Mouron rouge sur les Oiseaux, in Compt. rend. hebdom. des séanc. de la Soc. de Biologie, n° 27, (séance du 8 juillet 1882).

De l'action du Persil sur les Psittacidés, in Compt. rend. hebdom. des séanc. de la Soc. de Biologie, n° 3, (séance du 20 janvier 1883).

De l'action du Persil sur les Psittacidés, (nouvelles expériences et notes complémentaires), Rouen, Léon Deshays, 1883.

De la structure des plumes et de ses rapports avec leur coloration, par le Dr Hans Gadow, traduit de l'anglais et annoté, avec 1 pl. lithographiée, in Bull. de la Soc. des Amis des Scienc. natur. de Rouen, 1er sem. 1883.

Sur la manière de décrire et de représenter en couleur les animaux à reflets métalliques, avec 1 fig. dans le texte, in Bull. de l'Associat. franç. pour l'Avancement des Sciences, Congrès de Rouen en 1883.

Mélanges entomologiques, 3 mémoires, 1er sem. 1883, 2e sem. 1883, et 1er et 2e sem. 1884, in Bull. de la Soc. des Amis des Scienc. natur. de Rouen, 1er sem. 1883, 2e sem. 1883 et 2e sem. 1884.

Les Myriopodes de la Normandie (1re Liste), *suivie de diagnoses d'espèces et de variétés nouvelles,* par le Dr Robert Latzel, avec 1 pl. lithographiée, in Bull. de la Soc. des Amis des Scienc. natur. de Rouen, 2e sem. 1883.

Les Myriopodes de la Normandie (2e Liste), *suivie de diagnoses d'espèces et de variétés nouvelles (de France, Algérie et Tunisie),* par le Dr Robert Latzel, in Bull. de la Soc. des Amis des Scienc. natur. de Rouen, 2e sem. 1885.

Addenda à la faune des Myriopodes de la Normandie, in Bull. de la Soc. des Amis des Scienc. natur. de Rouen, 1er sem. 1887.

Deuxième Addenda à la faune des Myriopodes de la Normandie, suivi de la description d'une variété nouvelle (var. lucida Latz.) du Glomeris marginata Villers, par le Dr Robert Latzel, in Bull. de la Soc. des Amis des Scienc. natur. de Rouen, 1er sem. 1889.

Note sur une espèce nouvelle de Champignon entomogène (Stilbum Kervillei Q.), avec 1 pl. en couleur, in Bull. de la Soc. des Amis des Scienc. natur. de Rouen, 2e sem. 1883.

Note sur un Orque épaulard pêché aux environs du Tréport, in Bull. de la Soc. des Amis des Scienc. natur. de Rouen, 1er sem. 1884.

De la reproduction de la Perruche soleil (Conurus solstitialis Less.) en France, in Bull. mensuel de la Soc. nation. d'Acclimatation de France, n° 7 (juillet) de 1884.

Note sur un Canard monstrueux appartenant au genre Pygomèle, avec 1 pl. lithographiée, in Journ. de l'Anatomie et de la Physiologie, n° 5 (septembre-octobre) de 1884.

Description de quatre Monstres doubles (2 Chats et 2 Poussins) appartenant aux genres Synote, Iniodyme, Opodyme et Ischiomèle, avec 1 pl. lithographiée, in Journ. de l'Anatomie et de la Physiologie, n° 4 (juillet-août) de 1885.

Sur un type probablement nouveau d'anomalies entomologiques, présenté par un Insecte Coléoptère (Stenopterus rufus L.), avec 2 fig., in Le Naturaliste, n° du 1er janvier 1889.

Sur un Levraut monstrueux du genre Hétéradelphe, avec 1 fig., in Le Naturaliste, n° du 15 décembre 1889.

Expériences tératogéniques sur différentes espèces d'Insectes, avec 6 fig., in Le Naturaliste, n° du 15 mai 1890.

Descriptions de quelques espèces nouvelles de la famille des Coccinellidae, avec 1 pl. en couleur, in Annal. de la Soc. entomol. de France, ann. 1884.

Note sur l'albinisme imparfait unilatéral chez les Lépidoptères, in Annal. de la Soc. entomol. de France, ann. 1885.

Évolution et Biologie des Bagous binodulus Hbst. *et Galerucella nymphaeae* L., in Annal. de la Soc. entomol. de France, ann. 1885.

Évolution et Biologie des Hypera arundinis Payk. *et Hypera adspersa* F. *(H. pollux* F.), in Annal. de la Soc. entomol. de France, ann. 1886.

Note sur les Crustacés Schizopodes de l'estuaire de la Seine, suivie de la description d'une espèce nouvelle de Mysis (Mysis Kervillei G.-O Sars), par G.-O. Sars, avec 1 pl. gravée, in Bull. de la Soc. des Amis des Scienc. natur. de Rouen, 1er sem. 1885.

Note sur un hybride bigénère de Pigeon domestique et de Tourterelle à collier, suivie de la récapitulation des hybrides uni- et bigénères observés jusqu'alors dans l'ordre des Pigeons, in Bull. de la Soc. des Amis des Scienc. natur. de Rouen, 2e sem. 1885.

Aperçu de la faune actuelle de la Seine et de son embouchure, depuis Rouen jusqu'au Havre, in 2e vol. de L'Estuaire de la Seine, par G. Lennier, Le Havre, impr. du journal Le Havre, 1885.

La faune de l'estuaire de la Seine, in Annuaire des cinq départements de la Normandie (Annuaire normand), Congrès de Honfleur en 1886.

Causeries sur le Transformisme, Paris, C. Reinwald, 1887.

Faune de la Normandie, fasc. I, Mammifères, avec 1 pl. en noir, in Bull. de la Soc. des Amis des Scienc. natur. de Rouen, 2ᵉ sem. 1887.

Faut-il détruire nos Rapaces nocturnes?, note de zoologie pratique, in Bull. de la Soc. des Amis des Scienc. natur. de Rouen, 2ᵉ sem. 1887.

De la coloration asymétrique des yeux chez certains Pigeons métis, in Bull. de la Soc. des Amis des Scienc. natur. de Rouen, 2ᵉ sem. 1887.

Note sur la variation de forme des grains et des pepins, chez les Vignes cultivées de l'Ancien-Monde, avec 1 pl. lithographiée, in Bull. de la Soc. centrale d'Horticulture du départem. de la Seine-Inférieure, 4ᵉ cah. de 1887.

Les Crustacés de la Normandie, espèces fluviales, stagnales et terrestres, (1ᵗᵉ Liste), in Bull. de la Soc. des Amis des Scienc. natur. de Rouen, 1ᵉʳ sem. 1888.

Note sur la découverte du Pélodyte ponctué dans le département de la Seine-Inférieure, in Bull. de la Soc. des Amis des Scienc. natur. de Rouen, 2ᵉ sem. 1888.

Note sur la venue du Syrrhapte paradoxal en Normandie, avec 1 pl. en bistre, in Bull. de la Soc. des Amis des Scienc. natur. de Rouen, 1ᵉʳ sem. 1889.

Les Animaux et les Végétaux lumineux, avec 49 fig. intercalées dans le texte, (Biblioth. scientif. contemporaine), Paris, J.-B. Baillière et fils, 1890.

Sur l'existence du Palaemonetes varians Leach *dans le département de la Seine-Inférieure*, in Bull. de la Soc. zoolog. de France, t. XV, n° 1, janvier 1890.

Sur un cas d'amitié réciproque chez deux Oiseaux (Perruche et Sturnidé), avec 1 fig., in Le Naturaliste, n° du 1ᵉʳ août 1890.

Etc.

N.-B. — Tous les travaux indiqués ci-dessus, publiés d'une façon dépendante, ont été tirés à part.

A MON PÈRE ET A MA MÈRE,

   Grâce à vous, j'ai pu me consacrer entièrement aux études biologiques et philosophiques, qui depuis longtemps exercent sur moi une attraction puissante. Non-seulement vous m'avez donné pleine liberté de consacrer ma vie à ces captivantes études, mais, dans votre grande et intelligente affection pour moi, vous me les avez facilitées par tous les moyens possibles. Je vous en témoigne ma très-vive reconnaissance, que le temps lui-même ne saurait altérer.

   Permettez-moi de vous dédier ce laborieux travail, inspiré par mon amour sincère pour la province qui m'a vu naître, et acceptez-le comme un faible hommage de mon affection profonde.

FAUNE DE LA NORMANDIE

PAR

Henri GADEAU de KERVILLE

Fasc. II[1]

OISEAUX

(CARNIVORES, OMNIVORES, INSECTIVORES ET GRANIVORES)

PRÉFACE

De toutes les classes du monde zoologique normand, c'est assurément la classe des Oiseaux qui est la mieux connue. Le très-vif intérêt que présentent les mœurs de ces charmants êtres, la beauté du plumage et l'harmonie du chant d'un grand nombre d'espèces, l'utilité et la nocivité de ces animaux dans la nature cultivée, l'importance de différentes espèces au point de vue alimentaire, le rôle cynégétique de certaines d'entre elles, la facilité de les conserver en collections, d'aspect fort agréable, etc., expliquent surabondamment pourquoi sont bien connus les Oiseaux de la Normandie.

---

1. — *Fasc. I, Mammifères,* avec 1 pl. en noir, in Bull. de la Soc. des Amis des Scienc. natur. de Rouen, 2e sem. 1887, p. 117. — Tir. à part, Paris, J.-B. Baillière et fils, 1888.

17

Nombreuses sont les personnes qui, par leurs documents imprimés ou leurs collections locales, ont contribué à l'instauration de la faune ornithologique normande. Parmi elles, je dois mentionner huit noms auxquels la science est redevable des travaux les plus importants relatifs à cette faune. Ce sont, par ordre alphabétique : A^d Benoist, auteur d'un *Catalogue des Oiseaux observés dans l'arrondissement de Valognes*[1]; Emmanuel Canivet, qui a publié un *Catalogue des Oiseaux du département de la Manche*[2]; C.-G. Chesnon, auquel on doit un *Essai sur l'Histoire naturelle de la Normandie, 1re partie, Quadrupèdes et Oiseaux*[3]; J. Hardy, auteur du *Catalogue des Oiseaux observés dans le département de la Seine-Inférieure*[4]; J. Le Mennicier, qui a fait paraître un *Catalogue des Oiseaux observés dans le département de la Manche, plus particulièrement dans l'arrondissement de Saint-Lô, depuis près de vingt-cinq ans*[5]; E. Lemetteil, auteur du *Catalogue raisonné ou Histoire descriptive et méthodique des Oiseaux de la Seine-Inférieure*[6], de beaucoup le plus important des travaux relatifs aux Oiseaux de la région normande; Le Sauvage, qui a publié un *Catalogue méthodique des Oiseaux du Calvados*[7]; et Noury, auquel on est redevable d'un *Catalogue complet des Oiseaux de la Normandie observés par Noury*[8].

Comme je le disais précédemment, la faune ornithologique de la Normandie est bien connue dans son ensemble, mais beaucoup de points d'ordre faunique réclament d'attentives études, et, de plus, les ornithologistes ont toujours à constater et à signaler la venue accidentelle d'un certain nombre d'espèces.

Pour la rédaction de cette faune des Oiseaux de la Normandie, j'ai adopté, en très-grande part, la nomenclature et la classification suivies par E. Lemetteil dans

1. voir p. 273; 2. voir p. 96; 3, voir p. 75; 4, voir p. 77; 5, voir p. 96; 6, voir p. 73; 7, voir p. 75; et 8, voir p. 77.

son beau travail indiqué dans les lignes qui précèdent. Toutefois, je me suis notablement séparé de lui, à l'égard des noms ordinaux. Voulant des noms caractéristiques et homogènes pour les ordres, E. Lemetteil, dans l'ouvrage en question, a divisé les Oiseaux du département de la Seine-Inférieure en six ordres : *Carnivores, Omnivores, Insectivores, Granivores, Vermivores* et *Piscivores.* Des motifs qui seraient longs à exposer et déplacés ici m'ont fait diviser les Oiseaux de la Normandie en huit ordres : *Carnivores, Omnivores, Insectivores, Granivores, Pigeons, Gallinacés, Échassiers* et *Palmipèdes,* noms qui, selon moi, caractérisent le mieux ces huit grandes divisions.

Dans la préface du 3° fascicule de cette *Faune de la Normandie,* qui contiendra les ordres des *Pigeons, Gallinacés, Échassiers* et *Palmipèdes,* c'est-à-dire la seconde moitié des ordres des Oiseaux, j'indiquerai, sous forme de tableau, les noms des espèces sédentaires, de passage régulier, de passage accidentel, etc. Un tel tableau, restreint à la moitié des ordres des Oiseaux de la Normandie, n'offrirait qu'un très-mince intérêt, c'est pourquoi je me borne à dire ici que le nombre des espèces et variétés ornithologiques appartenant aux ordres des *Carnivores, Omnivores, Insectivores* et *Granivores,* observées en Normandie, est de 159 espèces (dont 1 douteuse) et de 9 variétés, ainsi réparties :[1]

Carnivores : 35 espèces;

Omnivores : 11 espèces;

Insectivores : 89 espèces (dont 1 douteuse) et 7 variétés;

Et *Granivores* : 24 espèces et 2 variétés.

M. E. Lemetteil, d'une si grande compétence en matière d'ornithologie normande, avait bien voulu se charger de revoir, d'une façon très-attentive, le manuscrit de la partie

---

1. — D'autres espèces ont aussi été observées en Normandie, mais n'ayant pu être fixé sur leur nom spécifique, je ne les cite pas dans ces nombres.

ornithologique de ma *Faune de la Normandie*, et, avec
une obligeance parfaite, il me faisait de précieuses critiques
et me donnait des renseignements très-utiles. La mort l'a
frappé quand il n'avait revu encore que le premier tiers
environ du manuscrit de ce deuxième fascicule. J'adresse à
la mémoire de ce savant ornithologue, de ce Collègue si
regrettable, l'expression de ma profonde reconnaissance.

J'ai la grande satisfaction de faire savoir que les deux
derniers tiers environ du manuscrit de ce deuxième fascicule
ont été revus, avec beaucoup de soin, par l'un de mes Col-
lègues, qui est une autorité en science ornithologique :
M. Jules Vian, auquel je suis redevable de critiques
et de renseignements des plus utiles. Qu'il reçoive ici l'expression de ma très-vive gratitude pour avoir bien voulu
mettre à ma disposition, d'une manière si obligeante, sa
profonde connaissance des Oiseaux de l'Europe.

Je tiens aussi, — rien pour moi n'est plus naturel, — à
remercier très-sincèrement MM. Émile Anfrie, à Lisieux
(Calvados); Charles Bouchard, à Gisors (Eure); Ernest
Bouchet fils, à Elbeuf (Seine-Inférieure) ; Louis-Henri
Bourgeois, à Eu (Seine-Inférieure); Ernest Bucaille, à
Rouen; Albert Fauvel, à Caen; Raoul Fortin, à Rouen;
Léon Gaillon, à Bracquemont (Seine-Inférieure); Arthur
Geffroy, à Vaudry (Calvados); Henri Joüan, à Cherbourg;
André Le Breton, à Rouen; Alexandre Levoiturier, à Orival
(Seine-Inférieure); et Eugène Niel, à Rouen, qui, avec une
grande obligeance, m'ont fourni de précieux et nombreux
documents pour la rédaction de ce deuxième fascicule.

Quelques lignes encore avant de terminer cette préface ;
quelques lignes déjà cent fois écrites, et qu'il est cependant
toujours utile de tracer à nouveau : je veux parler de la
nécessité absolue de recourir aux sources originales
lorsqu'on veut rédiger un travail faunique avec le maximum
d'exactitude.

Très-nombreux, hélas, sont les exemples à citer, relativement aux erreurs contenues dans les renseignements de seconde main. Je mentionnerai l'exemple suivant, parce qu'il concerne le premier fascicule de cette *Faune de la Normandie* : Une savante publication, très-utile et très-connue, le *Bulletin bimensuel de la Société nationale d'Acclimatation de France*, signale, dans son numéro du 20 juin 1888 (p. 659), le fascicule en question, et dit que plusieurs exemplaires de la Belette vison (*Mustela lutreola* L.) ont été capturés à Cormeilles (Eure). Dans mon texte et sur la planche il y a Corneville-sur-Risle (Eure) et non Cormeilles (Eure). J'ignore d'où provient cette erreur de nom, mais je tiens à faire observer que Corneville-sur-Risle et Cormeilles étant l'un et l'autre, non-seulement dans l'Eure, mais dans la même région de ce département, une personne qui copierait le nom dont il s'agit dans le Bulletin en question, ne pourrait pas s'apercevoir que ce nom est faux, même si elle savait de quelle région du département de l'Eure proviennent les deux (et non plusieurs, comme il est dit dans ce Bulletin) individus de la Belette vison tués à Corneville-sur-Risle.

Encore une fois, l'on ne peut assez recommander aux auteurs de travaux fauniques de constamment recourir aux sources originales s'ils veulent faire des travaux aussi exacts que possible, et s'ils n'ont pas ce souci toujours présent à l'esprit, il est mille fois préférable qu'ils laissent leur plume dans l'écritoire.

J'espère que l'excellence du but me fera pardonner la tournure doctorale de cette fin de préface.

N.-B. — Le lecteur trouvera dans l'introduction à ma *Faune de la Normandie*, publiée dans le premier fascicule, le plan de ce laborieux ouvrage faunique.

ABRÉVIATIONS.

T.-C. — Très-commun.

C. — Commun.

A. C. — Assez commun.

P. C. — Peu commun.

A. R. — Assez rare.

R. — Rare.

1er Embranchement.

VERTEBRATA — VERTÉBRÉS.

2° Classe. *A VES* — OISEAUX.

1er Ordre. *CARNIVORA* — CARNIVORES.

1re Famille. *STRIGIDAE* — STRIGIDÉS.

1er Genre. *ASIO* — HIBOU.

1re Espèce. **Asio bubo** L. — Hibou grand-duc.

Asio bubo Sws.
Bubo europaeus Less., *B. ignavus* T. Forst., *B. italicus*
    Briss., *B. maximus* Flem.
Otus bubo Schleg.
Strix bubo L.

Grand-duc d'Europe.

Grand-duc, Grand hibou.

Bert[1]. — *Op. infrà cit.*, p. 51; tir. à part, p. 27.
Degland et Gerbe[2]. — *Op. infrà cit.*, t. I, p. 141.
Lemetteil[3]. — *Op. infrà cit., Carnivores*, p. 181; tir. à
    part, t. I, p. 21.

1. Paul Bert. — *Catalogue des Animaux Vertébrés de l'Yonne,* in Bull. de la Soc. des Scienc. historiq. et natur. de l'Yonne, ann. 1864, t. XVIII, 2° part., p. 7, et pl. I et II. — Tir. à part : *Catalogue méthodique des Animaux Vertébrés qui vivent à l'état sauvage dans le département de l'Yonne, avec la clef des Espèces et leur diagnose,* avec 2 pl., Paris, Victor Masson et fils, 1864.

2. C.-D. Degland et Z. Gerbe. — *Ornithologie européenne ou Catalogue descriptif, analytique et raisonné, des Oiseaux observés en Europe,* 2° édit., 2 vol., Paris, J.-B. Baillière et fils, 1867.

3. E. Lemetteil. — *Catalogue raisonné des Oiseaux de la Seine-Inférieure,* in Bull. de la Soc. des Amis des Scienc. natur. de Rouen : ann. 1866, p. 163; *Carnivores,* p. 177; *Omnivores,* p. 243; — ann. 1867 : *Insectivores,* p. 56; — ann. 1868 : *Granivores,* p. 46; — ann. 1869 : *Vermivores,* p. 36. — Le 6° et dernier ordre (*Piscivores*) n'a pas été publié dans le Bull. de cette Soc., mais figure, avec ceux qui précèdent, dans le tir. à part intitulé : *Catalogue raisonné ou Histoire descriptive et méthodique des Oiseaux de la Seine-Inférieure,* 2 vol., Rouen, Henry Boissel, 1874.

18

Brehm[1]. — *Op. infrà cit.*, t. I, p. 504, et fig. 141 (p. 503).
Dubois[2]. — *Op. infrà cit.* : texte, t. I, p. 124; atlas, t. I,
pl. 28, et pl. III, fig. 28.

Le Hibou grand-duc habite les lieux très-solitaires, préférant les régions montagneuses et rocheuses, et habite aussi
les grandes forêts des plaines et les ruines. Il est sédentaire et errant, et vit ordinairement par couples. Il est
courageux. Ses mœurs sont nocturnes; cependant on le voit
quelquefois voler en plein jour au-dessus de la cime des
arbres. Son vol est rapide, léger et silencieux; parfois l'Oiseau s'élève à de grandes hauteurs; en chasse, il rase le sol,
tantôt lentement, tantôt très-rapidement. Sa nourriture se
compose principalement de petits Mammifères; il mange
aussi des Lièvres, des Lapins, des Oiseaux, etc.; faute de
mieux, il mange des Reptiles, des Grenouilles, de gros
Insectes, etc. La femelle ne fait annuellement qu'une couvée,
de deux œufs, rarement de trois. La ponte a lieu en mars
ou avril. La durée de l'incubation est de quatre semaines.
Cette espèce niche isolément. Le nid est grossièrement construit avec des branches sèches et de la terre, recouvertes
d'une couche de feuilles sèches et d'herbes sèches; il est placé
dans une excavation de rocher, sur un vieil arbre d'une
forêt, sur le sol, ou dans les roseaux d'un marais; souvent la femelle dépose ses œufs dans un nid abandonné
de Carnivore diurne ou d'un autre Oiseau; souvent aussi
elle pond à nu dans une ruine ou dans quelque endroit
bien caché.

1. A.-E. Brehm. — *Merveilles de la Nature. L'Homme et les Animaux.
Les Oiseaux.* Édit. française revue par Z. Gerbe, 2 vol., avec un certain
nombre de pl. et de très-nombreuses fig., Paris, J.-B. Baillière et fils.

2. Alphonse Dubois. — *Faune illustrée des Vertébrés de la Belgique,
série des Oiseaux,* 2 vol. de texte et 2 vol. de pl. color. : texte, t. I (1876-
1887), et atlas, t. 1; Bruxelles, C. Muquardt, Th. Falk S[r], 1887; texte, t. II, et
atlas, t. II, (non terminés en décembre 1889); Bruxelles et Leipzig, C. Muquardt, Merzbach et Falk.

Seine-Inférieure :

Trois individus ont été tués aux environs du château du Tot près Fontenay, entre 1852 et 1855.
[E. BUCAILLE, renseign. verbal, 1889].

« Un sujet aurait été observé en hiver, à Bolbec,
dans une vieille fabrique ». [E. LEMETTEIL. — *Op.
cit., Carnivores*, p. 182; tir. à part, t. I, p. 22].

? Calvados :

« Des chasseurs m'ont assuré en avoir vu dans la
forêt de Cerisy ». [C.-G. CHESNON[1]. — *Op. infrà cit.,*
p. 166].

« Plusieurs chasseurs et gardes ont affirmé avoir
entendu et même vu, dans la forêt de Cerisy, ce rare
Oiseau, qui serait de passage seulement et qu'on ne
peut indiquer qu'avec doute ». [LE SAUVAGE[2]. — *Op.
infrà cit.*, p. 177].

2. Asio scops L. — Hibou petit-duc.

Bubo scops Boie.
Ephialtes scops Keys. et Bl.
Otus scops Schleg.
Scops Aldrovandi Flem., *S. asio* Steph., *S. carniolica*
Brehm, *S. ephialtes* Sav., *S. europaeus* Less., *S. giu*
Newt., *S. zorca* Sws.
Strix carniolica Gm., *S. giu* Scop., *S. pulchella* Gm.,
S. scops L., *S. zorca* Gm.

---

1. C.-G. Chesnon. — *Essai sur l'Histoire naturelle de la Normandie,*
Ire partie, *Quadrupèdes et Oiseaux*, avec 7 pl.; Bayeux, C. Groult; Paris,
Lance; 1834. — Il a été publié une édit. du même ouvrage sous le titre de :
Essai sur l'Histoire naturelle, avec 6 pl.; Bayeux, C. Groult; Paris et Lyon,
Perisse frères; 1835; (même paginat. que celle de l'édit. précédente).

2. Le Sauvage. — *Catalogue méthodique des Oiseaux du Calvados*, in
Mémoir. de la Soc. linnéenne de Normandie, ann. 1834-38, p. 171.

Chouette scops.

Hibou scops.

Scops d'Aldrovande, S. de la Carniole, S. petit-duc.

Petite chouette à oreilles, Petit-duc, Petit hibou cornu, Scops.

BERT. — *Op. cit.*, p. 50 et 51; tir. à part, p. 26 et 27.

DEGLAND et GERBE. — *Op. cit.*, t. I, p. 142.

LEMETTEIL. — *Op. cit.*, *Carnivores*, p. 184; tir. à part, t. I, p. 24.

GENTIL[1]. — *Op. infrà cit.*, *Rapaces*, p. 43; tir. à part, p. 27.

DUBOIS. — *Op. cit.* : texte, t. I, p. 135; atlas, t. I, pl. 31, et pl. XIII, fig. 29.

Le Hibou petit-duc habite les plaines et les champs pourvus d'arbres, les bois, les bosquets, les vignobles, les jardins, même les promenades des villes. Il est migrateur et sédentaire, et vit solitaire une partie de l'année. Il émigre en petites bandes. Ses mœurs sont nocturnes. Son vol, en chasse, est léger, ondoyant, silencieux, au ras du sol et peu au-dessus. Sa nourriture se compose principalement d'Insectes et de petits Mammifères; il mange aussi des Vers de terre, etc., n'attaquant que très-rarement les petits Oiseaux. La femelle ne fait annuellement qu'une couvée, de trois à six œufs. La ponte a lieu en avril, mai ou juin. La durée de l'incubation est, je crois, d'environ deux semaines et demie. Cette espèce niche isolément et ne construit pas de nid ; la femelle dépose ses œufs dans un trou de muraille, un arbre creux, une crevasse de rocher, sous le toit d'une maison,

1. Amb. Gentil. — *Ornithologie de la Sarthe*, in Bull. de la Soc. d'Agricult., Scienc. et Arts de la Sarthe : 1er et 2e trim. 1877, p. 19; *Rapaces*, p. 21; *Grimpeurs*, p. 44; *Pigeons*, p. 51; *Gallinacés*, p. 54; — 1er et 2e trim. 1878 : *Échassiers*, p. 27; — ann. 1879 et 1880, 1er fasc. : *Palmipèdes*, p. 31; — ann. 1879 et 1880, 2e fasc. : *Passereaux*, p. 145.— Tir. à part : *Ornithologie de la Sarthe : Rapaces, Grimpeurs, Pigeons, Gallinacés*, 1878 ; *Échassiers*, 1878; *Palmipèdes*, 1879; *Passereaux*, 1880; Le Mans, Edmond Monnoyer.

sans, le plus souvent, garnir d'une litière la place où elle pond ; exceptionnellement, elle dépose ses œufs dans un nid abandonné d'Oiseau. (Les trois quarts des nichées observées par A. Lacroix dans les Pyrénées françaises étaient dans des nids de Pie commune, modifiés de manière à rendre l'intérieur plus sombre, mais ce fait est une exception).

Normandie :

« Très-rare en Normandie, où il n'est que de passage ». [C.-G. CHESNON. — *Op. cit.*, p. 167].

Espèce mentionnée, sans aucune indication géonémique, comme étant de passage accidentel en Normandie. [NOURY[1]. — *Op. infrà cit.*, p. 88].

Seine-Inférieure :

Espèce mentionnée, sans aucune indication géonémique, comme ayant été observée plus d'une fois dans la Seine-Inférieure. [J. HARDY[2]. — *Op. infrà cit.*, p. 282].

« Un individu, perdu pour l'ornithologie, a été tué en septembre 1864, à Bolbec, dans un parc ». [E. LEMETTEIL. — *Op. cit.*, *Carnivores*, p. 185 ; tir. à part, t. I, p. 25].

Un garde m'a donné l'assurance qu'il avait vu un certain nombre d'individus de cette espèce sur un arbre, dans le bois de Saint-Martin-le-Gaillard, en octobre 1876, et qu'il en tua plusieurs qu'il fit cuire. [Louis-Henri BOURGEOIS, renseign. manuscrit, 1888].

---

1. Noury. — *Catalogue complet des Oiseaux de la Normandie observés par Noury*, in Bull. de la Soc. des Amis des Scienc. natur. de Rouen, ann. 1865, p. 86.

2. J. Hardy. — *Catalogue des Oiseaux observés dans le département de la Seine-Inférieure*, in Annuaire des cinq départements de l'ancienne Normandie (Annuaire normand), 1841, 7e ann., p. 280.

Eure :

Espèce mentionnée comme ayant été observée dans le canton de Gisors. [Charles Bouchard[1]. — *Op. infrà cit.*, p. 19].

Calvados :

« Quelques jeunes individus furent tués à Falaise, il y a peu d'années, sur la propriété de M. de la Fresnaye. Ce naturaliste pense qu'ils provenaient d'une nichée; je possède l'un d'eux ». [Le Sauvage. — *Op. cit.*, p. 177].

3. **Asio otus** L. — Hibou moyen-duc.

Aegolius otus Keys. et Bl.
Asio italicus Briss., *A. otus* Less.
Bubo otus Sav.
Otus asio Leach, *O. communis* Less., *O. europaeus* Steph., *O. otus* Cuv., *O. vulgaris* Flem.
Strix otus L.
Ulula otus Macg.

Hibou commun, H. des forêts, H. ordinaire, H. vulgaire.

Cat-huant, Chapon de lierre, Chat-huant à oreilles, Chat-huant cornu, Houhou, Huant, Moyen-duc.

Bert. — *Op. cit.*, p. 51; tir. à part, p. 27.
Degland et Gerbe. — *Op. cit.*, t. I, p. 138.
Lemetteil. — *Op. cit.*, *Carnivores*, p. 183; tir. à part, t. I, p. 23.
Gentil. — *Op. cit.*, *Rapaces*, p. 41 et 42; tir. à part, p. 25 et 26.

---

1. Charles Bouchard. — Faune du canton de Gisors (Eure), in Charpillon. — *Gisors et son canton (Eure), Statistique, Histoire*, Les Andelys, Delcroix, 1867. — [Oiseaux, p. 19]. [Le nom de Charles Bouchard n'est pas indiqué dans cet ouvrage].

Dubois. — *Op. cit.* : texte, t. I, p. 128; atlas, t. I, pl. 29, et pl. VI, fig. 29.

Le Hibou moyen-duc habite les forêts et les bois, et s'approche quelquefois des lieux habités par l'Homme. Il est sédentaire et migrateur, errant en petites bandes pendant l'automne. Hors l'époque des amours, de l'incubation et de l'élevage des jeunes, il se réunit en petites bandes. Ses mœurs sont nocturnes. Son vol est léger, vacillant et silencieux. Sa nourriture se compose principalement de petits Mammifères; il mange accidentellement des petits Oiseaux, de gros Insectes, des Levrauts, des Lapereaux, des Perdrix, etc. La femelle ne fait annuellement qu'une couvée, de quatre à sept œufs. La ponte a lieu en mars ou avril. La durée de l'incubation est de trois semaines. Cette espèce niche isolément et ne construit pas de nid; la femelle dépose ses œufs dans un nid abandonné de Corneille, de Geai, de Colombe ramier, de Carnivore diurne, d'Écureuil, que l'Oiseau ne se donne même pas la peine de réparer, dans une crevasse de rocher ou de muraille, ou dans un arbre creux.

Toute la Normandie. — Sédentaire, et de passage régulier : arrive en automne et repart au printemps après la reproduction. — P.C.

4. **Asio accipitrinus** Pall. — Hibou brachyote.

Aegolius brachyotus Keys. et Bl.
Asio accipitrinus Newt., *A. brachyotus* Macg., *A. ulula* Less.
Noctua major Briss., *N. minor* Gm.
Otus brachyotus Boie, *O. microcephalus* Leach, *O. palustris* Brehm.
Strix accipitrina Pall., *S. aegolius* Pall., *S. brachyotus* Forst., *S. brachyura* Nilss., *S. palustris* Bchst., *S. ulula* Gm.

Chouette des marais.
Hibou des marais.

Brachyote, Grande chevêche, Grosse chevêche.

BERT. — *Op. cit.*, p. 51 ; tir. à part, p. 27.

DEGLAND et GERBE. — *Op. cit.*, t. I, p. 136.

LEMETTEIL. — *Op. cit.*, *Carnivores*, p. 185; tir. à part, t. I, p. 25.

GENTIL. — *Op. cit.*, *Rapaces*, p. 41; tir. à part, p. 25.

DUBOIS. — *Op. cit.* : texte, t. I, p. 131 ; atlas, t. I, pl. 30, et pl. XII, fig. 29.

Le Hibou brachyote habite les lieux marécageux, les prairies, les champs, les bruyères, les bois. Il est migrateur et sédentaire. Il vit généralement en petites bandes, et parfois solitaire. Ses mœurs sont nocturnes. Son vol est silencieux, d'habitude lent, et peu élevé, bien que l'Oiseau monte parfois à de grandes hauteurs. Sa nourriture se compose principalement de petits Mammifères; il mange aussi des petits Oiseaux, des Grenouilles, de gros Insectes, etc. La femelle ne fait annuellement qu'une couvée, de trois à six œufs. La ponte a lieu en mai. La durée de l'incubation est de trois semaines. Cette espèce niche isolément. Le nid est construit avec des bûchettes entremêlées de paille, d'herbes sèches et de fumier sec, ou avec des roseaux secs; il est placé à terre dans un champ ou dans une prairie, ou sur un monticule parmi les hautes herbes ou les roseaux d'un marais, parfois dans un nid abandonné d'Oiseau; accidentellement, la femelle ne fait aucune litière pour déposer ses œufs.

Toute la Normandie. — De passage régulier : arrive en automne et repart au printemps avant la reproduction. — C.

2° Genre. *STRIX* — CHOUETTE.

1. **Strix aluco** L. — Chouette hulotte.

Aluco aluco Kaup, *A. stridulus* Macg.
Strix stridula L., *S. sylvestris* Scop.
Syrnium aluco Boie, *S. stridulum* Steph., *S. ululans* Sav.
Uluta aluco Keys. et Bl.

Chouette chat-huant.
Hulotte chat-huant.

Cat-hou, Cat-hu, Cat-huain, Cat-huant, Chat-houe, Chat-
huant, Chat-huant barré, Chat-huant hurleur, Hauleux,
Houhou, Huain, Huant, Hulotte.

BERT. — *Op. cit.*, p. 51 et 52 ; tir. à part, p. 27 et 28.
DEGLAND et GERBE. — *Op. cit.*, t. I, p. 127.
LEMETTEIL. — *Op. cit.*, *Carnivores*, p. 187 ; tir. à part,
t. I, p. 27.
GENTIL. — *Op. cit.*, *Rapaces*, p. 40 ; tir. à part, p. 24.
DUBOIS. — *Op. cit.* : texte, t. I, p. 115 ; atlas, t. I, pl. 26,
et pl. V, fig. 26.

La Chouette hulotte habite les forêts, les bois, et aussi,
mais d'une façon accidentelle et temporaire, les constructions abandonnées, ne s'approchant que pendant la saison
froide des endroits habités par l'Homme. Elle est sédentaire
et probablement migratrice. Elle est sociable. Ses mœurs
sont nocturnes. Son vol est lent, léger, vacillant, silencieux,
et, en chasse, au ras du sol ou très-peu élevé. Sa nourriture
se compose principalement de petits Mammifères; elle mange
aussi des Oiseaux, des Lapereaux, des Levrauts, des Lézards,
des Grenouilles, des Insectes, etc. La femelle ne fait annuellement qu'une couvée, de trois à six œufs, rarement de sept.
La ponte a lieu dans la seconde quinzaine de février, en
mars ou avril. La durée de l'incubation est de 24 à 26 jours.
Cette espèce niche isolément et, en général, ne construit pas

de nid ; la femelle dépose ses œufs dans un arbre creux, où ils reposent, soit sur le bois vermoulu, soit sur une litière de mousse, de poils et de plumes, ou parfois dans le trou d'un rocher, dans une crevasse de muraille, dans un nid abandonné de Carnivore diurne, de Corneille, de Pie, d'Écureuil.

Toute la Normandie. — Sédentaire. — C.

2. **Strix flammea** L. — Chouette effraye.

Aluco flammeus Flem.
Strix alba Scop., *S. guttata* Brehm.

Effraye commune, E. flambée, E. ordinaire, E. vulgaire.

Chat-huant blanc, Chat-huant des clochers, Chat-huant moucheté, Chouette blanche, Effraie, Fraie, Fresaie, Frésaie, Fresas, Maute, Orfraie.

BERT. — *Op. cit.*, p. 51, et pl. I, fig. 18; tir. à part, p. 27, et même fig.
DEGLAND et GERBE. — *Op. cit.*, t. I, p. 133.
LEMETTEIL. — *Op. cit.*, *Carnivores*, p. 188; tir. à part, t. I, p. 28.
GENTIL. — *Op. cit.*, *Rapaces*, p. 41 ; tir. à part, p. 25.
DUBOIS. — *Op. cit.* : texte, t. I, p. 119 ; atlas, t. I, pl. 27, et pl. II, fig. 27.

La Chouette effraye habite les vieux édifices, les clochers, les tours, les ruines, les greniers, les colombiers, les forêts, les bois, les bosquets, les rochers, les endroits découverts. Dans les régions méridionales et tempérées, elle recherche le voisinage des lieux habités par l'Homme, et ne se trouve que rarement dans les forêts, les bois et les endroits découverts. Dans nos contrées, dit A.-E. Brehm[1], elle habite les

---

1. *Op. cit.*, t. I, p. 316.

clochers, les châteaux, les ruines, les vieilles maisons; dans les régions très-boréales de l'Europe, on ne la trouve que dans les grandes forêts; et, dans les montagnes, elle ne s'élève pas au-dessus de la zone des arbres. Elle est sédentaire et sociable. Ses mœurs sont nocturnes. Son vol est silencieux; en chasse, elle rase le sol. Sa nourriture se compose principalement de petits Mammifères; elle mange aussi des petits Oiseaux, de gros Insectes, etc. La femelle fait annuellement une couvée de trois à sept œufs; si la couvée normale a été détruite, la femelle en fait une autre dans le courant de l'été; il paraît même qu'elle fait parfois deux couvées dans la même année. Selon A.-E. Brehm [1], des observations ont prouvé qu'elle ne se reproduit pas seulement en avril et mai, comme le disent les anciens auteurs, puisque l'on a trouvé plusieurs fois, aux mois d'octobre et de novembre, des jeunes et même des œufs que les parents couvaient avec ardeur. La durée de l'incubation est de 21 jours. Cette espèce niche isolément et ne construit pas de nid; la femelle dépose ses œufs dans un trou de vieille muraille, dans un bâtiment abandonné, un clocher, une anfractuosité de rocher, parfois dans un colombier, rarement dans un arbre creux.

Toute la Normandie. — Sédentaire. — C.

3. **Strix Tengmalmi** Gm. — Chouette de Teng-malm.

Aegolius Tengmalmi Kaup.
Athene Tengmalmi Boie.
Noctua Tengmalmi Cuv.
Nyctala funerea G.-R. Gray, *N. Tengmalmi* Sharpe et Dress.
Nyctale dasypus G.-R. Gray, *N. funerea* Bp., *N. Tengmalmi* Bp.

1. *Op. cit.*, t. I, p. 518.

Scotophilus Tengmalmi Sws.
Strix dasypus Bchst., *S. noctua* Tengm.
Ulula funerea Schleg., *U. Tengmalmi* Bp.

Nyctale de Tengmalm, N. pattue.

DEGLAND et GERBE. — *Op. cit.*, t. I, p. 125.
BREHM. — *Op. cit.*, t. I, p. 514.
DUBOIS. — *Op. cit.* : texte, t. I, p. 106 ; atlas, t. I, pl. 24,
et pl. XI, fig. 23.

La Chouette de Tengmalm habite les forêts et les bois
des régions montagneuses, de préférence les bois de Conifères, et descend à des altitudes plus ou moins faibles pour
éviter le froid rigoureux ; accidentellement, elle se réfugie
dans des bâtiments. Elle est plus ou moins sédentaire, vit
solitaire, et possède un naturel craintif. Ses mœurs sont
nocturnes. Son vol est léger et silencieux. Sa nourriture
se compose principalement de petits Mammifères et de
gros Insectes ; elle mange aussi des petits Oiseaux. La
femelle ne fait annuellement qu'une couvée, de trois à cinq
œufs, rarement de six ou sept. La ponte a lieu en avril
ou mai. La durée de l'incubation est de seize jours.
Cette espèce niche dans un arbre creux.

Seine-Inférieure :

Un individu a été tué dans le canton d'Eu, pendant
la saison froide, vers 1870 ou 1871. [Louis-Henri
BOURGEOIS, renseign. manuscrit, 1888]. [Collection de
MOYNIER, à Ponts-et-Marais près Eu (Seine-Inférieure)].
[J'ai examiné cet individu (H. G. de K.)].

4. **Strix noctua** Scop. — Chouette chevêche.

Athene noctua Boie, *A. passerina* Boie, *A. psilodactyla*
Brehm.
Carine noctua Kaup.

Noctua minor Briss., *N. passerina* Less., *N. veterum*
Schleg.

Strix nudipes Nilss., *S. passerina* Gm., *S. psilodactyla*
Nilss.

Surnia noctua Bp.

Chevêche commune, C. noctuelle, C. ordinaire, C. vulgaire.

Cat-huette, Chevêche, Chouette de pommier, Chouette
perlée, Petite chouette.

BERT. — *Op. cit.*, p. 51 et 52 ; tir. à part, p. 27 et 28.

DEGLAND et GERBE. — *Op. cit.*, t. I, p. 122.

LEMETTEIL. — *Op. cit.*, *Carnivores*, p. 190 ; tir. à part,
t. I, p. 30.

GENTIL. — *Op. cit.*, *Rapaces*, p. 39 ; tir. à part, p. 23.

DUBOIS. — *Op. cit.* : texte, t. I, p. 110 ; atlas, t. I, pl. 25,
et pl. XIII, fig. 24.

La Chouette chevêche habite les bosquets, les bois, les
vergers, les parcs, les champs où il y a des Pommiers, les
constructions abandonnées, les ruines, les tours, les toits,
aimant le voisinage des lieux habités par l'Homme. Elle
est sédentaire et migratrice, et sociable. Ses mœurs sont
nocturnes, mais elle ne fuit pas le jour. Son vol est rapide,
silencieux, et moins léger que celui des autres Strigidés ;
en volant, elle décrit des courbes. Sa nourriture se compose de petits Mammifères, de petits Oiseaux, d'Insectes,
etc. La femelle fait annuellement une couvée[1] de trois à sept
œufs. La ponte a lieu en avril ou mai[1]. La durée de l'incubation est de 16 à 18 jours. Cette espèce niche isolément
et ne construit pas de nid ; la femelle dépose ses œufs dans
un arbre creux, une crevasse de muraille, une anfractuosité de rocher, sous la toiture d'un bâtiment abandonné,

1. Dans la Basse-Égypte, la var. *glaux* Sav. niche dès le mois de mars.
De Heuglin pense que cette var. fait deux couvées par an, car il a trouvé, en
plein été, des jeunes qui ne volaient pas encore.

dans un trou de falaise ; elle niche jusque dans l'intérieur des villes.

Toute la Normandie. — Sédentaire. — P.C.

Observat. — M. E. Lemetteil, à Bolbec (Seine-Inférieure), m'a informé (1889) que depuis 1870, cette espèce devient très-rare dans sa région.

5. Strix nyctea L. — Chouette harfang.

Noctua nyctea Boie.
Nyctea candida Sws., *N. erminea* Steph., *N. nivea*
    G.-R. Gray, *N. nyctea* Kaup, *N. scandiaca* Newt.
Strix alba Briss., *S. candida* Lath., *S. nivea* Thunb.,
    S. scandiaca L.
Surnia nyctea Jameson.
Syrnium nyctea Kaup.

Harfang des neiges.
Surnie harfang.

Harfang.

Degland et Gerbe. — *Op. cit.*, t. I, p. 118.
Brehm. — *Op. cit.*, t. I, p. 496, et fig. 139 (p. 495).

La Chouette harfang habite les forêts et les lieux découverts ; pendant la saison chaude, elle se tient surtout dans les montagnes ; pendant la saison froide, elle descend dans les plaines, et lorsque la nourriture lui fait défaut, elle émigre dans des contrées plus chaudes que son habitat normal. Elle est un peu sociable, hardie et courageuse. Ses mœurs sont nocturnes et un peu diurnes. Son vol rappelle celui des Carnivores diurnes les moins vifs ; quelques observateurs disent qu'elle vole rapidement et bruyamment. Sa nourriture se compose principalement de Mammifères et d'Oiseaux ; elle mange aussi des Poissons, qu'elle saisit lorsqu'ils

viennent à la surface. La femelle ne fait annuellement
qu'une couvée. C.-D. Degland et Z. Gerbe disent (*Op. cit.*,
t. I, p. 119) que les œufs sont au nombre de deux. Par
contre, A.-E. Brehm dit (*Op. cit.*, t. I, p. 497) : « Il est
assez singulier qu'un aussi grand Oiseau ponde un tel
nombre d'œufs. On en a trouvé souvent sept dans un même
nid, et les Lapons sont unanimes à dire qu'il en pond sept,
huit ou dix ». La ponte a lieu en juin. Le nid consiste en
une légère dépression du sol, tapissée d'herbes sèches et de
quelques plumes ; cet Oiseau niche aussi sur des rochers
escarpés et quelquefois sur de vieux arbres.

Manche :

Un mâle adulte a été capturé au phare de Gatteville, le 18 mars 1876. [Dr MARMOTTAN et J. VIAN[1]. —
Op. infrà cit., p. 246 ; tir. à part, p. 2]. [Collec-
tion du Dr MARMOTTAN, au Muséum d'Histoire naturelle de Paris].

2ᵉ Famille. *FALCONIDAE* — FALCONIDÉS.

1ᵉʳ Genre. *CIRCUS* — BUSARD.

1. **Circus rufus** Briss. — Busard des marais.

Circus aeruginosus Sav., *C. arundinaceus* Brehm, *C. pa-
lustris* Briss.
Falco aeruginosus L., *F. arundinaceus* Bchst., *F. rufus*
Gm.

Busard commun, B. harpaye, B. ordinaire, B. vulgaire.

Buse de marais, Écoufle, Harpaye.

1. Dr Marmottan et J. Vian. — *Liste d'Oiseaux capturés en France,
mais rares dans ce pays*, in Bull. de la Soc. zoologique de France, ann. 1879,
p. 245 ; tir. à part, Paris, au siége de la Soc., 1880.

BERT. — *Op. cit.*, p. 49 ; tir. à part, p. 25.

DEGLAND et GERBE. — *Op. cit.*, t. I, p. 105.

LEMETTEIL. — *Op. cit.*, *Carnivores*, p. 198 ; tir. à part, t. I, p. 38.

GENTIL. — *Op. cit.*, *Rapaces*, p. 36 ; tir. à part, p. 20.

DUBOIS. — *Op. cit.* : texte, t. I, p. 84 ; atlas, t. I, pl. 19, et pl. XVII, fig. 19.

Le Busard des marais habite les endroits humides : les marais, le voisinage des lacs et des étangs, les prairies auprès des rivières bordées de roseaux. Il est migrateur et sédentaire, et vit solitaire. Il émigre par couples et jamais en bandes. Ses mœurs sont diurnes. Son vol est lent, incertain, ordinairement peu élevé sauf pendant ses migrations ; il plane plutôt qu'il ne vole. Sa nourriture se compose d'Oiseaux et d'œufs, de petits Mammifères, de Poissons, de Grenouilles, d'Insectes, de Levrauts, de Lapins, etc. La femelle ne fait annuellement qu'une couvée, de trois à six œufs. La ponte a lieu en mars ou avril. La durée de l'incubation est de trois semaines. Cette espèce niche isolément. Le nid, de forme aplatie, est construit avec des tiges et des feuilles sèches de roseaux et de Cypéracées, souvent entremêlées de bûchettes ; il est placé, soit dans une légère excavation du sol, parmi les roseaux ou autres plantes d'un marais ou d'un îlot d'un lac ou d'un grand étang, et le plus souvent loin du bord, soit sur un tas de roseaux, dans un marais, soit, quelquefois, dans les bruyères ou dans un buisson, mais toujours près des endroits marécageux.

Toute la Normandie. — Sédentaire, et de passage régulier : arrive au printemps avant la reproduction et repart en automne. — P.C.

2. **Circus cyaneus** L. — Busard de Saint-Martin.

Circus cyaneus Boie, *C. pygargus* Steph., *C. variegatus* Vieill.

Falco cyaneus L., *F. griseus* Gm., *F. pygargus* Naum.,
    F. strigiceps Nilss., *F. torquatus* Briss. (femelle).
Strigiceps cyaneus Bp., *S. pygargus* Bp.

Busard bleuâtre.
Strigiceps bleuâtre.

Busard blanc, B. grenouillard, Écoufle, Oiseau de Saint-
    Martin, Saint-Martin, Soubuse.

Bert. — *Op. cit.*, p. 49 et 50 ; tir. à part, p. 25 et 26.
Degland et Gerbe. — *Op. cit.*, t. I, p. 107.
Lemetteil. — *Op. cit.*, *Carnivores*, p. 199 ; tir. à part,
    t. I, p. 39.
Gentil. — *Op. cit.*, *Rapaces*, p. 36 ; tir. à part, p. 20.
Dubois. — *Op. cit.* : texte, t. I, p. 87 ; atlas, t. I, pl. 20,
    et pl. XI, figs. 21.

Le Busard de Saint-Martin habite les endroits découverts,
surtout les prairies et les champs situés à proximité de marais, de rivières, de lacs, d'étangs. Il est migrateur et sédentaire, et vit solitaire. Ses mœurs sont diurnes. Son vol est
léger, lent, vacillant, rarement très-élevé ; il plane presque
toute la journée au-dessus des endroits découverts. Sa nourriture se compose de petits Mammifères, d'Oiseaux et
d'œufs, de Grenouilles, de Lézards, d'Insectes, de Levrauts,
etc. La femelle ne fait annuellement qu'une couvée, de trois à
six œufs. La ponte a lieu en avril ou mai. La durée de l'incubation est de trois semaines. Cette espèce niche isolément.
Le nid est grossièrement construit avec des matériaux des
plus variés : à l'extérieur, avec des bois secs, des tiges de
différents végétaux, des feuilles de roseaux, etc., et, à l'intérieur, qui est légèrement excavé, avec de la mousse, des
plumes, des poils et autres substances molles ; parfois, il est
simplement composé d'un petit tas de paille ou de foin ; ce nid
est placé à terre sur une légère éminence, parmi les roseaux,
les broussailles, les hautes herbes, les céréales, dans un
marais, un champ, l'îlot d'un lac.

19

Toute la Normandie. — De passage régulier : arrive au printemps avant la reproduction et repart en automne, ou sédentaire quand la saison froide n'est pas très-rigoureuse. — A.R.

3. Circus cinerarius Mont. — Busard de Montagu.

Circus ater Vieill., *C. cineraceus* Naum., *C. cinerarius* Leach, *C. cinerascens* Steph., *C. Montagui* Vieill., *C. pygargus* Sharpe.

Falco cineraceus Temm., *F. cinerarius* Mont., *F. hyemalis* Penn.

Glaucopteryx cinerascens Kaup.

Strigiceps cineraceus Bp.

Busard cendré.
Strigiceps cendré.

Écoufle, Montagu.

BERT. — *Op. cit.*, p. 49 et 50; tir. à part, p. 25 et 26.

DEGLAND et GERBE. — *Op. cit.*, t. I, p. 109.

LEMETTEIL. — *Op. cit.*, *Carnivores*, p. 201 ; tir. à part, t. I, p. 41.

GENTIL. — *Op. cit.*, *Rapaces*, p. 36 et 37; tir. à part, p. 20 et 21.

DUBOIS. — *Op. cit.* : texte, t. I, p. 95; atlas, t. I, pl. 22, et pl. XII, figs. 20.

Le Busard de Montagu habite les endroits découverts humides : les marais, les prairies et les champs contigus aux rivières et aux lacs, les dunes, recherchant toujours les endroits retirés; il habite aussi dans les bois. Il est migrateur et sédentaire. Il aime à vivre en sociétés nombreuses. Ses mœurs sont diurnes. Son vol est silencieux; il semble tourbillonner au gré du vent, et plane souvent au-dessus des marais, des prairies, des champs. Sa nourriture se compose d'Oiseaux et d'œufs, de petits Mammifères, d'Insectes, de Grenouilles, de Lézards, etc. La femelle ne fait annuellement qu'une couvée, de trois à six œufs. La ponte a lieu en mai. La durée de l'incubation est de trois semaines. Le nid est construit extérieurement avec des bûchettes et des tiges et des feuilles de plantes herbacées, et est garni, à l'intérieur, de mousse, de poils et de plumes; il est placé sur le sol, parmi les roseaux, les hautes herbes, dans un endroit marécageux, un taillis, une prairie, un champ, dans les bruyères.

Toute la Normandie. — De passage régulier : arrive au printemps avant la reproduction et repart en automne. — A.R.

OBSERVATION.

Circus macrurus Gm. = **C. Swainsonii** A. Sm. = **C. pallidus** Sykes — Busard blafard = B. de Swainson = B. pâle.

Relativement à cet Oiseau, E. Lemetteil dit ceci (*Op. cit.*, *Carnivores*, p. 202; tir. à part, t. I, p. 42) : « Une personne qui possède bien son ornithologie m'assure qu'elle a tué dans nos localités le Busard pâle (*Circus pallidus*). Je constate ici le fait; mais, malgré cette affirmation, je n'oserais considérer cette espèce comme appartenant à la Seine-Inférieure ». Je me range à l'opinion de Lemetteil, en faisant toutefois observer que l'apparition exceptionnelle du Busard blafard en Normandie est très-possible, puisque cette espèce a été tuée dans un département limitrophe de la Seine-Inférieure : dans la Somme. En effet, J. Hardy, à propos de cette espèce, dit ce qui suit (*Op. cit.*, p. 282) : « Le Busard blafard a été tué à Abbeville, et aura sans doute été confondu jusqu'à présent, chez nous, avec le Montagu ou le Saint-Martin ».

2ᵉ Genre. *AQUILA* — AIGLE.

1. **Aquila gallica** Gm. — Aigle Jean-le-Blanc.

Aquila brachydactyla M. et W., *A. pygargus* Briss.
Circaetus gallicus Vieill.
Falco brachydactylus Temm., *F. gallicus* Gm., *F. leu-copsis* Bchst.

Circaëte des serpents, C. Jean-le-Blanc.

Jean-le-Blanc.

BERT. — *Op. cit.*, p. 47, pl. I, fig. 17, et pl. II, fig. 3; tir. à part, p. 23, et mêmes fig.

DEGLAND et GERBE. — *Op. cit.*, t. I, p. 50.

LEMETTEIL. — *Op. cit.*, *Carnivores*, p. 204; tir. à part, t. I, p. 44.

GENTIL. — *Op. cit.*, *Rapaces*, p. 25; tir. à part, p. 9.

DUBOIS. — *Op. cit.* : texte, t. I, p. 22; atlas, t. I, pl. 5, et pl. XVII, fig. 5.

OLPHE-GALLIARD[1]. — *Op. infrà cit.*, fasc. XIX, p. 4.

L'Aigle Jean-le-Blanc habite les forêts, les bois, les plaines désertes, le voisinage des eaux et des terres cultivées; parfois on le voit sur les îlots des fleuves; pendant la

---

1. Léon Olphe-Galliard. — *Contributions à la Faune ornithologique de l'Europe occidentale. Recueil comprenant les Espèces d'Oiseaux qui se reproduisent dans cette région ou qui s'y montrent régulièrement de passage, augmenté de la description des principales Espèces exotiques les plus voisines des indigènes ou susceptibles d'être confondues avec elles, ainsi que l'énumération des Races domestiques :* fasc. I, *Anseres brevipennes*, 1884; fasc. II, *Mergidae, Oxyuridae*, 1887; fasc. III, *Fuligulinae*, avec 1 pl. en noir, 1888; fasc. IV, *Anatinae*, 1888; fasc. V, *Cygnidae*, 1885; fasc. VI, *Anseridae*, 1887; fasc. VII, *Phaenicopteridae*, 1887; fasc. VIII, *Anseres pinnipedes*, 1886; fasc. IX, *Procellariidae*, 1886; fasc. X, *Stercora-*

saison froide, il rôde près des habitations humaines. Il est
migrateur et sédentaire. Il vit solitaire ou en petites sociétés, et a un caractère paisible et indolent. Ses mœurs
sont diurnes. Son vol, en chasse, est bas et assez lent,
mais, à l'occasion, il est élevé et rapide. Sa nourriture se
compose d'Ophidiens, de Lézards, d'Orvets, de Grenouilles,
de Poissons, de petits Mammifères, d'Oiseaux, de gros
Insectes, d'Écrevisses, etc. La femelle ne fait annuellement
qu'une couvée, d'un seul œuf. La ponte a lieu en avril, mai
ou juin. La durée de l'incubation est de vingt-huit jours.
Cette espèce niche isolément. Le nid, de forme aplatie, est
construit extérieurement avec des branches sèches, les
plus grosses en dessous, et, à l'intérieur, avec des brindilles fraîches; il est placé sur un arbre élevé.

Normandie :

Espèce mentionnée, sans aucune indication géonémique, comme étant dans la Normandie pendant
l'époque de la reproduction. [NOURY. — *Op. cit.*,
p. 87]. — E. Lemetteil dit que cet Oiseau ne couve
pas dans la Seine-Inférieure, qu'il n'y est que de
passage accidentel en hiver. [E. LEMETTEIL. — *Op.
cit.*, *Carnivores*, p. 204; tir. à part, t. I, p. 44].

Seine-Inférieure :

« Il a été tué, il y a cinq ou six ans, à Bolleville,
à 8 kilomètres de Bolbec. La même année, un individu, qui n'a pu être tiré, est venu se cantonner à

riinae, Larinae, 1886; fasc. XI, *Sterninae,* 1886; fasc. XII, *Grallae natatores,
Grallae longipennes, Recurvirostridae, Himantopodidae, Haematopodi-
dae, Arenariidae,* 1888; fasc. XVI, *Grallae macrodactylae,* 1887; fasc. XVII,
Vulturidae,* 1889; fasc. XVIII, *Aquilidae,* 1889; fasc. XIX, *Circaetidae,
Falconidae,* 1889; fasc. XXII, *Brevipedes,* 1887; fasc. XXIII, *Tenuirostres,*
1888; fasc. XXIV, *Scansores,* 1888; fasc. XXV, *Syndactyli,* 1888;
fasc. XXXIII, *Ploceidae,* 1885; fasc. XXXVII, *Gallinae,* 1886; fasc. XXXVIII,
Tetraonidae,* 1886; fasc. XXXIX, *Perdicidae,* avec une pl. en héliotypie,
1886; fasc. XL, *Cursores,* 1886; Berlin, R. Friedlaender et Sohn; Paris,
J.-B. Baillière et fils; etc.; (en cours de publication).

1 kilomètre de Bolbec ». [E. LEMETTEIL. — *Op. cit.*, *Carnivores*, p. 205 ; tir. à part, t. I, p. 45].

Calvados :

Un individu a été capturé dans les environs de Livarot, il y a peu d'années. [Émile ANFRIE. renseign. manuscrit, 1888].

2. **Aquila haliaetus** L. — Aigle balbusard.

Aquila balbusardus Dumont, *A. haliaetus* M. et W., *A. marina* Briss.
Balbusardus haliaetus Flem.
Falco haliaetus L.
Pandion fluvialis Sav., *P. haliaetus* Less.
Triorches fluvialis Leach.

Balbusard fluviatile, B. pêcheur.

Balbusard, Petit aigle pêcheur.

BERT. — *Op. cit.*, p. 47 ; tir. à part, p. 23.
DEGLAND et GERBE. — *Op. cit.*, t. I, p. 47.
LEMETTEIL. — *Op. cit.*, *Carnivores*, p. 206 ; tir. à part, t. I, p. 46.
GENTIL. — *Op. cit.*, *Rapaces*, p. 25 ; tir. à part, p. 9.
DUBOIS. — *Op. cit.* : texte, t. I, p. 8 ; atlas, t. I, pl. 2, et pl. XII, figs. 2.
OLPHE-GALLIARD. — *Op. cit.*, fasc. XVIII, p. 65.

L'Aigle balbusard habite le voisinage des eaux, préférant les vallées humides et boisées où sont des rivières, des lacs et des étangs, aux rivages maritimes. Il est migrateur et sédentaire, et vit ordinairement par couples. Ses mœurs sont diurnes. Son vol est assez élevé. Sa nourriture se compose uniquement de Poissons. La femelle ne fait annuellement qu'une couvée, de deux ou trois œufs. La ponte a lieu en avril ou mai. La durée de l'incubation est de quatre semaines. Cette espèce niche isolément. Le nid, de forme arrondie, est construit avec de fortes branches sèches, recouvertes de rameaux plus faibles, de mousse et de feuilles; il est placé au sommet d'un arbre élevé, dans une forêt voisine d'une rivière ou d'un lac, très-rarement sur un rocher.

Normandie :

Espèce mentionnée, sans aucune indication géonémique, comme ayant été observée en Normandie. [C.-G. CHESNON. — *Op. cit.*, p. 156].

Espèce mentionnée, sans aucune indication géonémique, comme étant de passage accidentel en Normandie. [NOURY. — *Op. cit.*, p. 87].

Seine-Inférieure :

Espèce mentionnée, sans aucune indication géonémique, comme ayant été observée plus d'une fois dans la Seine-Inférieure. [J. HARDY. — *Op. cit.*, p. 281].

Une belle femelle a été prise au piége dans les bois du Platon, commune de Lillebonne, au mois d'octobre 1876. [E. LEMETTEIL, renseign. manuscrit, 1889].

Un individu a été capturé au bord de la Seine, à Lomboël, en amont et près de Rouen, au mois d'octobre 1881. [Raoul FORTIN, renseign. manuscrit, 1888].

Un individu a été tué à l'embouchure de l'Yères, le 7 octobre 1888. [Louis-Henri BOURGEOIS, renseign. manuscrit, 1888].

Eure :

« Dans certains hivers, il n'est pas rare à la grande mare du Marais-Vernier. » [E. LEMETTEIL. — *Op. cit.*, *Carnivores*, p. 207; tir. à part, t. 1, p. 47].

Espèce mentionnée comme ayant été observée dans le canton de Gisors. [Charles Bouchard. — *Op. cit.*, p. 19].

Espèce rare dans l'arrondissement de Bernay. [Eugène Niel, renseign. manuscrit, 1888].

Calvados :

« Il se trouve dans la plupart des collections ». [Le Sauvage. — *Op. cit.*, p. 174].

Espèce tuée plusieurs fois à Trouville. [Émile Anfrie, renseign. manuscrit, 1888].

Manche :

Espèce mentionnée, sans aucune indication géonémique, comme ayant été observée dans la Manche. [Emmanuel Canivet[1]. — *Op. infrà cit.*, p. 7].

« Presque tous les ans, en hiver, on le voit dans la baie des Veys ». [J. Le Mennicier[2]. — *Op. infrà cit.*, p. 9].

3. **Aquila albicilla** L. — Aigle à queue blanche.

Aquila albicilla Briss., *A. leucocephala* M. et W., *A. ossifraga* Briss.
Falco albicaudus Gm., *F. albicilla* L., *F. hinnularius* Lath., *F. melanaetus* Gm., *F. ossifragus* L., *F. pygargus* Daud.
Haliaetus albicilla Leach, *H. nisus* Sav.
Vultur albicilla L.

Aigle pygargue.

---

1. Emmanuel Canivet. — *Catalogue des Oiseaux du département de la Manche;* Paris, chez l'auteur; Saint-Lô, M. Rousseau; 1843.

2. J. Le Mennicier. — *Catalogue des Oiseaux observés dans le département de la Manche, plus particulièrement dans l'arrondissement de Saint-Lô, depuis près de vingt-cinq ans,* Saint-Lô, Élie fils, 1878.

Pygargue à queue blanche, P. commun, P. ordinaire, P. vulgaire.

Aigle de mer, Grand aigle, Grand aigle pêcheur, Orfraie.

BERT. — *Op. cit.*, p. 47 ; tir. à part, p. 23.

DEGLAND et GERBE. — *Op. cit.*, t. I, p. 39.

LEMETTEIL. — *Op. cit.*, *Carnivores*, p. 208 ; tir. à part, t. I, p. 48.

GENTIL. — *Op. cit.*, *Rapaces*, p. 24 ; tir. à part, p. 8.

DUBOIS. — *Op. cit.* : texte, t. I, p. 4 ; atlas, t. I, pl. 1 et 1ᵇ, et pl. XVI, fig. 1.

OLPHE-GALLIARD. — *Op. cit.*, fasc. XVIII, p. 53.

L'Aigle à queue blanche habite le littoral et le voisinage des fleuves et des lacs ; les jeunes s'avancent quelquefois très-loin dans l'intérieur des terres, mais n'y fixent pas leur domicile. Il est migrateur et sédentaire, et vit généralement en petites sociétés. Il est hardi, tenace et cruel. Ses mœurs sont diurnes. Son vol est lourd, rarement très-élevé. Sa nourriture se compose d'Oiseaux, de Poissons, de Lièvres, de Lapins, de petits Mammifères, de Chevreaux, de jeunes Phoques, etc. ; au besoin, il mange des charognes. La femelle ne fait annuellement qu'une couvée, de deux ou trois œufs. La ponte a lieu en mars. La durée de l'incubation est de trente jours. Cette espèce niche isolément. Le nid est construit extérieurement avec des branches sèches dont les plus inférieures ont parfois la grosseur du bras, et garni à l'intérieur, qui est à peine excavé, avec des ramilles très-fines, de la mousse et des plumes ; il est placé sur un rocher escarpé d'une falaise maritime, plus rarement au sommet d'un arbre élevé d'une forêt à proximité d'un lac ou d'un fleuve.

Normandie :

Espèce mentionnée, sans aucune indication géonémique, comme étant de passage accidentel en Normandie. [NOURY. — *Op. cit.*, p. 87].

Seine-Inférieure :

Espèce mentionnée, sans aucune indication géonémique, comme ayant été observée plus d'une fois dans
la Seine-Inférieure. [J. Hardy. — *Op. cit.*, p. 281].

En 1864, deux individus sont venus s'établir
sur les marais de Notre-Dame-de-Gravenchon. L'un
d'eux était une jeune femelle. [E. Lemetteil. —
Op. cit., *Carnivores*, p. 209; tir. à part, t. I,
p. 49].

Cet Oiseau a été abattu plusieurs fois à Caudebec-
en-Caux, et surtout à Tancarville, où je l'ai vu à
diverses reprises, notamment au mois d'octobre 1888,
planer sur la « Tour de l'Aigle ». Il a été abattu à
Saint-Laurent-de-Brèvedent, il y a quelques années,
par le marquis d'Houdetot. [E. Lemetteil, renseign.
manuscrits, 1889].

Deux individus ont été vus à Saint-Adrien près
Rouen, le 30 novembre (1882?) : l'un d'eux a été tué;
c'est un jeune; il est presque certain que l'autre était
aussi un jeune. [Raoul Fortin, renseign. manuscrit,
1888.— Détermination de H. G. de K.].

Calvados :

Cette espèce se trouve souvent dans la forêt de
Cerisy. [C.-G. Chesnon. — *Op. cit.*, p. 155].

« Il est assez commun, et chaque hiver on en tue
dans nos parages ». [Le Sauvage. — *Op. cit.*, p. 174].

M. Goësle fait savoir que depuis cinq hivers, cet
Oiseau a été rencontré le long du canal de Caen à la
mer. [Note sans titre in Bull. de la Soc. linnéenne
de Normandie, ann. 1870-72, séance du 4 décembre 1871, p. 253].

Un individu adulte a été indiqué comme ayant été
pris sur un rocher du littoral. Six jeunes individus
furent tués dans les environs de Lisieux. [Émile
Anfrie, renseign. manuscrits, 1888].

Manche :

« On le voit l'hiver dans nos marais, le long des rivières et à l'embouchure des Veys ». [Emmanuel CANIVET. — *Op. cit.*, p. 8].

« Cet Oiseau ne se rencontre qu'en hiver, et très-rarement. Il fréquente les marais et les bords des rivières. Il a été pris à Saint-Fromond, à Condé-sur-Vire, en janvier 1864 ». [J. LE MENNICIER. — *Op. cit.*, p. 8].

4. **Aquila leucocephala** L. — Aigle à tête blanche.

Aquila leucocephala Briss.
Falco leucocephalus L.
Haliaetus leucocephalus Cuv.

Aigle leucocéphale.

Pygargue à tête blanche, P. leucocéphale.

DEGLAND et GERBE. — *Op. cit.*, t. I, p. 42.
BREHM. — *Op. cit.*, t. I, p. 398, et fig. 123.

Au point de vue biologique, cette espèce est semblable à la précédente.

Calvados :

Cet Oiseau « a été vu, il y a peu d'années (1833), pendant plusieurs jours, et tiré deux fois sur la propriété de M. de Vitrey, à Manneville ». [LE SAUVAGE. — *Op. cit.*, p. 174].

Manche:

« Le *Falco leucocephalus* est très-rare; on ne rencontre pour ainsi dire que des jeunes ». [Emmanuel CANIVET.— *Op. cit.*, p. 8].— Les jeunes de l'année de l'*Aquila leucocephala* L. ayant de la ressemblance

avec ceux de l'*Aquila albicilla* L., il est presque certain
que parmi les jeunes considérés comme des *A. leucocephala*, il y avait des *A. albicilla*. [H. G. de K.].

5. **Aquila pennata** Gm. — Aigle botté.

Aquila minuta Brehm, *A. pennata* Brehm.
Falco pennatus Gm.
Hieraetus pennatus Kaup.

DEGLAND et GERBE. — *Op. cit.*, t. I, p. 36.
GENTIL. — *Op. cit.*, *Rapaces*, p. 23; tir. à part, p. 7.
BREHM. — *Op. cit.*, t. I, p. 381.
OLPHE-GALLIARD. — *Op. cit.*, fasc. XVIII, p. 47.

L'Aigle botté habite les forêts et les lieux découverts où
sont des arbres. Il est migrateur et sédentaire, et vit par
couples ou par familles. Il est très-courageux. Il émigre par
couples ou en bandes. Ses mœurs sont diurnes. Son vol
est léger; il plane longtemps et décrit souvent des courbes;
il aime s'élever à une grande hauteur, mais, en chasse, il
plane à peu de distance du sol. Sa nourriture se compose
d'Oiseaux et de gros Insectes, et peut-être aussi de petits
Mammifères et de Reptiles. La femelle ne fait annuellement
qu'une couvée, habituellement de deux œufs, quelquefois
d'un seul et rarement de trois. La ponte a lieu en mai. La
durée de l'incubation doit être d'un peu moins de trente
jours. Ordinairement, deux ou trois couples établissent
leur nid à une petite distance l'un de l'autre. Leur aire,
dont la base est un nid abandonné d'Oiseau, se compose
extérieurement de branches sèches et de bûchettes, et, à
l'intérieur, d'une couche plus ou moins épaisse de feuilles
fraîches ou de rameaux frais; elle est placée sur un arbre
élevé d'une forêt ou d'une plaine.

Normandie :

Espèce mentionnée, sans aucune indication géonémique, comme étant dans la Normandie pendant
l'époque de la reproduction. [Noury. — *Op. cit.*,
p. 87].

Orne :

Cette espèce a été observée dans l'Orne. [C.-D.
Degland et Z. Gerbe. — *Op. cit.*, t. I, p. 37].

6. **Aquila naevia** Briss. — Aigle criard.

Aquila melanaetos Sav., *A. planga* Vieill.
Falco maculatus Gm., *F. naevius* Gm.

Aigle plaintif, A. tacheté.

Canardier, Petit aigle.

Degland et Gerbe. — *Op. cit.*, t. I, p. 26.
Lemetteil. — *Op. cit.*, *Carnivores*, p. 209; tir. à part, t. I,
p. 49.
Gentil. — *Op. cit.*, *Rapaces*, p. 23; tir. à part, p. 7.
Dubois. — *Op. cit.* : texte, t. I, p. 16; atlas, t. I, pl. 4, et
pl. XIV, figs. 4.
Olphe-Galliard. — *Op. cit.*, fasc. XVIII, p. 29.

L'Aigle criard habite de préférence les forêts et les bois
humides à proximité de cours d'eau, de lacs. Il est sédentaire et migrateur, et vit par couples. Son caractère est lâche.
Ses mœurs sont diurnes. Son vol est lent et élevé; pendant
les beaux jours, il plane des heures entières, en décrivant de
vastes courbes, et monte parfois très-haut. Sa nourriture se
compose principalement d'Oiseaux, de Levrauts, de Lapereaux, de petits Mammifères, de Grenouilles et de gros Insectes ; il mange aussi des Poissons, des Lézards, des Ophidiens
et des charognes. La femelle fait annuellement une couvée

d'un ou deux œufs ; il paraît qu'elle en fait une seconde, si
la couvée normale a été enlevée. La ponte a lieu en mai.
La durée de l'incubation est. paraît-il, de trois semaines.
Cette espèce niche isolément. Le nid est construit extérieurement avec des branches sèches entremêlées d'herbes
sèches et de feuilles sèches, et garni à l'intérieur, qui est
légèrement excavé, avec des feuilles fraîches ; il est placé
sur un arbre d'une forêt, à des hauteurs très-diverses, mais
toujours au-dessus de la hauteur d'homme et pas au sommet,
généralement près d'une mare ou d'un étang, ou dans un
buisson épais, ou dans une crevasse de rocher ; souvent aussi
cet Oiseau s'empare d'un nid abandonné de Carnivore diurne.

Normandie :

Cette espèce est rare en Normandie. [C.-G. CHESNON.
— *Op. cit.*, p. 156].

Espèce mentionnée, sans aucune indication géonémique, comme étant dans la Normandie pendant l'é-
poque de la reproduction. [NOURY. — *Op. cit.*, p. 87].
— E. Lemetteil dit (*Op. cit., Carnivores*, p. 210 ;
tir. à part, t. 1, p. 50) qu'il ne pense pas que cette
espèce niche dans la Seine-Inférieure.

Seine-Inférieure :

Espèce mentionnée, sans aucune indication géonémique, comme ayant été observée plus d'une fois
dans la Seine-Inférieure. [J. HARDY. — *Op. cit.*,
p. 281].

« Je l'ai vu plusieurs fois sur nos marais, et en particulier en 1862 ; plusieurs ont été abattus dans notre
département, mais je crois qu'on n'y a tué que de
jeunes sujets ». [E. LEMETTEIL. — *Op. cit., Carnivores,*
p. 210 ; tir. à part, t. I, p. 50].

Eure :

Un individu qui devait provenir des environs de

Bernay, a été tué en 1870. [Émile ANFRIE, renseign. manuscrit, 1888].

Calvados :

« Je ne connais du pays que celui qui fait partie de ma collection. Il fut tué, il y a quelques années, à Beuzeval ». [LE SAUVAGE. — *Op. cit.*, p. 174].

M. Goësle fait savoir qu'un Aigle criard (*Aquila naevia* var. *clanga*[1]) a été tué à Hermanville, le 30 octobre 1872. Cet Aigle criard est un mâle dans sa deuxième[2] année. Il a été donné par M. Osmont au Musée de Caen. [Note sans titre in Bull. de la Soc. linnéenne de Normandie, ann. 1872-73, p. 4].

M. Goësle fait savoir que dans le courant du mois de novembre 1872, « un Aigle criard (*Aquila naevia* var. *clanga*[1]) a été tué à Hermanville. Cet individu est un jeune, probablement dans sa deuxième année, ce que les taches fauves du dessus des ailes peuvent faire supposer. Il doit être plus jeune que celui qui a été tué dans le mois précédent (et qui pourrait bien être dans sa troisième année, les taches fauves ne disparaissant tout à fait que vers l'âge de cinq ans) ; ses taches fauves sont plus grandes, et les plumes des tarses, moins fournies, laissent à nu un petit espace près de la naissance des doigts. Cependant, on ne peut indiquer l'âge d'une manière positive, à cause des différences qui existent souvent dans les individus du même âge ». [Note sans titre in même Bull., p. 6].

---

1. Alphonse Dubois dit (*Op. cit.*, texte, t. I, p. 18) qu'il est bon de ne plus tenir compte, ainsi que l'ont fait déjà plusieurs auteurs, de la var. *clanga* (*Aquila clanga* Pall.), var. rapportée tantôt à l'*A. naevia* Briss., tantôt à l'*A. naevioides* Cuv.

2. Relativement au mot « deuxième », voir les lignes 19 et 20 de cette page.

Manche :

Oiseau rare et seulement de passage dans la Manche.
[Emmanuel CANIVET. — *Op. cit.*, p. 7].

« Très-rare ». [J. LE MENNICIER. — *Op. cit.*, p. 8].

7. **Aquila chrysaetos** Klein — Aigle doré.

Aquila aurea Briss., *A. fulva* Sav., *A. nigra* Briss.,
   A. regia Less.
Falco chrysaetos L., *F. fulvus* L., *F. regalis* Temm.

Aigle commun, A. fauve, A. ordinaire, A. royal, A. vulgaire.

Grand aigle.

DEGLAND et GERBE. — *Op. cit.*, t. I, p. 20.
LEMETTEIL. — *Op. cit.*, *Carnivores*, p. 210; tir. à part, t. I,
   p. 50.
BREHM. — *Op. cit.*, t. I, p. 375 et 376, et fig. 118.
DUBOIS. — *Op. cit.* : texte, t. I, p. 11; atlas, t. I, pl. 3,
   et pl. X, figs. 3.
OLPHE-GALLIARD. — *Op. cit.*, fasc. XVIII, p. 15 et 23.

L'Aigle doré habite les montagnes, et, pendant la saison
froide, va rôder dans les lieux bas. Il est errant, et vit ordinairement solitaire. Il est fort et courageux. Ses mœurs
sont diurnes. Son vol est majestueux; il plane très-souvent
à des hauteurs considérables, en décrivant des courbes
très-vastes. Sa nourriture se compose de Lièvres, de
Chamois, de Bouquetins, d'Agneaux, de Chèvres, de
jeunes Chevreuils, de Marcassins, de Renards, de Blaireaux,
d'Oiseaux, de petits Mammifères, de Chats, de Chiens,
etc.; au besoin, il mange des animaux morts. Le fait
d'avoir enlevé dans ses serres de jeunes enfants doit être
considéré comme non douteux. La femelle ne fait annuellement qu'une couvée, de deux œufs, rarement de trois

ou de quatre. La ponte a lieu en avril. La durée de l'incubation est de cinq semaines. Cette èspèce niche isolément. Le nid, de forme plate, est construit grossièrement avec des branches mortes, recouvertes de brindilles, d'herbes sèches, de feuilles, de bruyères, de laine, de poils; il est placé dans une crevasse de rocher très-escarpé, ou au sommet d'un vieil arbre d'une forêt, dans l'intérieur d'un grand massif montagneux plutôt que sur ses contreforts avancés.

Normandie :

Cette espèce se trouve accidentellement en Normandie. [C.-G. CHESNON. — *Op. cit.*, p. 154].

Seine-Inférieure :

« Il y a environ quarante ans, un Aigle fauve fut démonté dans le bois des Loges ». [E. LEMETTEIL. — *Op. cit.*, *Carnivores*, p. 211; tir. à part, t. I, p. 51].

« On en cite un qui fut tué, dit-on, dans la forêt d'Eu, il y a quelques années ». [Félix MARCOTTE[1]. — *Op. infrà cit.*, p. 256].

Manche :

Oiseau rare et seulement de passage dans la Manche. [Emmanuel CANIVET. — *Op. cit.*, p. 7].

« Ne se rencontre qu'accidentellement et ne séjourne pas ». [J. LE MENNICIER. — *Op. cit.*, p. 8].

---

1. Félix Marcotte. — *Les Animaux Vertébrés de l'arrondissement d'Abbeville*, in Mémoir. de la Soc. impériale d'Émulation d'Abbeville, ann. 1857-1860, p. 217.

3° Genre. *HIEROFALCO* — GERFAUT.

1. **Hierofalco species ?** — Gerfaut espèce ?

Je ne puis dire si les trois renseignements suivants concernent le *Hierofalco candicans* Gm. (Gerfaut blanc) ou le *Hierofalco gyrfalco* L. (Gerfaut de Norvége), ou, peut-être même, l'une et l'autre de ces deux espèces :

Normandie :

« *Falco islandicus.....* De passage en Normandie ». [C.-G. CHESNON. — *Op. cit.*, p. 152]. — Les Gerfauts n'ont dû venir en Normandie, à notre époque, que d'une manière exceptionnelle. [H. G. de K.].

Seine-Inférieure :

Falco islandicus Lath. Observé plus d'une fois dans la Seine-Inférieure. Aucune indication géonémique. [J. HARDY. — *Op. cit.*, p. 281].

Calvados :

« *Falco islandicus* Temm..... A été vu rarement dans ce pays. Un adulte, tué dans nos parages, se trouve dans la collection de M. de Pracontal ». [LE SAUVAGE. — *Op. cit.*, p. 173].

4° Genre. *FALCO* — FAUCON.

1. **Falco communis** Gm. — Faucon commun.

Falco abietinus Bchst., *F. peregrinus* Briss.

Faucon des perdrix, F. ordinaire, F. pèlerin, F. voyageur, F. vulgaire.

Gros émouchet, Perroquet de falaise, Tiercelet.

Bert. — *Op. cit.*, p. 46, et pl. I, fig. 16 ; tir. à part, p. 22, et même fig.

Degland et Gerbe. — *Op. cit.*, t. I, p. 81.

Lemetteil. — *Op. cit.*, *Carnivores*, p. 214 ; tir. à part, t. I, p. 54.

Gentil. — *Op. cit.*, *Rapaces*, p. 30 ; tir. à part, p. 14.

Dubois. — *Op. cit.* : texte, t. I, p. 59 ; atlas, t. I, pl. 13, et pl. XIII, figs. 13.

Olphe-Galliard. — *Op. cit.*, fasc. XIX, p. 39.

Le Faucon commun habite de préférence les pays montagneux et montueux, les forêts où se trouvent des rochers, et les falaises maritimes ; il fréquente aussi les bois des régions basses, les lieux découverts, le voisinage des eaux, et pénètre souvent dans les villages, voire même dans l'intérieur des grandes villes. Il est migrateur et sédentaire, et vit solitaire. Il est courageux, fort et très-agile. Ses mœurs sont diurnes. Son vol est très-rapide ; il plane rarement, et ne s'élève presque jamais à une grande hauteur sauf à l'époque des amours. Sa nourriture se compose presque uniquement d'Oiseaux ; il ne mange des Mammifères que d'une manière accidentelle. La femelle ne fait annuellement qu'une couvée, de trois ou quatre œufs. La ponte a lieu en avril ou mai. La durée de l'incubation est de trois semaines. Cette espèce niche isolément. Le nid est construit grossièrement avec des branches mortes et des tiges herbacées ; il est placé dans une crevasse ou un trou d'un rocher très-escarpé, dans une falaise, moins souvent au sommet d'un arbre élevé, dans un endroit boisé ou découvert, et, d'une façon exceptionnelle, sur un édifice ; très-souvent cette espèce s'empare d'un nid d'Oiseau, et, parfois, dépose ses œufs à nu dans une anfractuosité ou un trou de falaise.

Toute la Normandie. — Sédentaire, et de passage régulier : arrive en automne et repart au printemps avant la reproduction. — P.C.

OBSERVAT. — M. Raoul Fortin m'a communiqué le renseignement manuscrit suivant : « Le 1er août 1885, un de mes amis a tué un Faucon pèlerin mâle qu'il remarquait depuis quelque temps au sommet de l'une des tours de la Cathédrale de Rouen. Je tiens de lui que ces Faucons nichent dans les creux de ces tours, qu'ils y couvent chaque année, et qu'ils viennent y manger les Pigeons qu'ils prennent sur la ville ».

2. **Falco subbuteo** L. — Faucon hobereau.

Dendrofalco subbuteo G.-R. Gray.
Hypotriorchis subbuteo Boie.

Hobereau commun, H. ordinaire, H. vulgaire.

Émouchet, É. à dos bleu, É. à gorge blanche, Hobereau,
    Petit émouchet noir.

BERT. — *Op. cit.*, p. 46 ; tir. à part, p. 22.
DEGLAND et GERBE. — *Op. cit.*, t. I, p. 85.
LEMETTEIL. — *Op. cit.*, *Carnivores*, p. 216 ; tir. à part, t. I,
    p. 56.
GENTIL. — *Op. cit.*, *Rapaces*, p. 30 et 31 ; tir. à part, p. 14
    et 15.
DUBOIS. — *Op. cit.* : texte, t. I, p. 63 ; atlas, t. I, pl. 14, et
    pl. XV, figs. 14.
OLPHE-GALLIARD. — *Op. cit.*, fasc. XIX, p. 54.

Le Faucon hobereau habite les lieux boisés et découverts, ne faisant que de traverser les grandes forêts. Il est migrateur et sédentaire, et vit par couples, émigrant ainsi. Il est courageux et agile. Ses mœurs sont diurnes. Son vol est léger, rapide, et ordinairement au ras du sol. Sa nourriture se compose tout particulièrement d'Oiseaux ; il mange aussi des Insectes. La femelle ne fait annuellement qu'une couvée, de trois à cinq œufs. La ponte a lieu en mai.

La durée de l'incubation est de trois semaines. Cette espèce niche isolément. Le nid est construit extérieurement avec des branches mortes et des bûchettes, et garni, à l'intérieur, de poils, de laine, de mousse et autres substances molles ; il est placé sur un arbre élevé d'un bois ou dans une crevasse ou un trou d'un rocher très-escarpé ; quelquefois cette espèce emploie, comme base de son aire, un nid abandonné d'Oiseau.

Toute la Normandie. — De passage régulier : arrive au printemps avant la reproduction et repart en automne. — P.C.

OBSERVAT. — M. E. Lemetteil, à Bolbec (Seine-Inférieure), m'a informé (1889) que cette espèce devient très-rare dans sa région.

3. **Falco aesalon** Tunst. — Faucon émérillon.

Aesalon aesalon Kaup, *A. lithofalco* Kaup.
Falco caesius M. et W., *F. falconiarum* Gm., *F. lithofalco* Gm.
Hypotriorchis aesalon Boie.

Émérillon, Petit émouchet.

BERT. — *Op. cit.*, p. 46 ; tir. à part, p. 22.
DEGLAND et GERBE. — *Op. cit.*, t. I, p. 91.
LEMETTEIL. — *Op. cit.*, *Carnivores*, p. 217 ; tir. à part, t. I, p. 57.
GENTIL. — *Op. cit.*, *Rapaces*, p. 30 et 32 ; tir. à part, p. 14 et 16.
DUBOIS. — *Op. cit.* : texte, t. I, p. 67 ; atlas, t. I, pl. 15, et pl. XIV, figs. 15.
OLPHE-GALLIARD. — *Op. cit.*, fasc. XIX, p. 64.

Le Faucon émérillon habite de préférence les endroits découverts à proximité des lieux boisés, et ne pénètre que d'une façon exceptionnelle dans l'intérieur des grandes forêts. Il est migrateur et sédentaire. Il est très-courageux. Ses mœurs sont diurnes. Son vol est très-rapide et généralement au ras du sol; lorsqu'il émigre, il vole toujours très-haut; il en est de même quand il cherche une place pour y passer la nuit. Sa nourriture se compose particulièrement d'Oiseaux; il mange aussi des petits Mammifères, des Insectes, etc. La femelle ne fait annuellement qu'une couvée, de quatre à six œufs. La durée de l'incubation est d'environ trois semaines. Cette espèce niche isolément. Le nid est construit extérieurement avec des branches mortes, et garni, à l'intérieur, de diverses substances molles; il est placé habituellement au sommet d'un arbre élevé d'un bois à proximité des champs; toutefois, dans les régions très-septentrionales, il est placé dans les bruyères ou dans une crevasse de rocher escarpé; parfois cette espèce emploie, pour faire sa couvée, un nid abandonné d'Oiseau.

Toute la Normandie. — De passage régulier : arrive en septembre ou octobre et repart en mars ou avril avant la reproduction. — R.

Observat. — D'après Louis-Henri Bourgeois, cette espèce niche dans la forêt d'Eu (Seine-Inférieure), (renseign. manuscrit, 1888).

4. **Falco tinnunculus** L. — Faucon crécerelle.

Accipiter alaudarius Briss.
Cerchneis tinnuncula Boie.
Falco alaudarius Gm., *F. brunneus* Bchst., *F. fasciatus* Retz.
Tinnunculus alaudarius G.-R. Gray.

Crécerelle commune, C. des clochers, C. ordinaire, C. vulgaire.

Crécerelle, Émouchet doré, É. rouge, Fesseux émouchet.

BERT. — *Op. cit.*, p. 46; tir. à part, p. 22.

DEGLAND et GERBE. — *Op. cit.*, t. I, p. 93.

LEMETTEIL. — *Op. cit.*, *Carnivores*, p. 218; tir. à part, t. I, p. 58.

GENTIL. — *Op. cit.*, *Rapaces*, p. 30 et 33; tir. à part, p. 14 et 17.

DUBOIS. — *Op. cit.* : texte, t. I, p. 72; atlas, t. I, pl. 16, et pl. XI, figs. 12.

OLPHE-GALLIARD. — *Op. cit.*, fasc. XIX, p. 73.

Le Faucon crécerelle habite de préférence les endroits montagneux et montueux boisés ou découverts; dans les lieux bas et découverts, il recherche les endroits élevés, surtout les ruines et les clochers. Il est migrateur et sédentaire. Ses mœurs sont diurnes. Son vol est rapide et léger; lorsqu'il chasse, il vole toujours très-près du sol; en dehors de la recherche de sa nourriture, il s'élève parfois assez haut. Sa nourriture se compose de petits Mammifères, d'Oiseaux et d'œufs, d'Insectes, de Grenouilles, de Levrauts, de Lézards, etc. La femelle ne fait annuellement qu'une couvée, généralement de quatre ou cinq œufs, parfois de trois, de six et même de sept. La ponte a lieu en avril ou mai. La durée de l'incubation est de trois semaines. Cette espèce niche isolément. Le nid est construit extérieurement avec des bûchettes et des racines, et garni parfois, à l'intérieur, de mousse, de plumes, de laine, etc.; il est placé sur un arbre élevé, généralement sur un arbre isolé; dans l'habitude, les œufs sont déposés, tantôt à nu, tantôt sur une mince couche d'herbe, de poils et de plumes, dans une crevasse de rocher, dans un trou d'un bâtiment en ruines, dans un clocher de village ou de ville; à défaut d'un emplacement plus convenable, la ponte est faite dans un arbre creux ou dans un nid abandonné d'Oiseau; il est rare de voir cette espèce nicher dans les bois, à moins que ce ne soit sur la lisière et à proximité des champs.

Toute la Normandie. — Sédentaire. — C.

5. **Falco cenchris** Naum. — Faucon crécerine.

Cerchneis cenchris Brehm, *C. Naumanni* Sharpe.

Falco tinnuncularius Vieill. , *F. tinnunculoides* Natt.,
  F. xanthonyx Naum.

Poecilornis cenchris Kaup.

Tinnunculus cenchris Bp.

Crécerelle crécerine.

Faucon crécerellette.

Crécerellette, Crécerine.

DEGLAND et GERBE. — *Op. cit.*, t. I, p. 94.

GENTIL. — *Op. cit.*, *Rapaces*, p. 30 et 33; tir. à part, p. 14
  et 17.

BREHM. — *Op. cit.*, t. I, p. 357.

OLPHE-GALLIARD. — *Op. cit.*, fasc. XIX, p. 85.

Le Faucon crécerine habite de préférence auprès des
villages des plaines situés dans le voisinage des eaux. Il
est migrateur et sédentaire. Ses mœurs ressemblent
beaucoup à celles du Faucon crécerelle. Son vol est rapide
et léger. Sa nourriture se compose d'Insectes. La femelle
fait annuellement une couvée, de trois à sept œufs. Cette
espèce ne construit pas de nid; elle dépose ses œufs à nu
dans une crevasse de mur, sous le toit d'une maison ha-
bitée ou abandonnée, ou dans un arbre creux; on trouve
parfois plusieurs nichées sur un même édifice, notamment
dans les ruines antiques.

Calvados :

« Je ne l'ai vu qu'une fois, chez feu l'artiste naturaliste Canivet. Il avait été tué près de Falaise. (M. de
la Fresnaye) ». [LE SAUVAGE. — *Op. cit.*, p. 174].

OBSERVATIONS.

Falco lanarius Schleg. (Faucon lanier) et **Falco vespertinus** L. (Faucon Kobez).

Falco lanarius Schleg.

C.-G. Chesnon dit (*Op. cit.*, p. 147) qu'il ne croit pas que le *Falco lanarius* niche en Normandie, mais il indique cette espèce dans l'ouvrage en question (*loc. cit.*).

Le Sauvage dit (*Op. cit.*, p. 173), relativement au *Falco lanarius* : « Un jeune tué à Ailly, près de Falaise, se voit dans la collection de M. de Roncherolles. Il est bien difficile de le distinguer du jeune Gerfaut ».

Emmanuel Canivet dit (*Op. cit.*, p. 5) qu'il a reconnu que le *Falco lanarius* cité par C.-G. Chesnon est un jeune *Falco communis* Gm., et que si sa mémoire le sert encore, le *Falco lanarius* indiqué par Le Sauvage n'est qu'un jeune Gerfaut.

En définitive, le *Falco lanarius* n'a aucun droit, que je sache, de figurer dans la liste des Oiseaux venus d'une façon naturelle en Normandie.

Falco vespertinus L.

Noury mentionne cette espèce (*Op. cit.*, p. 86), sans aucune indication géonémique, comme étant de passage accidentel en Normandie. Je n'ose pas, d'après ce vague renseignement, le seul que je connaisse à cet égard, inscrire le *Falco vespertinus* dans la liste des Oiseaux venus d'une façon naturelle en Normandie.

5ᵉ Genre. *ACCIPITER* — ÉPERVIER.

1. **Accipiter nisus** L. — Épervier commun.

Accipiter maculatus Briss., *A. minor* Briss., *A. nisus* Pall.
Astur nisus Keys. et Bl.
Daedalion fringillarius Sav.
Falco minutus L., *F. nisus* L.
Ierax fringillarius Leach.
Nisus communis Less., *N. fringillarius* Kaup.
Sparvius nisus Vieill.

Autour épervier.
Épervier nisus, É. ordinaire, É. vulgaire.

Émouchet, Épervier, Éprevier, Étarcelet, Étercelet, Étier-
celet, Faut-oiset, Fileux, Mouquet, Tiercelet, Tierchelet,
Émouchet gris (mâle), Gros-épervier (femelle).

BERT. — *Op. cit.*, p. 48 ; tir. à part, p. 24.
DEGLAND et GERBE. — *Op. cit.*, t. I, p. 99.
LEMETTEIL. — *Op. cit.*, *Carnivores*, p. 223 et 225 ; tir. à
part, t. I, p. 63 et 65.
GENTIL. — *Op. cit.*, *Rapaces*, p. 35 ; tir. à part, p. 19.
DUBOIS. — *Op. cit.* : texte, t. I, p. 80 ; atlas, t. I, pl. 18, et
pl. IX, figs. 16.
OLPHE-GALLIARD. — *Op. cit.*, fasc. XX, p. 33 et 39.

L'Épervier commun habite les forêts et les bois, ne se
montrant dans les endroits découverts que lorsqu'il est en
chasse. Il est sédentaire et migrateur. Il est hardi ; bien
que très-méfiant, son ardeur à poursuivre sa proie est telle
qu'il oublie souvent toute prudence. Ses mœurs sont
diurnes. Son vol est rapide et léger ; rarement il s'élève à
une grande hauteur. Sa nourriture se compose particulièrement de petits Oiseaux et de jeunes ; il mange aussi des
Oiseaux de taille moyenne et des œufs, des petits Mammi-

fères, même des Insectes, etc. La femelle ne fait annuellement qu'une couvée, de trois à six œufs, rarement de sept. La ponte a lieu en mai. La durée de l'incubation est de trois semaines. Cette espèce niche isolément. Le nid, de forme aplatie, est construit avec des branches mortes, et garni intérieurement de bûchettes très-fines, de mousse, de poils, de plumes; il est placé sur un arbre de hauteur moyenne d'une forêt ou d'un bois, souvent sur un Conifère; cette espèce s'empare quelquefois d'un nid abandonné d'Oiseau.

Toute la Normandie. — Sédentaire, et de passage régulier : arrive en automne et repart au printemps avant la reproduction. — C.

OBSERVAT. — L'Épervier majeur (*Accipiter major* Degl.), qui a été rencontré, en Normandie, dans le département de la Seine-Inférieure, doit être considéré, avec une probabilité grande, comme une variété accidentelle de l'Épervier commun.

Voici, relativement à ce Carnivore diurne, l'opinion de plusieurs ornithologistes :

« L'existence de cet Oiseau, sinon comme espèce, du moins comme race locale, disent C.-D. Degland et Z. Gerbe (*Op. cit.*, t. I, p. 102), n'est généralement pas reconnue. MM. Schinz, Delamotte et de Selys-Longchamps le regardent comme une vieille femelle de l'Épervier ordinaire. Temminck n'ose en affirmer ni en nier l'existence, n'ayant pas vu de sujets désignés sous ce nom. M. A. Malherbe, qui partage l'opinion de MM. Schinz, Delamotte et de Selys-Longchamps, la croit d'autant plus fondée que l'individu femelle qu'il a vu comme tel (collection Degland) a éprouvé une altération au bec, soit par le climat, soit par la nourriture, soit par des maladies ; que M. Zahnd, préparateur du Muséum de Berne, lui a assuré qu'il a examiné avec soin un grand nombre d'Éperviers et n'a jamais trouvé la grande espèce ; que M. Holandre, ancien directeur du Cabinet zoologique de Metz, a ouvert beaucoup d'Éperviers de forte taille et n'a reconnu que des femelles plus ou moins âgées.

« Ces raisons ne sont pas sans réplique. Si le sujet femelle qui les a motivées, et un mâle que possède M. Delahaye, à Amiens, ont le bec mal conformé ou altéré accidentellement, au bec près ils ressemblent parfaitement à un individu qui fait partie de la collection de M. Hardy. Voici, du reste, ce qu'en pense cet ornithologiste : « J'ai un mâle de cette prétendue espèce, tué ici (près de Dieppe) en mai. Je croyais préparer une femelle et fus très-surpris de trouver un mâle bien caractérisé par l'état des organes génitaux. Le bec, loin de ressembler à votre dessin, qui ne paraît indiquer qu'un jeu de la nature, est, comme toutes les autres parties de l'Oiseau, en tout semblable à celui de l'Épervier ordinaire. Il n'y a de différence que dans la taille. Permettez-moi de suspendre mon jugement (lettre à M. Degland) ». Voilà un fait bien constaté par un observateur habile, en qui on peut avoir toute confiance : un mâle, vu sa taille, a pu être pris pour une femelle. On ne saurait pas, non plus, révoquer en doute l'observation de M. le comte de Tarragon. D'un autre côté, M. de Brécourt a rencontré, dans les environs de Vernon, plusieurs sujets, tant mâles que femelles, de cette race, et il a constaté qu'indépendamment de la taille, elle se distingue toujours de l'*Accipiter nisus* par l'absence de teintes ardoisées aux parties supérieures, rousses aux parties inférieures, par les bandes noires de la queue, qui sont plus larges, plus foncées, plus nombreuses, et par des ailes relativement plus courtes ».

« J'ai vu, dit E. Lemetteil, qui indique cette espèce avec un point de doute (*Op. cit., Carnivores*, p. 225 ; tir. à part, t. I, p. 65), dans le cabinet de feu M. Hardy, un mâle de cette prétendue espèce, et j'avoue qu'avec la meilleure volonté, je n'ai pu y découvrir que des différences insignifiantes. M. Hardy lui-même, l'heureux possesseur de cet Oiseau, l'avait ouvert pour une femelle ordinaire. L'inspection seule des organes éveilla son attention, et cependant il n'osait l'admettre comme espèce[1].

« Nous trouvons, dans certaines familles, des femelles qui ont la livrée des mâles. Ne pourrait-on pas admettre que, par une erreur ou un jeu de la nature, des sujets mâles eussent la taille des femelles? N'avons-nous pas dans d'autres espèces, et jusque dans la race humaine, des anomalies plus étranges sous ce rapport? D'un autre côté, la femelle du Major devrait avoir 44 à 45 centimètres, toute proportion gardée, et l'on n'a jamais tué de femelle de cette taille.

« Ne pourrait-on pas encore considérer les quelques individus qu'on a tués comme des métis de l'Autour et de la femelle du

---

1. Il convient de faire observer que J. Hardy (*Op. cit.*, p. 281) indique cet Oiseau comme *espèce*, sous le nom d'Autour grand Épervier (*Falco nisus major* Brehm). [H. G. de K.].

Nisus ? La différence de taille ne me paraîtrait pas un obstacle, puisqu'elle n'est guère plus grande entre le mâle Autour et la femelle de l'Épervier, qu'entre celle-ci et son propre mâle.....

« Quoi qu'il en soit, l'Épervier major me paraît une espèce très-douteuse. Des observations ont été faites sur quelques individus par des hommes sérieux, et entre autres par M. Hardy. Je ne conteste pas leurs renseignements. J'ai eu l'avantage de connaître ce dernier, et c'était un homme trop consciencieux pour que je doute du fait. L'Oiseau s'est présenté tel ; j'en suis sûr. Mais n'est-ce point un phénomène ? Là est la question ».

C.-D. Degland et Z. Gerbe disent (*Op. cit.*, t. I, p. 101) que cet Épervier niche sur les arbres, et construit avec des bûchettes, qui ont quelquefois l'épaisseur du pouce, un nid de 0^m,70 de large. Ces auteurs ajoutent (p. 102) que M. le comte de Tarragon, qui a pu observer à loisir le couple dont il a fait l'objet d'une notice intéressante, a vu cet Épervier venir hardiment, plusieurs fois par jour, saisir les Hirondelles au vol, dans la cour de l'habitation au voisinage de laquelle il avait établi son nid. Il a constaté que le sol, au pied de l'arbre où se trouvait ce nid, était parsemé de plumes et d'os de différents Oiseaux, de Poules entre autres, et que le plancher même du nid était tapissé d'ossements.

J'appelle d'une façon toute spéciale l'attention des ornithologistes sur cet Épervier, pour que la science puisse être fixée définitivement à son égard.

2. Accipiter palumbarius L. — Épervier autour.

Accipiter astur Pall., *A. palumbarius* Salerne.
Astur gallinarum Brehm, *A. palumbarius* Bchst.
Daedalion palumbarius Sav.
Falco gallinarius Gm., *F. gentilis* L., *F. incertus* Lath.,
    F. longipes Nilss., *F. marginatus* Lath., *F. naevius*
    Gm., *F. palumbarius* L.
Sparvius palumbarius Vieill.

Autour commun, A. des palombes, A. des pigeons, A. des
    ramiers, A. ordinaire, A. palombivore, A. vulgaire.

Autour, Émouchet des pigeons, Épervier bleu, Gros-épervier.

Bert. — *Op. cit.*, p. 48, et pl. II, fig. 2; tir. à part, p. 24, et même fig.

Degland et Gerbe. — *Op. cit.*, t. I, p. 96.

Lemetteil. — *Op. cit.*, *Carnivores*, p. 226; tir. à part, t. I, p. 66.

Gentil. — *Op. cit.*, *Rapaces*, p. 34; tir. à part, p. 18.

Dubois. — *Op. cit.* : texte, t. I, p. 76; atlas, t. I, pl. 17, et pl. XII, figs. 18.

Olphe-Galliard. — *Op. cit.*, fasc. XX, p. 26.

L'Épervier autour habite de préférence les forêts entre-coupées de champs et de prairies. Il est sédentaire et migrateur, et vit solitaire. Il est hardi et fort. Ses mœurs sont diurnes. Son vol est rapide; il plane souvent. Il est très-vorace et très-sanguinaire. Sa nourriture se compose d'Oiseaux et de Mammifères. La femelle ne fait annuelle-ment qu'une couvée, de deux à sept œufs. La ponte a lieu en avril. La durée de l'incubation est de vingt-deux ou vingt-trois jours. Cette espèce niche isolément. Le nid, de forme aplatie, est construit avec des branches mortes entremêlées parfois de mousse, et garni intérieurement de rameaux frais de Conifères; il est placé sur un arbre élevé d'une forêt, généralement très-près du tronc.

Toute la Normandie. — Sédentaire. — R.

Observat. — « La forêt de Lyons (Eure et Seine-Infé-rieure) fournissait jadis les Autours de la vénerie royale. Elle en possédait encore cette année une vingtaine de nids. Les Autours de la forêt de Lyons sont célèbres. De nos jours, on les expédie en Angleterre, où ils vont faire l'admi-ration des riches amateurs de l'ancienne fauconnerie ». [Louis Passy[1]. — *Op. infrà cit.*, p. 94].

1. Louis Passy. — *Notice sur la forêt de Lyons*, in Recueil des Travaux de la Soc. libre d'Agricult., Scienc., Arts et Belles-Lettres de l'Eure, ann. 1878 et 1879, p. 86.

6ᵉ Genre. *BUTEO* — BUSE.

1. **Buteo vulgaris** Salerne — Buse vulgaire.

Buteo cinereus Bp., *B. communis* Boie, *B. fasciatus* Vieill.,
  B. fuscus Macg., *B. mutans* Vieill.
Falco buteo L., *F. cinereus* Gm., *F. variegatus* Gm.,
  F. versicolor Gm.

Buse changeante, B. commune, B. ordinaire, B. variable.

Haube, Hioux.

Bert. — *Op. cit.*, p. 49 ; tir. à part, p. 25.
Degland et Gerbe. — *Op. cit.*, t. I, p. 53.
Lemetteil. — *Op. cit.*, *Carnivores*, p. 229 ; tir. à part,
  t. I, p. 69.
Gentil. — *Op. cit.*, *Rapaces*, p. 26 ; tir. à part, p. 10.
Dubois. — *Op. cit.* : texte, t. I, p. 26 ; atlas, t. I, pl. 6,
  et pl. VII, figs. 6.
Olphe-Galliard. — *Op. cit.*, fasc. XIX, p. 10.

La Buse vulgaire habite de préférence les forêts et les
bois entrecoupés de champs et de prairies. Elle est migratrice, sédentaire et errante. Elle vit solitaire et a un caractère
indolent. Elle émigre en bandes. Ses mœurs sont diurnes.
Son vol est léger, lent et silencieux ; elle plane souvent,
mais ne monte que rarement à une grande hauteur ; toutefois, pendant les migrations et à l'époque des amours, elle
s'élève très-haut en décrivant de vastes courbes. Sa nourriture se compose principalement de petits Mammifères ; elle
mange aussi des Oiseaux, des Reptiles, des Batraciens, des
Insectes, des Lapins, des Levrauts, des Lombrics, etc.; elle
ne craint pas d'attaquer des Vipéridés pour les manger.
La femelle ne fait annuellement qu'une couvée, de deux à
quatre œufs. La ponte a lieu en avril ou mai. La durée de
l'incubation est de trois semaines. Cette espèce niche isolé-

ment. Le nid, de forme aplatie, est construit avec des branches entrelacées, les plus grosses en dessous, et garni intérieurement de ramilles fraîches de Conifères, ou de rameaux secs, ou de mousse, ou d'autres substances molles; il est placé sur un arbre élevé d'une forêt ou d'un bois, ordinairement entre la bifurcation d'une forte branche; souvent cette espèce emploie le nid abandonné d'un Carnivore diurne, et se sert parfois, comme base de sa construction, d'un nid abandonné de Corneille ou d'un autre Oiseau.

Toute la Normandie. — Sédentaire. — C.

2. **Buteo lagopus** Brünn. — Buse pattue.

Archibuteo lagopus G.-R. Gray.
Butaetes buteo Less., *B. lagopus* Bp.
Buteo lagopus Leach.
Falco lagopus Brünn., *F. plumipes* Daud., *F. sclavonicus* Lath.
Triorchis lagopus Kaup.

Archibuse pattue.
Busaigle pattue.

Archibuse.

BERT. — *Op. cit.*, p. 49; tir. à part, p. 25.
DEGLAND et GERBE. — *Op. cit.*, t. I, p. 59.
LEMETTEIL. — *Op. cit.*, *Carnivores*, p. 232; tir. à part, t. I, p. 72.
GENTIL. — *Op. cit.*, *Rapaces*, p. 27; tir. à part, p. 11.
DUBOIS. — *Op. cit.* : texte, t. I, p. 30; atlas, t. I, pl. 7, et pl. XVI, figs. 7.

La Buse pattue habite de préférence les lieux découverts où il y a des arbres. Elle est migratrice et sédentaire, vit solitaire, et a un naturel indolent. Elle émigre en petites bandes. Ses mœurs sont diurnes. Son vol est lent, mais facile ; elle s'élève parfois en spirale jusqu'au-dessus des nuages. Sa nourriture se compose de petits Mammifères, de Reptiles, de Batraciens et d'Insectes ; elle mange aussi des Oiseaux, des Levrauts, etc. ; au besoin, elle mange des charognes. La femelle ne fait annuellement qu'une couvée, de trois à cinq œufs. La ponte a lieu en mai ou juin. La durée de l'incubation est de trois semaines. Cette espèce niche isolément. Le nid est construit avec des branches mortes et des bûchettes ; il est placé dans une excavation de rocher ou sur un arbre élevé.

Toute la Normandie. — De passage accidentel : arrive en automne et repart au printemps avant la reproduction. — R.

3. **Buteo apivorus** L. — Buse bondrée.

Buteo apivorus Briss.
Falco apivorus L., *F. poliorhynchos* Bchst.
Pernis apivorus Cuv., *P. communis* Less.

Bondrée apivore, B. commune, B. ordinaire, B. vulgaire.

Bondrée.

BERT. — *Op. cit.*, p. 49, et pl. I, fig. 14 ; tir. à part, p. 25, et même fig.
DEGLAND et GERBE. — *Op. cit.*, t. I, p. 61.
LEMETTEIL. — *Op. cit.*, *Carnivores*, p. 233 ; tir. à part, t. I, p. 73.
GENTIL. — *Op. cit.*, *Rapaces*, p. 27 ; tir. à part, p. 11.
DUBOIS. — *Op. cit.* : texte, t. I, p. 34 ; atlas, t. I, pl. 8 et 8ᵇ, et pl. VI, figs. 8.
OLPHE-GALLIARD. — *Op. cit.*, fasc. XX, p. 4.

La Buse bondrée habite les forêts, les bois et les lieux découverts. Elle est migratrice et sédentaire, vit solitaire, et a un naturel indolent. Elle émigre par familles. Ses mœurs sont diurnes. Son vol est lent et léger. Sa nourriture se compose principalement d'Insectes et de petits Mammifères ; elle mange aussi des Lombrics, des Lézards, des Grenouilles, des Oiseaux, des Levrauts, des Lapereaux, des animaux en voie de décomposition, des feuilles, des bourgeons, des baies, des fruits doux, etc. La femelle ne fait annuellement qu'une couvée, de deux ou trois œufs, rarement de quatre. La ponte a lieu en mai. La durée de l'incubation est de trois semaines. Cette espèce niche isolément. Le nid, de forme aplatie, est construit avec des branches lâchement entrelacées, et garni ordinairement, à l'intérieur, de petites branches vertes feuillues ; il est placé généralement sur des branches à hauteur moyenne, sur un arbre élevé d'une forêt ou d'un bois.

Toute la Normandie. — De passage régulier : arrive en avril avant la reproduction et repart en septembre. — A.R.

7ᵉ Genre. MILVUS — MILAN.

1. Milvus regalis Briss. — Milan royal.

Falco milvus L.
Milvus ictinus Sav., *M. ruber* Brehm.

Aigle rouge, Buse à queue fourchue, Écoufle.

Bert. — *Op. cit.,* p. 48 ; pl. I, fig. 15, et pl. II, fig. 1 ; tir. à part, p. 24, et mêmes fig.
Degland et Gerbe. — *Op. cit.,* t. I, p. 64.
Lemetteil. — *Op. cit., Carnivores,* p. 237 ; tir. à part, t. I, p. 77.
Gentil. — *Op. cit., Rapaces,* p. 28 ; tir. à part, p. 12.
Dubois. — *Op. cit.* : texte, t. I, p. 45 ; atlas, t. I, pl. 10, pl. III, figs. 10, et pl. XVII, figs. 10.
Olphe-Galliard. — *Op. cit.,* fasc. XX, p. 12.

Le Milan royal habite de préférence les forêts et les bois
des plaines, et les parties boisées des régions montagneuses.
Il est migrateur et sédentaire, indolent et lâche. Il émigre
en bandes. Ses mœurs sont diurnes. Son vol est lent et
léger ; il plane pendant des heures; lorsque le temps est
beau et calme, tantôt il s'élève jusqu'à perte de vue,
tantôt il rase le sol avec une étonnante légèreté. Sa nourriture se compose de petits Mammifères, de Levrauts,
de Lapereaux, d'Oiseaux, de Reptiles, de Grenouilles, de
Limaces, d'Insectes, de Lombrics, de Poissons morts ou
malades qui flottent à la surface, etc.; au besoin, il mange
des charognes. La femelle ne fait annuellement qu'une
couvée, de deux ou trois œufs, rarement de quatre. La
ponte a lieu à la fin d'avril ou au commencement de mai.
La durée de l'incubation est de trois semaines. Cette espèce
niche isolément. Le nid, de forme aplatie, est construit
avec des branches mortes, et garni, à l'intérieur, de
bûchettes, de rameaux verts feuillus, et aussi, parfois, de
mousse, de paille, de laine, de chiffons, de papiers, etc.;
il est placé sur une forte branche horizontale d'un arbre
élevé d'un endroit découvert.

Normandie :

Cette espèce se trouve rarement en Normandie.
[C.-G. CHESNON. — *Op. cit.*, p. 159].

Espèce mentionnée, sans aucune indication géonémique, comme étant de passage accidentel en Normandie. [NOURY. — *Op. cit.*, p. 87].

Seine-Inférieure :

Espèce mentionnée, sans aucune indication géonémique, comme ayant été observée plus d'une fois
dans la Seine-Inférieure. [J. HARDY. — *Op. cit.*,
p. 281].

Deux individus ont été tués dans le canton d'Eu.
[Louis-Henri BOURGEOIS, renseign. manuscrit, 1888].

[Collection de Louis-Henri Bourgeois, à Eu (Seine-Inférieure), et collection de Moynier, à Ponts-et-Marais près Eu (Seine-Inférieure)].

Une femelle très-adulte, qui venait de couver, a été prise au piège au château de Saint-Jean-de-Folleville, au commencement de juin 1888. [E. Lemetteil, renseign. manuscrit, 1888]. [Collection de E. Lemetteil, à Bolbec (Seine-Inférieure)].

Observat. — M. E. Lemetteil m'a informé (1889) qu'après un examen minutieux, il a reconnu que le Milan tué à Gonfreville-l'Orcher, en novembre 1847 ou 1848, et indiqué par lui (*Op. cit.*, *Carnivores*, p. 237; tir. à part, t. I, p. 77) comme étant une jeune femelle du Milan royal, est un Milan noir adulte.

Eure :

Deux individus ont été tués aux environs de Gisors. [Charles Bouchard, renseign. manuscrit, 1888].

Calvados :

« Un jeune a été pris ou blessé dans les environs de Falaise, il a quelques années, et a été vivant en la possession de M. de la Fresnaye ». [Le Sauvage.— *Op. cit.*, p. 175].

Un jeune mâle, provenant des environs de Cambremer, m'a été apporté en décembre 1859; une femelle adulte m'a été envoyée d'Orbec, le 20 décembre 1869; et j'ai reçu un mâle adulte capturé le 1er avril 1879 à Glos-sur-Lisieux. [Émile Anfrie, renseign. manuscrits, 1889. [Ces trois individus font partie de la collection de Émile Anfrie, à Lisieux (Calvados)].

Orne :

Un beau mâle a été trouvé mourant sur la pelouse du château de La Ferté-Fresnel, à la fin de décembre

1876. [E. LEMETTEIL, renseign. manuscrit, 1889].
[Collection de E. LEMETTEIL, à Bolbec (Seine-Inférieure)].

Manche :

Espèce mentionnée, sans aucune indication géonémique, comme étant très-rare et seulement de passage
dans la Manche. [Emmanuel CANIVET. — *Op. cit.*,
p. 8].

« Pris au bois de Saint-Georges-de-Montcocq, en
janvier 1860 ». [J. LE MENNICIER. — *Op. cit.*, p. 10].

2. **Milvus niger** Briss. — Milan noir.

Accipiter korschun S. Gm.
Falco ater Gm., *F. austriacus* Gm., *F. migrans* Bodd.
Hydroictinia atra Kaup.
Milvus aetolius Vieill., *M. ater* Daud., *M. fuscus* Brehm,
  M. korschun Sharpe, *M. migrans* Strickl.

BERT. — *Op. cit.*, p. 48 ; tir. à part, p. 24.
DEGLAND et GERBE. — *Op. cit.*, t. I, p. 65.
GENTIL. — *Op. cit.*, *Rapaces*, p. 28 et 29 ; tir. à part,
  p. 12 et 13.
BREHM. — *Op. cit.*, t. I, p. 411.
DUBOIS. — *Op. cit.* : texte, t. I, p. 48 ; atlas, t. I, pl. 11,
  et pl. VIII, figs. 11.
OLPHE-GALLIARD. — *Op. cit.*, fasc. XX, p. 17.

Le Milan noir habite le voisinage des eaux, les villages
et les villes. Il est migrateur et sédentaire, indolent et lâche.
Il émigre en bandes. Ses mœurs sont diurnes. Son vol est
aisé ; il plane longtemps et avec facilité. Sa nourriture se
compose principalement de charognes ; il mange aussi des
petits Mammifères, des Reptiles, des Batraciens, de jeunes
Oiseaux, des Poissons, des Insectes, etc. La femelle ne fait

annuellement qu'une couvée, de deux à quatre œufs. La
ponte a lieu en mars, avril ou mai. La durée de l'incubation est de trois semaines. Cette espèce niche isolément. Le
nid, de forme aplatie, est construit avec des branches,
et garni intérieurement de tiges herbacées, de paille,
de mousse, et, parfois, de papiers et de chiffons; il est
placé sur un arbre.

Seine-Inférieure :

M. E. Lemetteil m'a informé (1889) qu'après un
examen minutieux, il a reconnu que le Milan tué
à Gonfreville-l'Orcher, en novembre 1847 ou 1848, et
indiqué par lui (*Op. cit.*, *Carnivores*, p. 237; tir. à
part, t. I, p. 77) comme étant une jeune femelle du
Milan royal, est un Milan noir adulte. [Collection de
E. Lemetteil, à Bolbec (Seine-Inférieure)].

Eure :

Un individu a été tué à La Noé-Poulain, en 1847,
par M. Émile Anfrie. [Émile Anfrie, renseign. manuscrit, 1888]. [Collection de Émile Anfrie, à Lisieux
(Calvados)].

Calvados :

M. Eugène Eudes-Deslongchamps « a fait connaître
qu'un Milan noir (*Milvus ater*) avait été tué aux environs de Caen, à Périers, en avril 1854, et que cet
Oiseau est maintenant dans la collection de M. Auguste
Osmont ». [Note sans titre in Mémoir. de la Soc. linnéenne de Normandie, ann. 1854-55, p. x].

3° Famille. *VULTURIDAE* — VULTURIDÉS.

1er Genre. *VULTUR* — VAUTOUR.

1. **Vultur monachus** L. — Vautour moine.

Aegypius cinereus Bp., *A. niger* Sav.
Gyps cinereus Bp.
Vultur arabicus Briss., *V. arrianus* Lapeyr., *V. cinereus*
Lath., *V. niger* Briss., *V. vulgaris* Daud.

Vautour arrian, V. cendré.

Grand-vautour.

DEGLAND et GERBE. — *Op. cit.*, t. I, p. 5.
BREHM. — *Op. cit.*, t. I, p. 471, et pl. XI (p. 471), fig. 2.
OLPHE-GALLIARD. — *Op. cit.*, fasc. XVII, p. 23.

Le Vautour moine habite de préférence les régions où se
trouvent des montagnes escarpées. Il est sédentaire et migrateur, et vit isolé, par couples, ou en petites familles. Il est
courageux. Ses mœurs sont diurnes. Il est très-vorace. Sa
nourriture se compose d'animaux morts et de charognes ; au
besoin, il attaque, tue et mange des animaux. La femelle ne
fait annuellement qu'une couvée, d'un œuf, rarement de
deux. La ponte a lieu en février, en mars ou au commencement d'avril. Cette espèce niche isolément. Le nid est construit avec des branches de la grosseur du bras, sur les-
quelles repose une couche de rameaux, et son excavation,
peu profonde, est tapissée de bûchettes ; il est placé sur un
arbre d'une forêt ou d'un lieu découvert, ou dans une crevasse de rocher très-escarpé.

Seine-Inférieure :

M. le marquis d'Houdetot a tué dans les bois avoi-
sinant son château, à Saint-Laurent-de-Brèvedent,

le 6 juin 1886, un magnifique Vautour arrian adulte
(*Vultur monachus*). La longueur de cet individu
est de 1ᵐ,10; chaque aile mesure 1ᵐ,40, soit 2ᵐ,80
d'envergure; le tarse a 16 cm. de long; la longueur
du doigt principal de chacune des serres est de
15 cm.; l'ongle de ce même doigt est long de 4 cm.
et demi. Cet individu est gris cendré avec des mar-
brures longitudinales noires. [*Nouvelliste de Rouen*,
n° du 11 juin 1886, p. 2, col. 6; *Le Patriote de
Normandie*, n° du 11 juin 1886, p. 3, col. 1; et
renseign. manuscrit de M. d'Houdetot, communiqué
par M. E. Lemetteil, qui n'a pas vu l'individu en
question, 1890]. [Cet individu est conservé au
château de Notre-Dame-du-Bec (Seine-Inférieure),
chez M. le comte de Croixmare].

2. **Vultur fulvus** Briss. — Vautour fauve.

Gyps fulvus G.-R. Gray, *G. vulgaris* Sav.
Vultur alpinus Briss., *V. leucocephalus* M. et W., *V. per-*
sicus Pall., *V. trencalos* Bchst., *V. vulgaris* Vieill.

Gyps fauve.
Vautour griffon.

Grand-vautour.

BERT. — *Op. cit.*, p. 44; tir. à part, p. 20.
DEGLAND et GERBE. — *Op. cit.*, t. I, p. 9.
LEMETTEIL. — *Op. cit.*, *Carnivores*, p. 241; tir. à part,
t. I, p. 81.
BREHM. — *Op. cit.*, t. I, p. 468; pl. XI (p. 471), fig. 1, et
fig. 135 (p. 471).
OLPHE-GALLIARD. — *Op. cit.*, fasc. XVII, p. 31.

Le Vautour fauve habite surtout les régions où se trouvent
des montagnes escarpées. Il est sédentaire et migrateur, et

vit en bandes. Il est courageux. Ses mœurs sont diurnes. Il
est très-vorace. Sa nourriture se compose d'animaux morts
et de charognes ; au besoin, il attaque, tue et mange des
animaux. La femelle ne fait annuellement qu'une couvée,
d'un œuf, rarement de deux. La ponte a lieu en février ou
mars. Lorsque la place est convenable, on trouve plusieurs
nids voisins l'un de l'autre. Le nid est construit avec des
branches formant une couche peu épaisse, recouverte de bûchettes dans la partie centrale ; il est placé dans une crevasse
de rocher très-escarpé, ou dans une cavité d'un tel rocher,
abritée par le haut, de sorte que la pluie ne peut y pénétrer ;
l'entrée de cette cavité est ordinairement étroite, et l'intérieur spacieux ; la femelle pond aussi à nu sur le rocher.

Seine-Inférieure :

Espèce mentionnée sous le nom de Vautour griffon
jaune (*Vultur Kolbii* Lath.), sans aucune indication
géonémique, comme n'ayant encore été observée
qu'une fois dans la Seine-Inférieure. [J. HARDY. —
Op. cit., p. 281]. — Il est fort possible que l'individu
en question appartienne au *Vultur fulvus* Briss.
var. *occidentalis* Schleg. [H. G. de K.].

« J'eus, il y a quelques années, occasion d'en
observer un dans une plaine à Saint-Romain-de-
Colbosc. Posé sur un tas de fumier, il était en
butte aux criailleries des Corneilles, dont il parais-
sait se soucier fort peu. Cependant, quand elles appro-
chaient trop, il allongeait vers elles son grand cou
blanc, et les tenait ainsi à distance. Un de mes bons
amis de Bolbec en a également observé un à Gruchet-
le-Valasse, au bord du bois de Tous-Vents, en 1845
je crois, sur le cadavre d'un Cheval, en compagnie d'un
Chien ; il le vit ensuite se poser sur un arbre. »
[E. LEMETTEIL. — *Op. cit.*, *Carnivores*, p. 242 ; tir.
à part, t. I, p. 82 ; et renseign. manuscrit du même
auteur, 1890].

21

Manche :

Le 10 juillet 1875, il fut apporté à Cherbourg un superbe Vautour fauve mâle qui avait été tué dans les falaises de Jobourg. Son plumage était très-lisse et non souillé. [Henri Joüan[1]. — *Op. infrà cit.*, p. 237, et renseign. manuscrit du même auteur, 1888].

2ᵉ Genre. *NEOPHRON* – NÉOPHRON.

1. **Neophron percnopterus** L. — Néophron percnoptère.

Cathartes percnopterus Temm.
Neophron percnopterus Sav.
Vultur aegyptius Briss., *V. albus* Daud., *V. fuscus* Gm., *V. leucocephalus* Briss., *V. meleagris* Pall., *V. percnopterus* L.

Catharte alimoche, C. percnoptère.
Percnoptère stercoraire.
Vautour percnoptère.

Percnoptère, Petit vautour.

Degland et Gerbe. — *Op. cit.*, t. I, p. 12.
Lemetteil. — *Op. cit.*, *Carnivores*, p. 242 ; tir. à part, t. I, p. 82.
Brehm. — *Op. cit.*, t. I, p. 478, et fig. 136.
Olphe-Galliard. — *Op. cit.*, fasc. XVII, p. 44.

Le Néophron percnoptère habite surtout les régions où se trouvent des rochers escarpés et le voisinage et l'intérieur des lieux habités par l'Homme. Il est sédentaire et migrateur. Il est très-sociable et paisible. Ses mœurs sont diurnes. Son vol est assez rapide. Il est très-vorace et omnivore. Sa nourriture se compose d'animaux morts, de charognes,

1. Henri Joüan. — *Mélanges zoologiques,* in Mémoir. de la Soc. nationale des Scienc. natur. de Cherbourg, t. XIX, ann. 1875, p. 233.

d'immondices, d'excréments, d'œufs d'Oiseaux, etc.; au besoin, il attaque, tue et mange des petits Mammifères et des petits Oiseaux. La femelle ne fait annuellement qu'une couvée, de deux œufs ou d'un seul, rarement de trois. La ponte a lieu en mai ou juin. D'après Krüper, ces Oiseaux nicheraient rarement les uns très-près des autres sur une même paroi de rocher. Par contre, Bolle dit qu'ils semblent se plaire à nicher en compagnie. Le nid est construit avec des branches mortes, et son excavation est très-souvent tapissée de chiffons, de laine, etc., parfois de mousse; il est placé sur un rocher très-escarpé, et aussi sur un bâtiment, un vieux monument, un arbre, etc.

Seine-Inférieure :

Espèce mentionnée, sans aucune indication géonémique, comme n'ayant encore été observée qu'une fois dans la Seine-Inférieure. [J. HARDY. — *Op. cit.*, p. 281].

« Ses apparitions dans notre localité sont excessivement rares, peut-être même sont-elles douteuses? J'ai bien recueilli çà et là quelques données vagues ; mais si ces renseignements ne me semblent point suffisants pour le faire admettre, son habitat ordinaire assez rapproché, et la facilité de locomotion dont disposent ces Oiseaux, rendent leurs apparitions possibles et même vraisemblables. Un individu a été tué en Angleterre en 1825. Des couples vont se reproduire chaque année en Norwége. Il n'est donc pas étonnant qu'ils se montrent dans nos pays intermédiaires. Tels sont les motifs qui m'ont décidé à l'admettre. » [E. LEMETTEIL. — *Op. cit.*, *Carnivores*, p. 243; tir. à part, t. I, p. 83].

2ᵉ Ordre. *OMNIVORA* — OMNIVORES.

1ʳᵉ Famille. *CORVIDAE* — CORVIDÉS.

1ᵉʳ Genre. *CORVUS* — CORBEAU.

1. **Corvus corax** L. — Corbeau commun.

Corax maximus A. Brehm.
Corvus leucomelas Wagl., *C. leucophaeus* Vieill., *C. major* Vieill., *C. maximus* Scop.

Corbeau noir, C. ordinaire, C. vulgaire.

Corbeau de falaise, C. de roche, Corbin, Grand corbeau, Grand corbeau de falaise, Gros corbeau.

Degland et Gerbe. — *Op. cit.*, t. I, p. 196.
Lemetteil. — *Op. cit.*, *Omnivores*, p. 250; tir. à part, t. I, p. 90.
Gentil. — *Op. cit.*, *Passereaux*, p. 151; tir. à part, p. 139.
Dubois. — *Op. cit.* : texte, t. I, p. 212; atlas, t. I, pl. 47, et pl. I, figs. 47.

Le Corbeau commun habite les forêts, les bois, les falaises maritimes, et, d'une façon générale, les lieux accidentés qui sont éloignés des habitations humaines. Il est sédentaire. Il vit en bandes ou par couples; ceux que l'on rencontre à l'état isolé sont des jeunes non encore accouplés. Ses mœurs sont diurnes. Son vol est aisé; pendant les belles journées, le mâle et la femelle planent en décrivant de grandes courbes, et montent souvent jusqu'au-dessus des nuages; il marche avec dignité; lorsqu'il veut aller vite, il fait parfois de grands sauts. Il est omnivore, mais plutôt animalivore. Sa nourriture se compose d'animaux morts, de charognes, d'Insectes, de Mollusques, de Vers, de Poissons, de Reptiles, d'Oiseaux et d'œufs, de petits Mammifères, de Levrauts, de substances végétales de toute nature, etc.

La femelle ne fait annuellement qu'une couvée, de trois à six œufs. La ponte a lieu en mars ou avril. La durée de l'incubation est de trois semaines. Cette espèce niche isolément. Le nid est construit avec des branches mortes assez fortes, et garni intérieurement de bûchettes, de mousse, de poils, ou d'autres substances molles; il est placé dans une cavité de rocher ou de falaise, sur un arbre élevé, et quelquefois dans une tour abandonnée.

Toute la Normandie. — Sédentaire. — A.R.

2. **Corvus corone** L. — Corbeau corneille.

Corone corone Sharpe.

Corneille noire.

Côneille, Corbeau du pays, Corbine, Cornaille, Corneille.

BERT. — *Op. cit.*, p. 54; tir. à part, p. 30.
DEGLAND et GERBE. — *Op. cit.*, t. I, p. 198.
LEMETTEIL. — *Op. cit.*, *Omnivores*, p. 253; tir. à part, t. I, p. 93.
GENTIL. — *Op. cit.*, *Passereaux*, p. 151 et 152; tir. à part, p. 139 et 140.
DUBOIS. — *Op. cit.* : texte, t. I, p. 217; atlas, t. I, pl. 48, et pl. IX, figs. 46.2.

Le Corbeau corneille habite les forêts, les bois, les prairies, les champs, les marais, le littoral, les alluvions, les parcs, voire même les promenades des villes. Il est sédentaire, errant et migrateur. Il vit par couples, et après la reproduction, par familles. Ses mœurs sont diurnes. Son vol est aisé; il marche facilement. Il est omnivore, préférant toutefois les substances animales. Sa nourriture se compose d'Insectes, de Vers, de Mollusques, de charognes, de petits Mammifères, de jeunes Oiseaux et d'œufs, de Reptiles, de Grenouilles, de graines, de fruits, de Pommes de terre, de Carottes, etc. La femelle ne fait annuellement qu'une couvée, de quatre à six œufs. La ponte a lieu dans la seconde quinzaine de mars, en avril ou mai. La durée de l'incubation est de trois semaines. Cette espèce niche isolément. Le nid est habituellement composé de trois couches : l'externe, formée de bûchettes, de diverses tiges, de bruyères et de racines ; la moyenne, de terre gâchée, mélangée à des brins d'herbes ; et l'interne, de laine, de poils, de plumes, ou d'autres substances molles ; il est placé sur un arbre élevé, de préférence à la lisière d'un bois ou d'une forêt ; dans les localités où les arbres élevés sont rares, il est souvent établi dans un buisson.

Toute la Normandie. — Sédentaire. — T. C.

3. **Corvus cinereus** Briss. — Corbeau mantelé.

Cornix cinerea Briss.
Corone cornix Kaup.
Corvus cinereus Leach, *C. cornix* L.

Corneille cendrée, C. mantelée.

Côneille bataée, Corneille à mantelet, C. grise.

Bert. — *Op. cit.*, p. 54 et 55 ; tir. à part, p. 30 et 31.
Degland et Gerbe. — *Op. cit.*, t. I, p. 200.
Lemetteil. — *Op. cit.*, *Omnivores*, p. 254 ; tir. à part, t. I, p. 94.
Gentil. — *Op. cit.*, *Passereaux*, p. 151 et 152 ; tir. à part, p. 139 et 140.
Dubois. — *Op. cit.* : texte, t. I, p. 221 ; atlas, t. I, pl. 49, et pl. IX, figs. 46.1.

Le Corbeau mantelé habite les forêts, les bois, les prairies, les champs, les marais, le littoral. Il est migrateur et sédentaire. Il vit par couples, et après la reproduction, par familles.

Ses mœurs sont diurnes. Son vol est aisé ; il marche facilement. Il est omnivore, préférant toutefois les substances
animales. Sa nourriture se compose principalement d'Insectes, de Vers, de Mollusques, de petits Mammifères et de
charognes. La femelle ne fait annuellement qu'une couvée,
de trois à six œufs. La ponte a lieu en mars, avril ou mai.
La durée de l'incubation est de trois semaines. Cette espèce
niche isolément. Le nid est construit de la même façon que
celui du Corbeau corneille ; il est placé sur un arbre élevé,
de préférence à la lisière d'un bois ou d'une forêt ; exceptionnellement, il est établi sur le sol dans les dunes, sur le toit
d'un bâtiment élevé, sous un pont, etc.

Toute la Normandie. — De passage régulier : arrive
en octobre ou novembre et repart en mars ou avril avant la
reproduction. — A.C.

4. **Corvus frugilegus** L. — Corbeau freux.

Colaeus frugilegus Kaup.
Cornix frugilega Briss.
Frugilegus frugilegus G.-R. Gray.
Trypanocorax frugilegus Loche.

Corneille freux, C. moissonneuse.
Freux des moissons.

Côneille, Cornaille, Corneille, Corneille à bec blanc, Freux.

BERT. — *Op. cit.*, p. 54 ; tir. à part, p. 30.
DEGLAND et GERBE. — *Op. cit.*, t. I, p. 201.
LEMETTEIL. — *Op. cit.*, *Omnivores*, p. 256 ; tir. à part,
t. I, p. 96.
GENTIL. — *Op. cit.*, *Passereaux*, p. 151 et 152 ; tir. à
part, p. 139 et 140.
DUBOIS. — *Op. cit.* : texte, t. I, p. 225 ; atlas, t. I, pl. 50, et
pl. VII, figs. 50.

Le Corbeau freux habite de préférence les champs et les lieux boisés à proximité les uns des autres; on le voit rarement dans les montagnes et dans l'intérieur des grandes forêts. Il est migrateur et sédentaire, et vit en bandes nombreuses. Ses mœurs sont diurnes ; au déclin du jour, il se rassemble en très-grand nombre pour passer la nuit. Son vol est aisé ; il marche facilement ; au cours des belles journées, on voit souvent un certain nombre de ces Oiseaux s'élever dans l'air jusqu'à perte de vue, planer pendant des heures et redescendre sur le sol avec une extrême rapidité. Il est omnivore, mais principalement animalivore. Sa nourriture se compose d'Insectes, de Vers, de Mollusques, de petits Mammifères, d'œufs et même de jeunes Oiseaux, de céréales, de graines, de légumes, de fruits charnus, etc. ; au besoin, il mange des charognes ; si on le voit sur un animal en putréfaction, c'est, le plus souvent, pour prendre les Insectes qui s'y trouvent. La femelle ne fait annuellement qu'une couvée, de trois à cinq œufs. La ponte a lieu dans la seconde quinzaine de mars, en avril ou mai. La durée de l'incubation est de trois semaines. Cette espèce niche en société ; généralement il y a plusieurs nids sur le même arbre. Le nid est construit avec des bûchettes entremêlées de petites branches, de racines, d'épines et de terre, et garni intérieurement avec des poils, de la laine, des brins d'herbes et de la mousse ; il est placé sur un arbre d'une futaie, d'un bois, d'un champ, d'une prairie, d'un jardin de campagne, et même d'une promenade dans l'intérieur d'une ville.

Toute la Normandie. — De passage régulier : arrive en décembre et repart en mars ou avril avant la reproduction ; un grand nombre est sédentaire. — T. C.

5. **Corvus monedula** L. — Corbeau choucas.

Colaeus monedula Kaup.
Corvus spermolegus Vieill.
Lycos monedula Boie.

Choucas des clochers, C. des tours.
Corneille choucas, C. des clochers.

Cahouette, Cauvette, Choucas, Corneille de clocher, C. de
falaise, Cornillon, Corvette, Covette.

Bert. — *Op. cit.*, p. 54 et 55; tir. à part, p. 30 et 31.
Degland et Gerbe. — *Op. cit.*, t. I, p. 202.
Lemetteil. — *Op. cit.*, *Omnivores*, p. 261 ; tir. à part,
t. I, p. 101.
Gentil. — *Op. cit.*, *Passereaux*, p. 151 et 153; tir. à
part, p. 139 et 141.
Dubois. — *Op. cit.* : texte, t. I, p. 230 ; atlas, t. I, pl. 51,
et pl. VI, figs. 51.

Le Corbeau choucas habite les champs, les lieux boisés,
les rochers, les falaises maritimes, les clochers, les tours,
les édifices en ruines, les toitures des bâtiments élevés, les
arbres des endroits habités par l'Homme. Il est sédentaire
et migrateur, et vit en bandes. Ses mœurs sont diurnes.
Son vol est rapide ; il marche facilement, et aime à tournoyer
dans l'air. Il est omnivore, mais particulièrement animalivore. Sa nourriture se compose d'Insectes, de Vers, de
Mollusques, de petits Mammifères, d'œufs et de jeunes
Oiseaux, de céréales, de graines, de légumes, de fruits
charnus, etc. ; au besoin, il mange des animaux morts. La
femelle ne fait annuellement qu'une couvée, de quatre à
sept œufs. La ponte a lieu en avril ou mai. La durée de
l'incubation est de dix-huit à vingt jours. Cette espèce niche
en société. Le nid est construit grossièrement avec des bûchettes et de la paille, et garni intérieurement d'herbes
sèches, de poils et de plumes ; il est placé dans une cavité
de mur, de rocher ou de falaise, dans un clocher, sous un
toit, dans un arbre creux, et quelquefois, paraît-il, sur
un arbre.

Toute la Normandie. — Sédentaire. — T. C.

2ᵉ Genre. *GRACULUS* — CRAVE.

1. **Graculus eremita** L. — Crave commun.

Coracia erythrorhamphos Vieill., *C. gracula* G.-R. Gray.
Corvus eremita L., *C. graculus* L.
Fregilus erythropus Sws., *F. europaeus* Less., *F. graculus* Cuv.
Gracula pyrrhocorax Scop.
Graculus eremita K.-L. Koch, *G. graculus* Sharpe.
Pyrrhocorax graculus Temm., *P. rupestris* Brehm.

Coracia à bec rouge, C. crave.
Crave ordinaire, C. vulgaire.

Crave.

Degland et Gerbe. — *Op. cit.*, t. I, p. 205.
Lemetteil. — *Op. cit.*, *Omnivores*, p. 265; tir. à part, t. I, p. 105.
Brehm. — *Op. cit.*, t. I, p. 277, et fig. 92 (p. 279).
Dubois. — *Op. cit.*: texte, t. I, p. 238; atlas, t. I, pl. 53, et pl. XIII, figs. 48.

Le Crave commun habite les montagnes, jusqu'aux neiges éternelles, et, pendant la saison froide, descend et séjourne dans les vallées. Il est sédentaire et migrateur, et vit en bandes nombreuses. Ses mœurs sont diurnes. Son vol est rapide et léger. Sa nourriture se compose principalement d'Insectes et d'Arachnides; il mange aussi des fruits charnus. La femelle ne fait annuellement qu'une couvée, de trois à cinq œufs. La ponte a lieu en mai. La durée de l'incubation est de dix-huit à vingt jours. Cette espèce niche isolément. Le nid est construit avec des branches mortes et des herbes sèches, et garni intérieurement de brindilles mortes, de mousse, de laine et de poils; il est placé dans une crevasse de rocher très-escarpé. Cet Oiseau niche parfois sur des clochers de village dans les montagnes.

Seine-Inférieure :

Espèce mentionnée, sans aucune indication géonémique, comme n'ayant encore été observée qu'une
fois dans la Seine-Inférieure. [J. HARDY. — *Op. cit.*,
p. 283].

« Il s'est reproduit plusieurs fois à Antifer et dans
les falaises de la Basse-Seine à Oudalles et à Orcher....
Cet Oiseau a été observé à Gruchet-le-Valasse, au
printemps de 1864. Il se trouvait dans une bande de
Choucas. » [E. LEMETTEIL. — *Op. cit.*, *Omnivores*,
p. 265 ; tir. à part, t. I, p. 105].

J'ai vu au pied des falaises du phare de La Hève
près du Havre, au mois de mars 1870, par deux fois,
à très-peu de jours d'intervalle, en un temps de forte
gelée et le matin, une bande (5 ou 6 ?) de Craves qui
se tenaient parmi les petites roches basses. [André
LE BRETON, renseign. manuscrit, 1890].

Calvados :

Un individu a été abattu aux environs d'Orbec (?) ;
il a le bec beaucoup plus arqué et plus long que chez
ceux que j'ai reçus des Pyrénées ; c'est, je pense, une
anomalie. [Émile ANFRIE, renseign. manuscrit, 1888].
[Collection de Émile ANFRIE, à Lisieux (Calvados)].

« Un exemplaire tué à Monts, en septembre 1888 ».
[Albert FAUVEL, renseign. manuscrit, 1890]. [Collec-
tion de Albert FAUVEL, à Caen].

Manche :

« J'ai possédé cet Oiseau vivant. Il venait des
falaises de Jobourg près Cherbourg ». [LE SAUVAGE.—
Op. cit., p. 178].

« Il niche dans les falaises de Jobourg ». [Emma-
nuel CANIVET. — *Op. cit.*, p. 10].

« Rare. Habite les falaises du N.-O. du département de la Manche. Il a été rencontré à Notre-Dame-de-Cenilly, en 1870 ». [J. Le Mennicier. — *Op. cit.*, p. 25].

3ᵉ Genre. *NUCIFRAGA* — CASSE-NOIX.

1. **Nucifraga caryocatactes** L. — Casse-noix commun.

Caryocatactes caryocatactes Schleg., *C. gullatus* Nilss., *C. maculatus* K.-L. Koch, *C. nucifraga* Nilss.
Corvus caryocatactes L.
Nucifraga brachyrhynchos Brehm, *N. caryocatactes* Leach, *N. guttata* Vieill., *N. macrorhynchos* Brehm.

Casse-noix ordinaire, C. vulgaire.

Bert. — *Op. cit.*, p. 55 ; tir. à part, p. 31.
Degland et Gerbe. — *Op. cit.*, t. I, p. 207.
Lemetteil. — *Op. cit.*, *Omnivores*, p. 266 ; tir. à part, t. I, p. 106.
Gentil. — *Op. cit.*, *Passereaux*, p. 154 ; tir. à part, p. 142.
Dubois. — *Op. cit.*: texte, t. I, p. 233 ; atlas, t. I, pl. 52, pl. I, fig. 53, et pl. XVII, figs. 49.

Le Casse-noix commun habite tout particulièrement les forêts et les bois de Pin cembra (*Pinus cembra* L.). Il est sédentaire et migrateur, et vit par familles ou en bandes. Ses mœurs sont diurnes. Son vol est léger, à peine saccadé, et assez lent ; il se suspend aux rameaux, se tient aux troncs et aux branches comme le font les Pics, frappant à coups de bec l'écorce, dont il enlève des fragments pour saisir les Insectes, et marche facilement. Il est plus ou moins omnivore. Sa nourriture se compose de graines de Pins, tout particulièrement de celles du Pin cembra, qui forment sa nourriture favorite, de noisettes, de faînes, de glands, de fruits charnus, d'Insectes, de Vers, de Mollusques, d'œufs et de petits Oiseaux, de petits Mammifères, etc. Vers la fin de l'été, en prévision de la disette causée par la saison froide, cet Oiseau entasse, dans des trous d'arbres et des fissures de rochers, de grandes quantités de noisettes, de glands, de graines de Pins, etc., qu'il recueille d'une manière fort curieuse (voir, à ce sujet, la note ci-dessous). La femelle ne fait annuellement qu'une couvée, de trois à six œufs. La ponte a lieu en janvier, février, mars ou avril. Cette espèce niche isolément. Le nid est construit avec des petites branches en partie vertes, entremêlées de lichens et de mousses, et l'intérieur est garni de lichens, de brins d'herbes sèches et de radicelles. Les branches qui entrent dans la composition du nid sont quelquefois, dit A.-E. Brehm (*Op. cit.*, t. I, p. 305), « réunies entre elles par une espèce de ciment formé avec de la poussière d'arbres vermoulus, gâchée avec de la terre boueuse; dans ce cas, le double contour du nid se trouve également garni de mousse, de foin, et même de duvet de fleurs, surtout de Tussilages et d'aigrettes de Chardons ». Le nid est placé sur de fortes branches d'un Conifère, près du tronc. Parfois, d'après Bailly, cet Oiseau s'approprie un nid d'Écureuil, avant qu'il contienne les jeunes, gardant toujours pour l'intérieur les matières molles, les lichens et la mousse, qui étaient destinés à recevoir la portée de ce Mammifère Rongeur.

NOTE. — « A la fin de juillet et pendant le mois d'août, dit de Sinéty[1] (*Op. infrà cit.*, p. 786), quand les noisettes sont mûres, le Casse-noix descend régulièrement des régions moyennes des montagnes de la Suisse, où il habite en grand nombre, et s'approche des lacs et des villages, dans les parties où croissent les Noisetiers. Il en cueille les fruits, les épluche de manière à les dégager de leur enveloppe foliacée, en conservant l'amande

[1]. De Sinéty. — *Note sur une poche buccale chez le Casse-noix (Nucifraga caryocatactes)*, in Compt. rend. hebdomad. des séanc. de l'Acad. des Scienc., Paris, t. XXXVI, 1er sem. 1853, p. 785.

recouverte de sa coque ligneuse, puis, les introduisant une à une dans son gosier, il en emporte jusqu'à douze ou treize à la fois ».

Pour faire ses abondantes provisions, cet Oiseau se sert d'un organe particulier.

« Cet organe, dit le même auteur *(loc. suprà cit.)*, est un sac à parois très-minces, ouvert immédiatement sous la langue bifide de l'Oiseau, et dont l'orifice occupe toute la base de la cavité buccale...... Ce sac, extrêmement dilatable, est situé au devant du cou, où il fait saillie des trois quarts à gauche de la ligne médiane. Sa longueur est environ des deux tiers de la longueur du cou de l'Oiseau......

« Mais, comme si la nature n'avait pas cru faire assez en dotant le Casse-noix...... d'une poche assez semblable à celle des Pélicans, elle lui a donné, en outre, un œsophage très-dilatable aussi pour lui servir de seconde poche....... Lorsque ces Oiseaux sont chargés et regagnent leurs cachettes pour y déposer leurs provisions, la nourriture qu'ils ont entassée dans leur poche et dans leur œsophage, leur forme comme un énorme goître sous le cou ; cette grosseur, qui atteint quelquefois le double du volume de la tête de l'animal, est très-apparente, même quand il vole. J'en ai tué souvent dans ce moment-là....., et j'ai retiré jusqu'à sept noisettes du sac buccal, et six autres noisettes de l'œsophage d'un même individu ».

Normandie :

« Cette espèce se trouve très-rarement en Normandie ». [C.-G. CHESNON. — *Op. cit.*, p. 239].

Espèce mentionnée, sans aucune indication géonémique, comme étant de passage accidentel en Normandie. [NOURY. — *Op. cit.*, p. 88].

Seine-Inférieure :

Espèce mentionnée, sans aucune indication géonémique, comme ayant été observée plus d'une fois dans la Seine-Inférieure. [J. HARDY. — *Op. cit.*, p. 283].

« Il s'est fait, en 1844, un passage considérable de ces Oiseaux. Nous ne pensons pas qu'ils se soient montrés depuis cette époque ». [E. LEMETTEIL. — *Op. cit.*, *Omnivores*, p. 268 ; tir. à part, t. I, p. 108].

Cette espèce a été tuée à Dieppe, en 1844. [C.-D. DEGLAND et Z. GERBE. — *Op. cit.*, t. I, p. 208]. — Ces deux auteurs disent (*loc. cit.*) que le passage de 1844, qui a eu lieu dans beaucoup de contrées de la France, a duré de la mi-septembre à novembre. C'est donc pendant cette partie de l'année que l'espèce en question a dû être de passage dans la Seine-Inférieure. [H. G. de K.].

« En novembre 1868 a eu lieu, dans la Seine-Inférieure, un passage moins nombreux que celui de 1844. Une femelle adulte, qui fait partie de ma collection, a été abattue le 17 ou le 18 novembre, dans les bois du Platon à Lillebonne ; un autre individu a été observé, à la même époque, dans les bois de Tous-Vents à Gruchet-le-Valasse. » [E. LEMETTEIL, renseign. manuscrit, 1890].

Un individu a été tué dans le bois de Beaumont près Eu, en octobre 1887, et un autre à Canehan. [Louis-Henri BOURGEOIS, renseign. manuscrit, 1888].

Eure :

Un individu a été tué à La Broche près Étrépagny. [Musée d'Histoire naturelle de Gisors (Eure)]. [Examiné par H. G. de K.].

Calvados :

« On tua deux individus, il y a quelques années, aux portes mêmes de Bayeux. Deux autres ont été vus cet hiver dans la forêt de Touques. L'un a été tué et est dans ma collection ». [LE SAUVAGE. — *Op. cit.*, p. 178].

« Escoville, 18 octobre 1864; et mâle, bois de Bavent, 20 octobre 1864 ». [Albert FAUVEL, renseign. manuscrit, 1890]. [Collection de Albert FAUVEL, à Caen].

Deux individus ont été tués dans les environs de Lisieux. L'un d'eux est une femelle, qui a été abattue le 9 octobre 1868. [Émile ANFRIE, renseign. manuscrit, 1888].

Un individu a été tué à Vire. [Arthur GEFFROY, renseign. manuscrit, 1888].

4° Genre. *PICA — PIE.*

1. **Pica caudata** L. — Pie commune.

Cleptes pica Cab.
Corvus pica L., *C. rusticus* Scop.
Garrulus picus Temm.
Pica albiventris Vieill., *P. europaea* Boie, *P. melanoleuca* Vieill., *P. pica* Sharpe, *P. rustica* Dress., *P. rusticorum* Leach, *P. varia* Schleg.

Pie ordinaire, P. vulgaire.

Agache, Agasse, Cateau, Margot, Ragasse, Pitiau (petit).

BERT. — *Op. cit.*, p. 55; tir. à part, p. 31.
DEGLAND et GERBE. — *Op. cit.*, t. I, p. 211.
LEMETTEIL. — *Op. cit.*, *Omnivores*, p. 272; tir. à part, t. I, p. 112.
GENTIL. — *Op. cit.*, *Passereaux*, p. 154; tir. à part, p. 142.
DUBOIS. — *Op. cit.* : texte, t. I, p. 200; atlas, t. I, pl. 45, et pl. II, figs. 45.

La Pie commune habite ordinairement les lieux boisés près des endroits découverts, recherchant le voisinage des habitations humaines. Elle est sédentaire et ne s'éloigne que fort peu de l'endroit où elle a établi sa demeure. Chaque couple reste uni pendant toute l'année; en automne, les jeunes se réunissent en petites bandes qui errent dans la contrée, sans s'éloigner beaucoup du lieu où ils sont nés.

Elle est querelleuse et audacieuse. Ses mœurs sont diurnes.
Son vol est lourd; elle marche, tantôt gravement et en
vacillant, tantôt par petits sauts, mais toujours en hochant
la queue. Elle est omnivore. Sa nourriture se compose principalement d'Insectes et de Vers ; elle mange aussi des œufs
et des jeunes Oiseaux, des fruits charnus, des graines, des
Mollusques, etc., voire même des petits Mammifères et des
petits Oiseaux. La femelle ne fait annuellement qu'une couvée, de quatre à huit œufs. La ponte a lieu en février, mars
ou avril. La durée de l'incubation est de trois semaines.
Cette espèce niche isolément. Le nid est construit avec des
brindilles mortes entrelacées et reliées par une sorte de
crépissure en terre gâchée, et l'intérieur est garni de racines, de fines bûchettes, ou d'autres matières végétales ; il
est entouré de branches mortes entrelacées et recouvert
d'un dôme à claire-voie formé aussi par des branches mortes
et des bûchettes, dôme qui adhère au nid et donne un
grand volume à la construction entière; l'entrée est située
latéralement dans le dôme (par exception, il y a dans le
dôme deux entrées, qui sont en face l'une de l'autre). Le nid
est placé sur un arbre plus ou moins élevé, parfois à hauteur d'homme dans un arbrisseau, quelquefois sur une
habitation humaine ou un édifice.

NOTE. — Dans le voisinage des lieux habités par l'Homme, cet
Oiseau construit généralement plusieurs nids à la fois, mais n'en
achève qu'un seul, celui où doit se faire la ponte. Son but est
d'attirer l'attention sur ses nids postiches et de protéger ainsi le
véritable nid. J'ai été, dit de Nordmann [1], plus d'une fois témoin
de la ruse et de la dissimulation que mettent ces Oiseaux à construire leurs nids. « Quatre à cinq couples de Pies nichent depuis
plusieurs années dans le jardin botanique d'Odessa (Russie d'Europe)....., dans lequel j'ai ma demeure. Ces Oiseaux me connaissent

1. De Nordmann. — *Catalogue raisonné des Oiseaux de la Faune pon-
tique*, in *Voyage dans la Russie méridionale et la Crimée, par la Hongrie,
la Valachie et la Moldavie, exécuté en 1837, sous la direction de Anatole
de Demidoff*, par de Sainson, Le Play, Huot, Léveillé, Raffet, Rousseau, de
Nordmann et du Ponceau, t. III, Paris, Ernest Bourdin et Cie, 1840, p. 117.

22

très-bien, moi et mon fusil, et quoi qu'ils n'aient jamais été l'objet d'aucune poursuite, ils mettent en pratique toutes sortes de moyens pour donner le change à l'observateur. Non loin de l'habitation se trouve un petit bois de vieux Frênes, dans les branches desquels les Pies établissent leurs nids. Plus près de la maison, entre cette dernière et le petit bois, sont plantés quelques grands Ormeaux et quelques Robiniers; dans ces arbres, les rusés Oiseaux établissent des nids postiches, dont chaque couple fait au moins trois à quatre, et dont la construction les occupe jusqu'au mois de mars. Pendant la journée, surtout quand ils s'aperçoivent qu'on les observe, ils y travaillent avec beaucoup d'ardeur, et si quelqu'un vient par hasard les déranger, ils volent autour des arbres, s'agitent, et font entendre des cris inquiets. Mais tout cela n'est que ruse et fiction ; car tout en faisant ces démonstrations de trouble et de sollicitude pour ces nids postiches, ils avancent insensiblement la construction du nid destiné à recevoir les œufs, en y travaillant dans le plus grand silence, et pour ainsi dire en cachette, durant les premières heures de la matinée et vers le soir. Si parfois quelque indiscret vient les y surprendre, soudain ils revolent, sans faire entendre un son, vers leurs autres nids, et se remettent à l'œuvre comme si de rien n'était, en montrant toujours le même embarras et la même inquiétude, afin de détourner l'attention et déjouer la poursuite. »

Toute la Normandie. — Sédentaire. — T. C.

5ᵉ Genre. *GARRULUS* — GEAI.

1. **Garrulus glandarius** L. — Geai commun.

Corvus glandarius L.
Garrulus glandarius Vieill.
Glandarius pictus K.-L. Koch.

Geai glandivore, G. ordinaire, G. vulgaire.

Charlot, Charlot-gourào, Charlot-gouràs, Charlot-gouraud, Gage, Gai, Gaije, Gail, Gouràs, Gouraud, Guais, Ja, Jacquot, Nicolas-tuyau.

Observat. — Dans les environs d'Elbeuf, les amateurs de nids distinguent deux var. du Geai commun : le « Geai de poirier », qui a la tête plus grosse et beaucoup plus blanche avec moins de raies noires, et parle beaucoup mieux en cage, que le « Geai de chêne ». Ils font une différence d'un franc par nichée : deux francs pour le Geai de poirier et un franc pour le Geai de chêne. [Alexandre Levoiturier, renseign. manuscrit, 1888].

Bert. — *Op. cit.*, p. 55 ; tir. à part, p. 31.
Degland et Gerbe. — *Op. cit.*, t. I, p. 215.
Lemetteil. — *Op. cit.*, *Omnivores*, p. 275 ; tir. à part, t. I,
. p. 115.
Gentil. — *Op. cit.*, *Passereaux*, p. 154 ; tir. à part, p. 142.
Dubois. — *Op. cit.* : texte, t. I, p. 206 ; atlas, t. I, pl. 46,
et pl. I, figs. 46.

Le Geai commun habite les forêts et les bois, se plaisant dans tous ceux où les Chênes sont en abondance ; on le voit aussi dans les petits bois épars dans les lieux découverts, et dans les vergers. Il est sédentaire et errant, et vit par familles ou en petites bandes, excepté au printemps, où il s'isole avec sa femelle. Il est vif et cruel. Ses mœurs sont diurnes. Son vol est lourd et de courte durée ; il marche assez maladroitement et en sautillant. Il est omnivore. Sa nourriture se compose principalement, en automne et en hiver, de glands (voir, à ce sujet, la note ci-dessous), de faînes, de châtaignes, de noisettes, de fruits charnus, etc. ; au printemps et en été, il est plutôt animalivore que végétalivore, sa nourriture se composant, à cette époque, d'Insectes, de Vers, d'œufs et d'Oiseaux, de Reptiles, de Grenouilles, de petits Mammifères, etc. ; il attaque même, tue et mange des Vipéridés, en ayant soin de ne pas s'exposer à leur morsure. A l'approche de la saison froide, il fait de grandes provisions de glands, de faînes, de noisettes, de graines, etc., qu'il cache dans des trous d'arbres, ou sous des feuilles mortes dans un endroit à l'abri de l'eau. La

femelle ne fait annuellement qu'une couvée, de quatre à
huit œufs. La ponte a lieu en avril ou mai. La durée de
l'incubation est de seize jours. Cette espèce niche isolément.
Le nid est construit assez grossièrement avec des bûchettes,
des herbes sèches, etc., et l'intérieur est tapissé de radicelles ; il est placé sur un arbre et quelquefois dans un
buisson. Cet Oiseau fait des nids postiches, construits sans
art.

Note. — Relativement à la manière dont cet Oiseau fait sa
récolte de glands, Z. Gerbe dit[1] : « A peine arrivés sur un arbre
où les glands mûrs abondent, ils en repartent presque aussitôt.
C'est tout au plus s'ils y restent deux ou trois minutes. Ce
temps, si court qu'il soit, leur suffit, non pas pour se gaver,
car ils ne consomment rien ou presque rien sur place, mais pour
faire récolte. Ils entassent à la hâte dans leur œsophage le plus
de glands qu'ils peuvent, et, cela fait, regagnent leur cantonne-
ment. Il n'est pas rare d'en rencontrer qui emportent de la sorte
cinq et six glands : j'en ai tué qui en avaient jusqu'à dix. Ils ont
alors tout le long du cou une énorme protubérance irrégulière,
en forme de goître, et leur vol, déjà si pesant, en est encore
alourdi. Lorsque les glands sont assez ramollis par les sucs œso-
phagiens, l'Oiseau les régurgite, les ouvre et en dévore la
semence; après quoi, si sa faim n'est pas satisfaite, il retourne
à la glandée ».

Toute la Normandie. — Sédentaire et errant.— T. C.

2ᵉ Famille. *STURNIDAE* — STURNIDÉS.

1ᵉʳ Genre. *STURNUS* — ÉTOURNEAU.

1. **Sturnus vulgaris** L. — Étourneau vulgaire.

Sturnus europaeus Blas., *S. guttatus* Macg., *S. solitarius*
Leach, *S. varius* M. et W.
Turdus solitarius Mont.

[1]. Z. Gerbe. — *Simples Notes sur quelques Oiseaux de France. —
III, Passage extraordinaire de Geais glandivores et Observations sur
quelques habitudes de ces Oiseaux*, in Revue et Magasin de Zoologie pure
et appliquée, ann. 1876, p. 9.

Étourneau commun, É. ordinaire.

Chansonnet, Étouernet, Étouerniau, Étourniau, San-
sonnet.

Bert. — *Op. cit.*, p. 56 ; tir. à part, p. 32.
Degland et Gerbe. — *Op. cit.*, t. I, p. 232.
Lemetteil. — *Op. cit.*, *Omnivores*, p. 280 ; tir. à part, t. I,
p. 120.
Gentil. — *Op. cit.*, *Passereaux*, p. 158 ; tir. à part,
p. 146.
Dubois. — *Op. cit.* : texte, t. I, p. 250 ; atlas, t. I, pl. 56,
et pl. IV, fig. 56.

L'Étourneau vulgaire habite les prairies, les marais, les
lieux boisés, les villages et les villes, etc. Il est migrateur
et sédentaire. Il vit par couples pendant l'époque de la reproduction, puis par familles, dont plusieurs se réunissent quelquefois, et, en automne, il se rassemble en bandes. Il émigre en bandes plus ou moins nombreuses, même en bandes
de plusieurs milliers d'individus ; c'est toujours lors de la
migration d'automne que ces bandes sont le plus nombreuses ; à cette époque, ces Oiseaux voyagent par étapes,
s'arrêtant parfois pendant des semaines entières dans les
endroits qui leur conviennent ; on les voit souvent alors par
milliers dans les roseaux des étangs et des marais, où ils
aiment à passer la nuit. Ses mœurs sont diurnes. Son vol
est généralement rapide et près du sol ; mais quand il doit
faire un trajet un peu long, il s'élève à une certaine hauteur. Sa nourriture se compose d'Insectes, de Vers, de
Limaces, etc. ; il mange aussi des fruits charnus, mais préfère une nourriture animale ; au besoin, il mange des
graines ; dans les pâturages, il va souvent sur le dos du
bétail pour y attraper des Insectes parasites. La femelle fait
annuellement une couvée de quatre à sept œufs, et, si cette
couvée n'a pas été tardive, elle en fait une seconde, de
deux à quatre, généralement de trois. La ponte de la couvée

normale a lieu en mars ou avril, et celle de la seconde
couvée vers la fin de mai. La durée de l'incubation est de
quinze jours. Cette espèce niche isolément et en société. Le
nid, d'une structure informe, est construit avec des feuilles
des arbres qui l'avoisinent et des Graminées (tiges et feuilles),
et garni, à l'intérieur, avec des plumes, qui, à leur défaut,
sont remplacées par de la laine, de la mousse ou des
lichens; il est placé dans un trou d'arbre, sous un toit,
dans une cavité d'un vieux mur, d'un édifice, d'un rocher,
et, de préférence, dans le voisinage de l'eau.

Toute la Normandie. — De passage régulier : arrive en
novembre et repart en mars avant la reproduction, et sédentaire. — T. C.

2ᵉ Genre. *PASTOR* — MARTIN.

1. **Pastor roseus** L. — Martin roselin.

Acridotheres roseus Ranz.
Boscis rosea Brehm.
Gracula rosea Cuv.
Merula rosea Briss.
Nomadites roseus Bp.
Pastor roseus Temm.
Psaroides roseus Vieill.
Sturnus asiaticus Lath., *S. roseus* Scop.
Thremmaphilus roseus Macg.
Turdus roseus L., *T. seleucis* Forsk.

Martin rose.

BERT. — *Op. cit.*, p. 56; tir. à part, p. 32.
DEGLAND et GERBE. — *Op. cit.*, t. I, p. 235.
BREHM. — *Op. cit.*, t. I, p. 247, et fig. 80.
DUBOIS. — *Op. cit.* : texte, t. I, p. 247; atlas, t. I, pl. 55,
    et pl. XVI, fig. 53.

Le Martin roselin habite tout particulièrement les endroits découverts. Il est migrateur et très-sociable. Ces Oiseaux émigrent en bandes, et, lorsqu'ils sont nombreux, se tiennent toujours serrés; descendus à terre, ils se dispersent bientôt, et, alors, il est rare d'en voir quatre ou cinq très-rapprochés les uns des autres. Ses mœurs sont diurnes. Son vol est rarement élevé; souvent il passe comme un trait en rasant le sol, et remue la tête à chaque pas qu'il fait. Sa nourriture se compose d'Insectes, particulièrement d'Acrididés et de leurs œufs; il mange aussi des graines et des fruits charnus; il va sur le dos du bétail pour y attraper des Insectes parasites. La femelle ne fait annuellement qu'une couvée, de trois à sept œufs. Cette espèce niche en société et isolément. Le nid est simplement composé de tiges et de feuilles sèches de Graminées ou de quelques feuilles sèches d'autres végétaux, entassées dans une cavité d'un rocher escarpé, d'un bâtiment abandonné, d'une ruine, dans un trou d'arbre, etc.

Normandie :

Espèce mentionnée, sans aucune indication géonémique, comme étant de passage accidentel en Normandie. [NOURY. — *Op. cit.*, p. 89].

Seine-Inférieure :

« J'ai un jeune mâle qui a été tué le 15 décembre, dans nos environs, sur le toit d'une église, au bord de la mer ». [J. HARDY[1]. — *Op. infrà cit.*, p. 303].

Dieppe, 14 (*sic*) décembre 1835, jeune mâle; et Dieppe, 10 juin 1837, femelle adulte. [Collection de Josse HARDY, au Musée de Dieppe].]Examinés par H. G. de K.].

Il convient de signaler, « comme un fait très-acci-

1. J. Hardy. — *Merle rose, Pastor roseus*, in Annuaire des cinq départements de l'ancienne Normandie (Annuaire normand), 1841, 7ᵉ ann., p. 303.

dentel et tout à fait anomal, l'apparition, dans notre
département, du Martin roselin, *Pastor roseus*, qui
s'est montré dans les plaines de l'Eure près du Havre,
vers la fin de mai 1875, non pas isolément, mais par
bandes de cinquante et de cent individus. D'après les
renseignements qui me sont parvenus, onze de ces
Oiseaux auraient été abattus. J'ai perdu la trace de
trois d'entre eux, mais je sais que quatre ont été
montés par deux naturalistes du Havre, et que les
quatre autres ont été mis à la casserole ». [E. LEMET-
TEIL [1]. — *Op. infrà cit.*, p. 135].

Calvados :

J'ai reçu un Merle rose ou Martin roselin (*Turdus
roseus*), que je dois à l'obligeance de M. Lubin-Des-
vallées, qui l'a tué en juillet 1834, sur sa propriété à
Couvert, commune éloignée de deux lieues de Bayeux. Cet individu est le seul qui, à ma connaissance,
ait été tué en Normandie. [C.-G. CHESNON. — *Op.
cit.*, p. 388].

« Il a été tué cette année (1834) dans les environs
de Bayeux, et est dans la belle collection de M. Chesnon ». [LE SAUVAGE. — *Op. cit.*, p. 180].

3º Ordre. *INSECTIVORA* — INSECTIVORES.

1ᵉʳ Famille. *LANIIDAE* — LANIIDÉS.

1ᵉʳ Genre. *LANIUS* --- PIE-GRIÈCHE.

1. **Lanius excubitor** L. — Pie-grièche grise.

Collyrio excubitor G.-R. Gray.
Lanius cinereus Briss.

---

1. E. Lemetteil. — *Le Martin roselin (Pastor roseus* Temm.), in Bull.
de la Soc. des Amis des Scienc. natur. de Rouen, 2ᵉ sem. 1875, p. 135.

Agache-cruelle, Agasse, Geai-blanc, Pie-croï, Pie-cruelle, Pie-griet, Pie-grièvc.

BERT. — *Op. cit.*, p. 57, et pl. I, fig. 19; tir. à part, p. 33, et même fig.

DEGLAND et GERBE. — *Op. cit.*, t. I, p. 221.

LEMETTEIL. — *Op. cit.*, *Insectivores*, p. 62; tir. à part, t. I, p. 129.

GENTIL. — *Op. cit.*, *Passereaux*, p. 155; tir. à part, p. 143.

DUBOIS. — *Op. cit.* : texte, t. I, p. 183; atlas, t. I, pl. 41 et 41ᵇ, et pl. VI, figs. 41.

La Pie-grièche grise habite, pendant la saison chaude, la lisière des bois et des forêts et les endroits découverts où il y a des arbres ou des buissons; pendant la saison froide, elle se rapproche des lieux habités par l'Homme, se montrant même dans les jardins des villages. Elle est migratrice et sédentaire. Elle vit par couples pendant la période de la reproduction, plus tard par familles, et solitaire pendant la saison froide. Son naturel est querelleur et courageux. Ses mœurs sont diurnes. Son vol, qui n'est pas très-rapide, est ondulé. Sa nourriture se compose d'Insectes, d'Oiseaux, de petits Mammifères, de Lézards, etc. La femelle fait deux couvées par an, de quatre à sept œufs. La ponte de la première couvée a lieu dans la première quinzaine d'avril, et celle de la seconde dans la première quinzaine de juin. La durée de l'incubation est de quinze jours. Cette espèce niche isolément. Le nid est construit avec des bûchettes, des racines, des tiges et des feuilles de plantes velues, des brins d'herbes secs et de la mousse, souvent entremêlés de laine, et parfois aussi de quelques plumes; l'intérieur est tapissé de brins d'herbes secs fins, de mousse, de laine, de poils, de plumes ou de crins; ce nid est placé sur un arbre, à une grande hauteur, rarement dans un buisson.

Toute la Normandie. — Sédentaire. — P. C.

1bis. Lanius excubitor L. var. **major** Pall. — Pie-grièche grise var. majeure.

Lanius major Pall., *L. melanopterus* Brehm, *L. mollis* Eversm.

Agache-cruelle, Agasse, Geai-blanc, Pie-croï, Pie-cruelle, Pic-griet, Pie-grière.

Lemetteil. — *Op. cit.*, *Insectivores*, p. 62 et 64 ; tir. à part, t. I, p. 129 et 131.
Dubois. — *Op. cit.* : texte, t. I, p. 188 ; atlas, t. I, pl. 41^b.

Au point de vue biologique, cette var. est semblable au type.

Normandie :

Cette variété doit se trouver avec le type dans toute la Normandie, et y arriver et en repartir aux mêmes époques. Relativement à sa présence dans cette province, je ne connais que le document suivant. Il est presque certain que ce manque de renseignements est dû à ce que les auteurs des travaux sur l'ornithologie normande, M. E. Lemetteil excepté, n'avaient pas, quand ils les ont publiés. distingué cette variété de la forme typique.

Seine-Inférieure :

« Quelques auteurs ont cherché, à tort selon nous, à établir une espèce nouvelle, sous le nom de *Lanius major*, des individus qui n'ont qu'un miroir. Ils leur donnent pour habitat la Sibérie. Nous croyons que les Oiseaux à miroir simple sont des variétés........ Ils ne sont pas rares, et habitent notre département. Nous les avons trouvés dans la proportion de 2 sur 5, et toujours des femelles ». [E. Lemetteil. — *Op. cit.*, *Insectivores*, p. 64 ; tir. à part, t. I, p. 130].

2. **Lanius rufus** Briss. — Pie-grièche rousse.

Enneoctonus niloticus Bp., *E. pomeranus* Cab., *E. rufus*
   Bp., *E. rutilans* Cab.
Lanius auriculatus St. Müll., *L. melanotis* Brehm, *L. pome-*
   ranus Sparrm., *L. ruficeps* Bchst., *L. rutilans* Temm.,
   L. rutilus Lath.
Phoneus rufus Kaup.

Ennéoctone roux.

Agachette, Pie-cruelle.

Bert. — *Op. cit.*, p. 57 et 58 ; tir. à part, p. 33 et 34.
Degland et Gerbe. — *Op. cit.*, t. I, p. 225.
Lemetteil. — *Op. cit.*, *Insectivores*, p. 64 ; tir. à part, t. I,
   p. 131.
Gentil. — *Op. cit.*, *Passereaux*, p. 155 et 156 ; tir. à part,
   p. 143 et 144.
Dubois. — *Op. cit.* : texte, t. I, p. 196 ; atlas, t. I, pl. 44,
   et pl. II, figs. 44.

La Pie-grièche rousse habite de préférence les lisières et
les clairières des bois et des forêts, les coteaux boisés, les
taillis situés près des champs ou des prairies, les
vergers, les parcs, et les jardins des villages. Elle est
migratrice et sédentaire. Elle est querelleuse. Ses mœurs
sont diurnes. Son vol est peu rapide et ondulé. Sa nourriture
se compose d'Insectes et d'Oiseaux. La femelle fait deux
couvées par an, de cinq à sept œufs. La ponte de la première couvée a lieu dans la première quinzaine de mai, et
celle de la seconde dans la première quinzaine de juillet. La
durée de l'incubation est d'environ quinze jours. Cette
espèce niche isolément. Le nid est construit avec des tiges
et des feuilles de plantes velues, souvent entremêlées de
mousses ou de lichens, et garni, à l'intérieur, de tiges et de
feuilles de Graminées et de radicelles, parfois aussi de laine.

de poils, de quelques plumes, etc.; il est placé sur un arbre, parfois dans un buisson.

Toute la Normandie. — De passage régulier: arrive en avril avant la reproduction et repart en septembre. — A. R.

3. **Lanius collurio** L. — Pie-grièche écorcheur.

Enneoctonus collurio Boie.
Lanius dumetorum Brehm, *L. spinitorques* Bchst.

Ennéoctone écorcheur.

Agachette, Agasse-royale, Bâtard-geai, Écorcheur, Embro-cheur, Pie-croyère, Pie-écroyère.

Bert. — *Op. cit.*, p. 57 et 58 ; tir. à part, p. 33 et 34.
Degland et Gerbe. — *Op. cit.*, t. I, p. 228.
Lemetteil. — *Op. cit.*, *Insectivores*, p. 66 ; tir. à part, t. I, p. 133.
Gentil. — *Op. cit.*, *Passereaux*, p. 155 et 157 ; tir. à part, p. 143 et 145.
Dubois. — *Op. cit.* : texte, t. I, p. 193 ; atlas, t. I, pl. 43, et pl. I, figs. 43.

La Pie-grièche écorcheur habite de préférence les taillis, les haies et les buissons qui bordent les prairies, les jardins des campagnes, les vergers et les pépinières, n'allant presque jamais dans la profondeur des bois. Elle est migratrice et sédentaire. Elle est querelleuse et courageuse. Ses mœurs sont diurnes. Son vol est assez rapide et ondulé. Sa nourriture se compose principalement d'Insectes ; elle mange aussi des Oiseaux, des petits Mammifères, des Lézards, etc. ; elle paraît très-friande de la cervelle d'Oiseaux. Beaucoup plus que ses congénères, cette espèce a l'habitude d'embrocher à des épines les animaux dont elle se nourrit. La femelle fait deux couvées par an, de cinq à sept œufs. La ponte de la première couvée a lieu dans la seconde quinzaine de mai ou la première quinzaine de juin. La durée de l'incubation est d'environ quinze jours. Cette espèce niche isolément. Le nid est construit avec des Graminées (racines, tiges et feuilles), des lichens, des mousses et des radicelles, qui sont entrelacés avec soin ; parfois, des plumes sont ajoutées à ces divers matériaux ; l'intérieur est tapissé de tiges et de feuilles de fines Graminées, de fines radicelles, etc. ; ce nid est placé dans un buisson, à peu d'élévation du sol, ou dans une haie.

Toute la Normandie. — De passage régulier : arrive en avril avant la reproduction et repart en septembre. — C.

2ᵉ Famille. *CORACIIDAE* — CORACIIDÉS.

1ᵉʳ Genre. *CORACIAS* — ROLLIER.

1. Coracias garrula L. — Rollier commun.

Coracias germanica Brehm, *C. viridis* Cuv.
Galgulus garrulus Vieill.
Pica argentoratensis Klein.

Rollier d'Europe, R. ordinaire, R. vulgaire.

Geai-bleu, Geai-vert.

DEGLAND et GERBE. — *Op. cit.*, t. I, p. 169.
LEMETTEIL. — *Op. cit.*, *Insectivores*, p. 72 ; tir. à part, t. I, p. 139.
DUBOIS. — *Op. cit.*: texte, t. I, p. 721 ; atlas, t. I, pl. 163, et pl. I, fig. 162.
OLPHE-GALLIARD. — *Op. cit.*, fasc. XXV, p. 21.

Le Rollier commun habite de préférence les lieux boisés montueux ; on le voit aussi dans les champs, les prairies, les dunes, etc. Il est migrateur et errant, et insociable.

Son naturel est querelleur. Il émigre par familles ou isolément. Ses mœurs sont diurnes. Son vol est rapide et léger ; à terre, il progresse péniblement, en sautillant. Sa nourriture se compose principalement d'Insectes ; il mange aussi des Vers, des Lézards, des Grenouilles, des Scorpions, etc., et, à l'occasion, un petit Mammifère ou un jeune Oiseau ; il est très-friand de Figues. La femelle ne fait annuellement qu'une couvée, de quatre à sept œufs. La ponte a lieu dans la seconde quinzaine de mai ou la première quinzaine de juin. La durée de l'incubation est de trois semaines. Cette espèce niche isolément et en société. Le nid consiste en une couche de racines sèches, de brins d'herbe, de plumes et de poils, placée dans un trou d'arbre ; le plus souvent, dans les contrées méridionales, ce nid est placé dans une cavité de mur ou un trou de rocher ; l'Oiseau se creuse aussi un trou dans une paroi argileuse escarpée ; dans le Maïna (Grèce), von der Mühle vit une colonie de ces Oiseaux, qui nichaient dans une falaise verticale de cent mètres de haut, au bord de la mer ; à Négrepont (Grèce), où des villas et autres habitations sont disséminées dans les plantations d'Oliviers et les vignobles, il les vit nicher sous les toits.

Normandie :

« Très-rare en Normandie, où il n'est que de passage ». [C.-G. CHESNON. — *Op. cit.*, p. 239].

Espèce mentionnée, sans aucune indication géonémique, comme étant de passage accidentel en Normandie. [NOURY. — *Op. cit.*, p. 89].

Seine-Inférieure :

Espèce mentionnée, sans aucune indication géonémique, comme ayant été observée plus d'une fois dans la Seine-Inférieure. [J. HARDY. — *Op. cit.*, p. 283].

Dieppe, 25 juin 1829, mâle adulte ; et « Dieppe, 25 septembre 1845, jeune mâle ». [Collection de

Josse HARDY, au Musée de Dieppe]. [Examinés par
H. G. de K.].

« J'ai vu, dans le cabinet de M. Oursel, un vieux
mâle tué dans les environs du Havre ». [E. LEMETTEIL.
— *Op. cit.*, *Insectivores*, p. 73; tir. à part, t. I,
p. 140].

Deux individus, dont l'un fut tué, ont été vus à
Monchy-sur-Eu, en juin 1880. [Louis-Henri BOURGEOIS,
renseign. manuscrit, 1888, et renseign. verbal, 1889].
[Collection de Louis-Henri BOURGEOIS, à Eu (Seine-
Inférieure)].

Calvados :

« Visite rarement nos contrées, et souvent ce sont
des jeunes. Un individu adulte a été tué cette année
(février 1836) dans les environs de Creully. Collection de M. de Pracontal ». [LE SAUVAGE. — *Op.
cit.*, p. 179].

3ᵉ Famille. *PARIDAE* — PARIDÉS.

1ᵉʳ Genre. *PARUS* — MÉSANGE.

1. Parus major L. — Mésange charbonnière.

Parus fringillago Pall., *P. robustus* Brehm.

Aiguiseur-de-scie, Charbonnière, Grosse charbonnière,
G. mésange, G. tête-noire, Merdrange, Mésigue, Serrurier,
Taîte-née.

BERT. — *Op. cit.*, p. 69; tir. à part, p. 45.
DEGLAND et GERBE. — *Op. cit.*, t. I, p. 558.
LEMETTEIL. — *Op. cit.*, *Insectivores*, p. 79; tir. à part,
t. I, p. 146.
GENTIL. — *Op. cit.*, *Passereaux*, p. 205; tir. à part, p. 193.

Dubois. — *Op. cit.* : texte, t. I, p. 423; atlas, t. I, pl. 100, et pl. I, fig. 100.

La Mésange charbonnière habite de préférence les bois et les forêts, mais on la rencontre aussi dans les bosquets, les parcs, les vergers, les jardins, et, d'une façon générale, dans tous les endroits où il y a des arbres; pendant la saison froide, elle se rapproche des habitations humaines. Elle est migratrice, errante et sédentaire, et sociable. Son naturel est vif, querelleur et cruel. Elle émigre par familles ou en bandes. Ses mœurs sont diurnes. Son vol est lourd. Sa nourriture se compose d'Insectes, d'Araignées, d'œufs d'Insectes et d'Araignées, de graines et de fruits charnus; elle est très-friande de la cervelle d'Oiseaux, et mange de la viande ; comme les Pics, elle frappe les troncs et les branches pour faire sortir les Insectes cachés dans les fissures de l'écorce. La femelle fait deux couvées par an : la première de huit à quinze œufs, la seconde ordinairement de cinq à sept. La ponte de la première couvée a lieu dans la seconde quinzaine de mars ou la première quinzaine d'avril, et celle de la seconde dans la seconde quinzaine de juin ou la première quinzaine de juillet. La durée de l'incubation est d'environ quinze jours. Cette espèce niche isolément. Le nid est construit avec des brins d'herbes secs, des radicelles et un peu de mousse, recouverts de duvet végétal, de laine, de poils, de plumes, de crins ; il est placé dans un trou d'arbre, aussi bien dans un bois que dans un jardin, etc.; à défaut d'un trou d'arbre, elle niche dans un trou de mur, dans une fissure de rocher, voire même dans un nid abandonné d'Oiseau ou d'Écureuil.

Toute la Normandie. — Errante et sédentaire. — T. C.

2. **Parus caeruleus** L. — **Mésange bleue.**

Cyanistes caeruleus Kaup, *C. salicarius* Brehm.
Parus caerulescens Brehm.

Mésette, Mésigue.

Bert. — *Op. cit.*, p. 69 et 70 ; tir. à part, p. 45 et 46.

Degland et Gerbe. — *Op. cit.*, t. I, p. 561.

Lemetteil. — *Op. cit., Insectivores*, p. 80 ; tir. à part, t. I, p. 147.

Gentil. — *Op. cit., Passereaux*, p. 205 et 206 ; tir. à part, p. 193 et 194.

Dubois. — *Op. cit.* : texte, t. I, p. 431 ; atlas, t. I, pl. 102, et pl. I, fig. 102.

La Mésange bleue habite les forêts, les bois, les bosquets, les vergers, les jardins, et, d'une façon générale, tous les endroits où il y a des arbres et des buissons ; elle aime le voisinage de l'eau et va souvent dans les roseaux. Elle est migratrice, errante et sédentaire. Au printemps elle vit par couples, en été par familles, et dans l'automne en bandes qui émigrent ou errent. Son naturel est vif, querelleur et cruel. Ses mœurs sont diurnes. Son vol est léger, brusque et saccadé ; elle s'élève à une grande hauteur lorsqu'elle est obligée de traverser un lieu d'une certaine étendue dépourvu de végétaux arborescents. Sa nourriture se compose principalement d'Insectes, d'Araignées, et d'œufs d'Insectes et d'Araignées ; elle mange aussi des graines, des fruits charnus, mais n'est végétalivore que par nécessité ; elle est très-friande de la cervelle d'Oiseaux et mange de la viande. La femelle fait deux couvées par an : la première de huit à quatorze œufs, et la seconde de six à huit. La ponte de la première couvée a lieu dans la seconde quinzaine d'avril ou la première quinzaine de mai, et celle de la seconde dans la seconde quinzaine de juin ou la première quinzaine de juillet. La durée de l'incubation est de treize jours. Cette espèce niche isolément. Le nid est construit avec des brins d'herbes secs, des mousses et des lichens, recouverts d'une couche de laine, de duvet végétal, de poils, de plumes, de crins ; il est placé dans un trou

d'arbre, rarement dans un trou de mur ou un nid abandonné d'Oiseau ou d'Écureuil ; lorsque le trou de l'arbre est
petit, le nid consiste simplement en détritus de bois recouverts de poils et de plumes.

Toute la Normandie. — De passage régulier : arrive en
octobre et repart en mars avant la reproduction, errante et
sédentaire. — T. C.

3. **Parus palustris** Bchst. — Mésange des marais.

Parus salicarius Brehm.
Poecile communis Z. Gerbe, *P. palustris* Kaup.
Poikilis palustris Blas.

Mésange à tête noire, M. nonnette.
Nonnette commune, N. ordinaire, N. vulgaire.

Nonnette, Petite tête-noire, Pouillot.

Bert. — *Op. cit.*, p. 69 et 70; tir. à part, p. 45 et 46.
Degland et Gerbe. — *Op. cit.*, t. I, p. 567.
Lemetteil. — *Op. cit.*, *Insectivores*, p. 81; tir. à part,
    t. I, p. 148.
Gentil. — *Op. cit.*, *Passereaux*, p. 205 et 207; tir. à part,
    p. 193 et 195.
Dubois. — *Op. cit.* : texte, t. I, p. 436; atlas, t. I, pl. 104,
    et pl. III, figs. 104.

La Mésange des marais habite le plus généralement les
lieux boisés près des endroits humides et les bords garnis
d'arbres des ruisseaux, des rivières, etc.; elle recherche
aussi les bois et les forêts où les Conifères ne dominent pas,
ne séjournant jamais dans les bois et les forêts composés
uniquement de ces végétaux ; pendant la saison froide, elle
paraît se plaire davantage dans les environs des habitations
humaines, et se montre souvent dans les vergers et les jardins des villages, voire même dans les jardins des villes.

Elle est sédentaire et errante. Elle vit par couples et par
familles ; ce ne sont que les jeunes non encore accouplés que
l'on voit en petites bandes. Son naturel est vif et querelleur.
Ses mœurs sont diurnes. Son vol est irrégulier et rapide. Sa
nourriture, pendant la saison chaude, se compose uniquement
d'Insectes, d'Araignées, et d'œufs d'Insectes et d'Araignées ; pendant la saison froide, lorsqu'elle ne trouve
pas assez d'Articulés et d'œufs d'Articulés, elle mange des
baies et des graines. La femelle fait deux couvées par an :
la première de huit à quinze œufs, et la seconde de six à
neuf. La ponte de la première couvée a lieu en mai, et
celle de la seconde dans la seconde quinzaine de juin ou
la première quinzaine de juillet. La durée de l'incubation est de treize jours. Le nid est construit grossièrement avec des brindilles, et garni, à l'intérieur, de mousse
et de plumes ; il est placé dans un trou d'un arbre situé
dans le voisinage de l'eau, de préférence d'un vieux Saule ;
quand l'arbre choisi est vermoulu, cet Oiseau se creuse
lui-même un trou ; si la cavité est petite, la femelle dépose
ses œufs sur une simple couche de détritus de bois.

Toute la Normandie. — Sédentaire et errante. — T. C.

4. **Parus cristatus** L. — Mésange huppée.

Lophophanes cristatus Kaup.
Parus mitratus Brehm.

Lophophane huppé.

Hachette.

BERT. — *Op. cit.*, p. 69 et 70 ; tir. à part, p. 45 et 46.
DEGLAND et GERBE. — *Op. cit.*, t. I, p. 563.
LEMETTEIL. — *Op. cit.*, *Insectivores*, p. 83 ; tir. à part, t. I,
p. 150.

GENTIL. — *Op. cit.*, *Passereaux*, p. 205 et 206; tir. à part, p. 193 et 194.

DUBOIS. — *Op. cit.* : texte, t. I, p. 434; atlas, t. I, pl. 103, et pl. III, figs. 103.

La Mésange huppée habite les forêts et les bois de Conifères, fréquentant aussi bien les taillis que les futaies, et même les buissons de Genévriers ; elle habite aussi les lieux boisés et les parcs possédant des Conifères, mais on ne la rencontre que bien rarement dans les endroits complétement dépourvus de ces végétaux ; pendant la saison froide, on la voit fréquemment loin des forêts, mais toujours dans des endroits où se trouvent des Conifères. Elle est sédentaire et errante. Elle vit par couples ; assez souvent quelques couples se réunissent pour passer en société la saison froide. Son naturel est vif et querelleur. Ses mœurs sont diurnes. Son vol est léger. Sa nourriture se compose principalement d'Insectes, d'Araignées, et d'œufs d'Insectes et d'Araignées ; ce n'est qu'à défaut d'une nourriture animale qu'elle mange des graines de Conifères et des fruits de Genévriers. La femelle fait deux couvées par an : la première de huit à dix œufs, et la seconde ordinairement de six à huit. La ponte de la première couvée a lieu dans la seconde quinzaine d'avril ou la première quinzaine de mai, et celle de la seconde dans la seconde quinzaine de juin ou la première quinzaine de juillet. La durée de l'incubation est de treize jours. Cette espèce niche isolément. Le nid est construit avec de la mousse et des lichens, recouverts de poils, de laine et de duvet végétal ; il est placé dans un trou d'arbre, quelquefois sous des racines, voire même dans un tas de bourrées ; parfois la femelle dépose ses œufs dans un nid abandonné d'Oiseau ou d'Écureuil.

Toute la Normandie. — Sédentaire et errante. — P. C.

5. **Parus ater** L. — Mésange noire.

Parus abietum Brehm, *P. atricapillus* Briss., *P. carbo-*
narius Pall., *P. pinetorum* Brehm.
Poecile ater Kaup.

Mésange petite-charbonnière.

Petite-charbonnière.

BERT. — *Op. cit.*, p. 69 ; tir. à part, p. 45.
DEGLAND et GERBE. — *Op. cit.*, t. I, p. 560.
LEMETTEIL. — *Op. cit.*, *Insectivores*, p. 85 ; tir. à part, t. I,
    p. 152.
GENTIL. — *Op. cit.*, *Passereaux*, p. 205 et 206 ; tir. à
    part, p. 193 et 194.
DUBOIS. — *Op. cit.* : texte, t. I, p. 427; atlas, t. I, pl. 101,
    et pl. III, figs. 101.

La Mésange noire habite tout particulièrement, pendant la
saison chaude, les forêts et les bois de Conifères, surtout
ceux des montagnes, et va, pendant la saison froide, dans
les lieux bas possédant de ces végétaux. Elle est migratrice et sédentaire. Elle vit en petites bandes, émigrant
ainsi. Son naturel est vif et querelleur. Ses mœurs sont
diurnes. Son vol est incertain. Sa nourriture se compose d'Insectes, d'Araignées, d'œufs d'Insectes et d'Araignées, et de graines ; elle cache dans des trous d'arbres,
pendant la saison chaude, une forte quantité de graines
qu'elle mange dans les moments de disette. La femelle
fait deux couvées par an, la première de six à dix œufs.
La ponte de la première couvée a lieu en avril. La
durée de l'incubation est d'une quinzaine de jours.
Cette espèce niche isolément. Le nid est simplement formé
de mousse et de quelques tiges et feuilles sèches de Graminées, recouvertes de laine, de poils, de duvet végétal, de
plumes, de crins ; il est placé dans un trou d'arbre, de

rocher; de mur, dans un trou abandonné de petit Mammifère Rongeur, ou dans un tas de pierres.

Toute la Normandie. — De passage irrégulier : arrive en octobre et repart à la fin de mars ou dans la première huitaine d'avril avant la reproduction. — P. C.

Note. — « En 1865, où l'hiver fut très-clément, les Mésanges noires apparurent en plus grande quantité qu'en 1866, où il devait être des plus rigoureux...... Les Mésanges noires arrivent presque toujours par un vent d'Est, Nord-Est ». [E. Lemetteil. — *Op. cit.*, *Insectivores*, p. 86; tir. à part, t. 1, p. 153].

6. **Parus caudatus** L. — Mésange à longue queue.

Acredula caudata K.-L. Koch.
Mecistura caudata Bp.
Orites caudata Horsf. et Moore.
Paroides caudatus Brehm.

Acrédule à longue queue.
Mécisture à longue queue.
Orite à longue queue.

Degland et Gerbe. — *Op. cit.*, t. I, p. 571.
Lemetteil. — *Op. cit.*, *Insectivores*, p. 87; tir. à part, t. I, p. 154.
Dubois. — *Op. cit.* : texte, t. I, p. 442; atlas, t. I, pl. 105[b], fig. 1.

La Mésange à longue queue habite, pendant la saison chaude, les forêts, les bois, les parcs, et, en général, tous les endroits où il y a des arbres, mais c'est toujours dans les forêts et les bois que l'on est le plus certain de la rencontrer; pendant la saison froide, elle se rapproche des habitations humaines, fréquente les vergers et les jardins des campagnes, et se montre même dans les villes, sur les arbres des jardins et des promenades. Elle est migratrice et sédentaire. Pendant la saison chaude, elle vit plutôt par couples qu'en société ; pendant la saison froide, elle vit en bandes, le type (*P. caudatus* L.) et la variété rosâtre (var. *longicaudus* Briss.) étant parfois mélangés. Son naturel est vif. Elle émigre en bandes. Ses mœurs sont diurnes. Son vol est saccadé. Sa nourriture se compose essentiellement d'Insectes, d'Araignées, et d'œufs d'Insectes et d'Araignées ; elle mange des graines pendant la saison froide. La femelle fait deux couvées par an : la première de neuf à quinze œufs, habituellement de dix à douze, et la seconde de sept ou huit au plus. La ponte de la première couvée a lieu en avril, et celle de la seconde au commencement de juin. La durée de l'incubation est de treize jours. Cette espèce niche isolément. Le nid, ovoïde et à entrée latéro-supérieure, est tapissé, à l'extérieur, de lichens, de mousses, de fragments d'écorces, etc., réunis par des toiles d'Araignées ou de Chenilles ; la couche moyenne est composée d'un mélange de laine, de duvet végétal, de mousse et de toiles d'Araignées ou de Chenilles ; et l'intérieur est garni de laine, de plumes, de poils ou de crins. Il est placé sur un arbre, — généralement de façon que sa base repose sur une forte branche et que l'un de ses côtés soit fixé au tronc ou à une branche, — et rarement dans un buisson.

NOTE. — Cet Oiseau choisit ordinairement, pour construire son nid, les mousses et les lichens de l'arbre où il le bâtit, et il dispose ces matériaux de façon qu'ils aient le même aspect que celui qu'ils présentent sur l'écorce ; le nid semble alors faire partie de l'arbre sur lequel il est construit et parfois échappe à un œil exercé.

Seine-Inférieure :

« J'ai tué en mai, à Bolbec, une femelle ayant la tête uniformément blanc-cendré ; mais comme les plumes étaient déjà passablement usées, je ne doute pas qu'elles n'aient été blanc pur lorsqu'elles étaient nouvelles. J'ai vu chez M. Gouley, ancien notaire, juge de paix à Bolbec, décédé, un mâle adulte, tué en janvier, qui avait la tête parfaitement blanche. Il me dit l'avoir abattu à Boos ». [E. LEMETTEIL, renseign. manuscrit, 1890].

J'engage vivement les ornithologistes à rechercher quels sont les époques d'arrivée et de départ et le degré de quantité du *Parus caudatus* L. type en Normandie.

6bis. **Parus caudatus** L. var. **longicaudus** Briss. — Mésange à longue queue var. rosâtre.

Acredula rosea Sharpe.

Mecistura longicaudata Macg., *M. rosea* Blyth, *M. vagans* Leach.

Parus longicaudus Briss., *P. roseus* G.-R. Gray.

Brouetteux, Fusée, Manche-d'alène, Petit-bœuf.

DEGLAND et GERBE. — *Op. cit.*, t. I, p. 571.

LEMETTEIL. — *Op. cit.*, *Insectivores*, p. 87; tir. à part, t. I, p. 154.

GENTIL. — *Op. cit.*, *Passereaux*, p. 205 et 207; tir. à part, p. 193 et 195.

DUBOIS. — *Op. cit.* : texte, t. I, p. 442; atlas, t. I, pl. 105 et 105[b], fig. 2 et 3, et pl. I, fig. 105.

Cette variété, qui est sédentaire, a le même genre de vie que le type (*Parus caudatus* L.).

Toute la Normandie. — Sédentaire. — T. C.

7. **Parus barbatus** Briss. — Mésange à moustaches.

Aegithalus biarmicus Boie.
Calamophilus barbatus Keys. et Bl., *C. biarmicus* Leach,
  C. sibiricus Bp.
Mystacinus barbatus Schleg., *M. biarmicus* Boie.
Panurus barbatus Saund., *P. biarmicus* K.-L. Koch.
Paroides biarmicus G.-R. Gray.
Parus biarmicus L., *P. russicus* Gm.

Calamophile à moustaches.
Panure à moustaches.

Moustache.

BERT. — *Op. cit.*, p. 69 et 70; tir. à part, p. 45 et 46.
DEGLAND et GERBE. — *Op. cit.*, t. I, p. 573.
LEMETTEIL. — *Op. cit.*, *Insectivores*, p. 88; tir. à part,
  t. I, p. 155.
GENTIL. — *Op. cit.*, *Passereaux*, p. 205 et 208; tir. à part,
  p. 193 et 196.
DUBOIS. — *Op. cit.* : texte, t. I, p. 450; atlas, t. I, pl. 106,
  et pl. II, fig. 106.

La Mésange à moustaches habite uniquement les lieux où
il y a des roseaux en abondance. Elle est migratrice et
sédentaire. Elle vit par couples ou par familles pendant la
saison chaude, et en bandes pendant la saison froide, le
mâle restant toujours près de sa femelle. Son naturel est
vif. Ses mœurs sont diurnes. Son vol est léger. Sa nourriture se compose d'Insectes, d'Araignées, et d'œufs d'Insectes
et d'Araignées ; pendant la saison froide, elle mange des
graines de roseaux, et il est probable que, dans les cas de
disette, elle mange aussi des graines d'autres végétaux
marécageux. La femelle fait généralement deux couvées
par an, la première étant de cinq à huit œufs. La ponte

de la première couvée a lieu en avril, et celle de
la seconde dans la dernière huitaine de juin. Cette
espèce niche isolément. Le nid, qui a la forme d'une
coupe, d'une boule ou d'une bourse, est construit très-artistement avec des feuilles de roseaux entrelacées, des tiges
et des feuilles de fines Graminées sèches, du duvet végétal,
de la mousse, etc.; il est fixé par des filaments de plantes,
au-dessus de l'eau, à des roseaux ou à des branches de petits
arbustes, dans un fourré, ou à de hautes herbes sur une
petite éminence dans le voisinage des roseaux.

Toute la Normandie. — De passage régulier : arrive au
printemps avant la reproduction et repart en automne.— R.

NOTES :

« Niche à Dieppe ». [NOURY. — *Op. cit.*, p. 93].

« Nous croyons qu'elle niche très-rarement dans la
Seine-Inférieure. Quelques couples se reproduisent chaque
année à la grand'mare du Marais-Vernier (Eure) ».
[E. LEMETTEIL. — *Op. cit.*, *Insectivores*, p. 89 ; tir. à part,
t. I, p. 156].

8. **Parus pendulinus** L. — Mésange rémiz.

Aegithalus pendulinus Boie.
Paroides pendulinus G.-R. Gray.
Parus narbonensis Gm., *P. polonicus* Briss.

Mésange penduline.
Rémiz penduline.

Penduline, Rémiz.

BERT. — *Op. cit.*, p. 69 et 70; tir. à part, p. 45 et 46.
DEGLAND et GERBE. — *Op. cit.*, t. I, p. 575.
LEMETTEIL. — *Op. cit.*, *Insectivores*, p. 91; tir. à part,
    t. I, p. 158.
BREHM. — *Op. cit.*, t. I, p. 771, et pl. XIX (p. 773), fig. 2.

La Mésange rémiz habite uniquement les lieux où il y a des roseaux ou des Saules. A.-E. Brehm dit (*Op cit.*, t. I, p. 772) qu'on ne sait pas encore si elle est migratrice ou seulement errante. Elle est d'un naturel vif. Ses mœurs sont diurnes. Son vol est rapide et saccadé. Sa nourriture se compose d'Insectes, d'Araignées, et d'œufs d'Insectes et d'Araignées ; pendant la saison froide, elle mange des graines de roseaux et d'autres végétaux marécageux. La femelle fait annuellement une couvée, de quatre à sept œufs. Cette espèce niche isolément. Pour la description du nid, construit très-artistement, et la place qu'il occupe, j'ai recours à des renseignements très-exacts de Baldamus, reproduits par A.-E. Brehm (*Op. cit.*, t. I, p. 772), où je copie la note suivante :

NOTE. — « Pendant sept semaines, dit Baldamus, j'ai pu observer cette espèce presque tous les jours, alors qu'elle était occupée à construire son nid, et j'ai eu dans les mains plus de trente de ses nids. Cette observation est d'autant plus intéressante que l'Oiseau est très-confiant et ne se gêne pas pour continuer son œuvre en présence même de l'Homme. J'ai pu ainsi suivre toute la marche de son travail, voir le nid dans toutes les périodes de sa construction. Je n'ai trouvé de nids que dans les marais et aux extrémités des branches des Saules. Jamais je n'ai vu de nid placé immédiatement au-dessus de la surface de l'eau, ni tellement avancé au milieu des roseaux qu'il en fût complétement caché. Bien au contraire, ces nids étaient tous en dehors des fourrés de roseaux, ordinairement vers leur lisière, au-dessus de l'eau, et à une hauteur de douze à quinze pieds du sol. Il n'y en avait que deux qui en fussent à huit ou dix pieds, très-peu à vingt ou trente ; un se trouvait à la cime d'un Saule très-élevé.

« Le mâle et la femelle déploient une grande ardeur à construire leur nid, et cependant on a de la peine à comprendre comment ils achèvent une œuvre pareille en moins de quinze jours. Tous les individus ne sont pas aussi adroits les uns que les autres ; cependant, les nids les plus grossièrement construits sont ceux qui datent d'une époque de l'année déjà avancée, alors que l'Oiseau a déjà vu plusieurs de ses nids détruits par les Pies. Dans ces cas, la femelle pond dans un nid à peine fait à moitié, et elle continue à y travailler jusqu'à ce qu'elle se mette à couver. J'ai trouvé

deux de ces nids, qui renfermaient des œufs. La Rémiz penduline
travaille à ses constructions au mois d'avril, par conséquent avant
l'époque où les roseaux sont déjà grands; ce n'est guère, cependant, qu'en juin ou juillet que l'on trouve beaucoup de nids.

« La Rémiz penduline commence par faire choix d'un rameau
mince, pendant, présentant une ou plusieurs bifurcations à peu
de distance de son point d'origine; elle l'entoure de laine, plus
rarement de poils de Chèvre, de Loup, de Chien, ou de filaments
d'écorces. Entre les branches de la bifurcation, elle fixe les parois
latérales du nid, les tisse jusqu'à ce qu'elles dépassent assez ces
branches pour qu'elle puisse les rattacher par en bas l'une à
l'autre, et former ainsi un plancher aplati. Ce nid, ainsi ébauché,
ressemble à un panier à bords plats : c'est ce que l'on a décrit
jusqu'à présent comme le nid de plaisance du mâle. Les parois
extérieures sont ensuite solidifiées. L'Oiseau se sert, à cet effet, du
duvet des Peupliers ou des Saules, qu'il agglutine au moyen de sa
salive, et qu'il fixe avec des filaments d'écorce, de la laine et des
poils. Le nid présente alors la forme d'un panier à fond arrondi.
A ce moment, l'Oiseau commence à construire une petite ouverture latérale circulaire. Cette ouverture n'est cependant pas la
seule : le nid en a deux ; l'une est munie d'un couloir extérieur
de un à trois pouces de long ; l'autre reste ouverte. Une des
ouvertures est fermée plus tard ; j'ai vu cependant un nid où cette
ouverture n'avait pas été bouchée. Enfin, la Rémiz penduline
dépose au fond de son nid une couche, d'environ un pouce
d'épaisseur, de duvet végétal, et la construction est terminée ».

Normandie :

Espèce mentionnée, sans aucune indication géoné-mique, comme étant de passage accidentel en Normandie. [NOURY. — *Op. cit.*, p. 93].

Seine-Inférieure :

Espèce mentionnée, sans aucune indication géoné-mique, comme n'ayant encore été observée qu'une fois
dans la Seine-Inférieure. [J. HARDY. — *Op. cit.*, p. 287].

« Dieppe, 30 octobre 1828, mâle et femelle ».
[Collection de Josse HARDY, au Musée de Dieppe].
[Examinés par H. G. de K.].

J'en ai tué deux, mâle et femelle, à Dieppe, le 31 (*sic*) octobre 1828. [Josse HARDY[1]. — *Manusc. infrà cit.*, p. 45].

2ᵉ Genre. *REGULUS* — ROITELET.

1. Regulus cristatus K.-L. Koch — Roitelet huppé.

Motacilla regulus L.
Regulus aureocapillus B. Mey., *R. crococephalus* Brehm,
  R. flavicapillus Naum.
Sylvia regulus Scop.

Roitelet commun, R. ordinaire, R. vulgaire.

Empereur, Petit-bœuf, Sourcillet.

BERT. — *Op. cit.*, p. 65 et 66 ; tir. à part, p. 41 et 42.
DEGLAND et GERBE. — *Op. cit.*, t. I, p. 553.
LEMETTEIL. — *Op. cit.*, *Insectivores*, p. 95 ; tir. à part, t. I, p. 162.
GENTIL. — *Op. cit.*, *Passereaux*, p. 203 et 204 ; tir. à part, p. 191 et 192.
DUBOIS. — *Op. cit.* : texte, t. I, p. 415 ; atlas, t. I, pl. 98, et pl. IV, figs. 98.

Le Roitelet huppé habite particulièrement les forêts et les bois de Conifères. Il est migrateur et sédentaire, et vit en petites bandes. Son naturel est vif. Il émigre en petites bandes ; pendant ses migrations, il va dans tous les endroits possédant des arbres ou des buissons, voire même dans les jardins près des villes, mais s'il rencontre un endroit où se trouvent des Conifères, il est certain qu'il s'y arrêtera plus longtemps que partout ailleurs. Ses mœurs sont diurnes.

---

1. *Notes ornithologiques. Recueil appartenant à Josse Hardy, à Dieppe.* (Manuscrit de la Bibliothèque de Dieppe).

Son vol est léger et rapide. Sa nourriture se compose d'Insectes, d'Araignées, et d'œufs d'Insectes et d'Araignées ; il mange aussi des graines, principalement des graines de Conifères. La femelle fait deux couvées par an : la première de huit à onze œufs, et la seconde de six à neuf. La ponte de la première couvée a lieu dans la seconde quinzaine d'avril ou en mai, et celle de la seconde dans la seconde quinzaine de juin ou en juillet. La durée de l'incubation est de treize jours. Cette espèce niche isolément. Le nid, subglobuleux avec les bords rentrants, est composé d'un mélange de mousses, de lichens, de toiles d'Araignées ou de Chenilles, etc., formant une masse compacte solidement attachée aux brindilles qui forment la charpente du nid, et garni, à l'intérieur, de duvet végétal, de plumes ou de poils ; il est placé dans la partie terminale d'une branche d'un Conifère, dans une forêt ou un bois de ces végétaux, et seulement, dans les forêts et les bois d'autres essences, lorsqu'ils contiennent des groupes importants de Conifères.

Toute la Normandie. — De passage régulier : arrive en octobre et repart en avril avant la reproduction, T. C., et sédentaire, P. C.

Note. — (Voir la note II de la p. 176).

2. Regulus ignicapillus Brehm — Roitelet à triple bandeau.

Regulus ignicapillus B. Mey., *R. mystaceus* Vieill.
Sylvia ignicapilla Brehm.

Roitelet à moustaches, R. pyrocéphale.

Bert. — *Op. cit.*, p. 65 ; tir. à part, p. 41.
Degland et Gerbe.— *Op. cit.*, t. I, p. 555.
Lemetteil. — *Op. cit.*, *Insectivores*, p. 96 ; tir. à part, t. I, p. 163.

GENTIL. — *Op. cit.*, *Passereaux*, p. 203 et 204; tir. à part,
p. 191 et 192.

DUBOIS. — *Op. cit.* : texte, t. I, p. 419; atlas, t. I, pl. 99, et
pl. VI, fig. 99.

Le Roitelet à triple bandeau habite particulièrement les
forêts et les bois de Conifères. Il est migrateur et sédentaire,
et vit par couples ou solitaire, émigrant ainsi. Il est d'un
naturel encore plus vif que celui de l'espèce précédente. Ses
mœurs sont diurnes. Son vol est léger. Sa nourriture se
compose d'Insectes, d'Araignées, et d'œufs d'Insectes et
d'Araignées; il mange aussi des graines et des baies. La
femelle fait deux couvées par an : la première de huit à
onze œufs, et la seconde de six à neuf. La ponte de la première couvée a lieu dans la seconde quinzaine d'avril ou en
mai, et celle de la seconde dans la seconde quinzaine de
juin ou en juillet. La durée de l'incubation est de treize
jours. Cette espèce niche isolément. Le nid est semblable à
celui de l'espèce précédente ; il est placé dans la partie terminale d'une branche d'un Conifère, dans une forêt ou un
bois de ces végétaux, et seulement, dans les forêts et les bois
d'autres essences, lorsqu'ils contiennent des groupes importants de Conifères.

Toute la Normandie. — De passage régulier : arrive en
octobre et repart dans la première quinzaine de mai avant
la reproduction, P. C., et sédentaire (?) (voir la note I ci-
dessous).

NOTES :

I. — Noury indique (*Op. cit.*, p. 91) cette espèce comme
étant sédentaire en Normandie, et J. Le Mennicier (*Op. cit.*,
p. 21) comme étant sédentaire dans le département de la
Manche; par contre, E. Lemetteil dit (*Op. cit.*, *Insectivores*,
p. 97 ; tir. à part, t. I, p. 164) qu'il ne croit pas que cette
espèce niche dans le département de la Seine-Inférieure,
mais que ce fait paraît contesté.

ii. — « Ces Oiseaux arrivent dans notre département (Seine-Inférieure) dès le commencement d'octobre, c'est-à-dire une vingtaine de jours avant leurs congénères ». [E. Lemetteil. — *Op. cit.*, *Insectivores*, p. 97; tir. à part, t. I, p. 164].

3ᵉ Genre. *SITTA* — SITTELLE.

1. **Sitta europaea** L. var. **caesia** M. et W. — Sittelle commune var. torche-pot.

Sitta caesia M. et W., *S. europaea* Lath., *S. foliorum* Brehm, *S. minor* Briss., *S. pinetorum* Brehm.

Sittelle ordinaire var. torche-pot, S. torche-pot, S. vulgaire var. torche-pot.
Torche-pot bleu.

Casse-noisettes, Casse-noix, Perce-bois, Perce-pot, Petit casse-noix, Petit-maçon, Torche-pot.

Bert. — *Op. cit.*, p. 77; tir. à part, p. 53.
Degland et Gerbe. — *Op. cit.*, t. I, p. 182.
Lemetteil. — *Op. cit.*, *Insectivores*, p. 101; tir. à part, t. I, p. 168.
Gentil. — *Op. cit.*, *Passereaux*, p. 148; tir. à part, p. 136.
Dubois. — *Op. cit.* : texte, t. I, p. 666; atlas, t. I, pl. 153, et pl. XXXI, figs. 135.
Olphe-Galliard. — *Op. cit.*, fasc. XXIII, p. 55.

La Sittelle commune var. torche-pot habite, pendant la saison chaude, les forêts et les bois, et, pendant la saison froide, se rapproche des habitations humaines, vient dans les vergers et les jardins des campagnes, grimpe aux bâtiments et aux murs, et se montre aussi sur les arbres près des villes. Elle est sédentaire et errante. Elle vit solitaire ou par couples, quelquefois par petites familles. Son naturel est vif. Ses mœurs sont diurnes. Son vol est facile ; elle grimpe contre le tronc et les branches des arbres avec une très-grande agilité ; à terre elle marche en sautillant et avec légèreté, mais n'y vient pas souvent et n'y reste jamais longtemps. Sa nourriture se compose d'Insectes, d'Araignées, d'œufs d'Insectes et d'Araignées, de graines, de faînes, de noisettes, de glands, de fruits charnus, etc. Elle fait, pour les temps de disette, des provisions de fruits secs qu'elle dépose, en plusieurs endroits, dans une fente de tronc d'arbre, sous un fragment d'écorce, quelquefois même sous le toit d'une maison. La femelle ne fait annuellement qu'une couvée, de quatre à neuf œufs. La ponte a lieu dans la seconde quinzaine d'avril ou la première dizaine de mai. La durée de l'incubation est de treize ou quatorze jours. Cette espèce niche isolément. Le nid consiste en un tas informe de feuilles sèches, parfois mélangées à des fragments d'écorces ; il est placé dans un trou d'un arbre d'une forêt ou d'un bois, rarement d'un bouquet d'arbres d'un champ ou d'un jardin ombragé de campagne, et, d'une façon exceptionnelle, dans une cavité de mur. Cette espèce s'empare quelquefois d'un nid abandonné d'Oiseau, placé dans un trou d'arbre.

NOTE. — Lorsque l'entrée de la cavité est trop grande, cet Oiseau la bouche partiellement avec de la terre et du gravier, qu'il apporte dans le bec et qu'il pétrit et agglutine avec sa salive visqueuse, n'y laissant qu'une ouverture centrale circulaire juste suffisante pour y passer. Quand cette paroi est sèche, elle est assez solide pour résister à l'action des doigts, et il faut prendre un ciseau pour l'enlever. En dehors de l'Homme, cet Oiseau a seulement à craindre les Pics, — les petites espèces exceptées, — dont le bec vigoureux peut détruire la maçonnerie de l'espèce en question.

Toute la Normandie. — Sédentaire et errante. — C.

4° Famille. *CERTHIIDAE* — CERTHIIDÉS.

1ᵉʳ Genre. *TICHODROMA* — TICHODROME.

1. **Tichodroma muraria** L. — Tichodrome échelette.

Certhia muralis Briss., *C. muraria* L.
Motacilla longirostra S. Gm.
Petrodroma muraria Vieill.
Tichodroma alpina K.-L. Koch, *T. brachyrhynchos* Brehm,
T. europaea Steph., *T. macrorhynchos* Brehm, *T. mu-
ralis* David et Oust., *T. muraria* Ill., *T. phoenicoptera*
Temm.

Grimpereau de muraille.
Tichodrome de muraille.

Échelette.

Bert. — *Op. cit.*, p. 77 ; tir. à part, p. 53.
Degland et Gerbe. — *Op. cit.*, t. I, p. 190.
Lemetteil. — *Op. cit.*, *Insectivores*, p. 106; tir. à part, t. I,
p. 173.
Gentil. — *Op. cit.*, *Passereaux*, p. 149; tir. à part,
p. 137.
Dubois. — *Op. cit.* : texte, t. I, p. 660; atlas, t. I, pl. 152,
et pl. XXX, fig. 134.
Olphe-Galliard. — *Op. cit.*, fasc. XXIII, p. 32.

Le Tichodrome échelette habite, pendant la saison chaude,
à de grandes altitudes dans les montagnes, aimant surtout
les rochers complétement dénudés ; pendant la saison froide,
il descend à des altitudes moindres et jusque dans les vallées, se montrant parfois alors dans les villages. Il est
sédentaire et errant, et accidentellement migrateur. Il vit
solitaire la plus grande partie de l'année. Son naturel est
vif. Ses mœurs sont diurnes. Il grimpe avec une vitesse

incroyable le long des parois verticales des rochers et des murs très-élevés, tantôt en courant, tantôt en faisant des sauts, et vole bien, verticalement. Sa nourriture se compose d'Insectes, d'Araignées, et d'œufs d'Insectes et d'Araignées. La femelle ne fait presque certainement qu'une couvée par an, qui est de cinq à sept œufs, habituellement de quatre. La ponte a lieu dans la seconde quinzaine de mai ou en juin. Le nid est construit avec des radicelles sèches, des brins d'herbes secs, de la mousse, etc., et tapissé intérieurement de poils, de laine, de crins, de duvet végétal, de plumes; il est placé dans une cavité de rocher escarpé ou de mur élevé.

Normandie :

« On m'a assuré avoir tué, dans ce pays, l'Échelette ou Grimpereau de murailles ». [C.-G. CHESNON. — *Op. cit.*, p. 242].

Espèce mentionnée, sans aucune indication géonémique, comme étant de passage accidentel en Normandie. [NOURY. — *Op. cit.*, p. 96].

Seine-Inférieure :

Espèce mentionnée, sans aucune indication géonémique, comme ayant été observée plus d'une fois dans la Seine-Inférieure. [J. HARDY.— *Op. cit.*, p. 289].

M. E. Lemetteil a vu, dans la collection de J. Hardy, à Dieppe, « un individu tué sur la cathédrale de Rouen, en 1822 ». [E. LEMETTEIL. — *Op. cit., Insectivores*, p. 105 ; tir. à part, t. I, p. 172].

Un mâle en noces a été tué au château de Tancarville, en avril 1888. [E. LEMETTEIL, renseign. manuscrit, 1888]. [Collection de E. LEMETTEIL, à Bolbec (Seine-Inférieure)].

Calvados :

M. Émile Anfrie a préparé un mâle en noces, tué dans la ville de Lisieux, sur une muraille, le

20 octobre 1873. [Émile Anfrie, renseign. manuscrit, 1888 et 1889]. [Collection du D' Jame, appartenant à la ville de Lisieux (Calvados)].

2ᵉ Genre. — *CERTHIA* — GRIMPEREAU.

1. Certhia familiaris L. — Grimpereau familier.

Certhia brachydactyla Brehm, *C. Costae* Bailly, *C. major* Briss., *C. scandulaca* Pall.
Falcinellus arboreus Klein.
Motacilla scolopacina Strom.

Grimpereau brachydactyle.

Échelette, Équelette, Grimpart, Grimpelet, Grimpet, Grimpette, Grimpeux, Grimpsct, Martinet.

Bert. — *Op. cit.*, p. 77 ; tir. à part, p. 53.
Degland et Gerbe. — *Op. cit.*, t. I, p. 186 et 187.
Lemetteil. — *Op. cit.*, *Insectivores*, p. 109 ; tir. à part, t. I, p. 176.
Gentil. — *Op. cit.*, *Passereaux*, p. 148 ; tir. à part, p. 136.
Dubois. — *Op. cit.*: texte, t. I, p. 656 ; atlas, t. I, pl. 151, et pl. XXXI, figs. 133.
Olphe-Galliard. — *Op. cit.*, fasc. XXIII, p. 42 et 49.

Le Grimpereau familier habite les lieux boisés, se trouve aussi près des habitations humaines, et s'aventure même dans les jardins des villes. Il est sédentaire et errant. Il vit par couples en dehors de l'élevage des petits. Son naturel est vif. Ses mœurs sont diurnes. Il grimpe aux arbres avec la plus grande facilité ; son vol est irrégulier et assez rapide ; à terre, où on le voit rarement, il sautille d'une façon maladroite. Sa nourriture se compose d'Insectes, d'Araignées, et d'œufs d'Insectes et d'Araignées ; pendant la saison froide, il mange aussi diverses graines. La femelle fait deux couvées par an : la première de six à neuf œufs et la seconde de trois à six. La ponte de la première couvée a lieu dans la seconde quinzaine de mars ou en avril et celle de la seconde en juin ou juillet. La durée de l'incubation est de treize ou quatorze jours. Cette espèce niche isolément. Le nid est construit avec des fines bûchettes, des tiges et feuilles sèches de Graminées, des fragments d'écorces, etc., le tout réuni par des toiles d'Araignées ou de Chenilles, et garni, à l'intérieur, de fragments d'écorces, de mousse, de plumes, etc. Il est placé dans un trou d'arbre, de mur, de rocher, derrière une grande plaque d'écorce soulevée et détachée en partie, sous un toit, dans un tas de bois, etc.

Toute la Normandie. — Sédentaire et errant. — T.-C.

5ᵉ Famille. *PICIDAE* — PICIDÉS.

1ᵉʳ Genre. *PICUS* -- PIC.

1. **Picus viridis** L. — Pic vert.

Brachylophus viridis Sws.
Chloropicus viridis Malh.
Colaptes viridis Brehm.
Gecinus viridis Boie.

Chloropic vert.
Gécine vert.

Avocat des meuniers, Épimart, Pimart, Pivert, Pleupleu, Plieuplieu, Valandier.

BERT. — *Op. cit.*, p. 75 ; tir. à part, p. 51.
DEGLAND et GERBE. — *Op cit.*, t. I, p. 156.
LEMETTEIL. — *Op. cit.*, *Insectivores*, p. 114 ; tir. à part, t. I, p. 181.
GENTIL. — *Op. cit.*, *Grimpeurs*, p. 17 ; tir. à part, p. 31.

DUBOIS. — *Op. cit.*: texte, t. I, p. 697; atlas, t. I, pl. 159,
et pl. XXIV, fig. 141.

OLPHE-GALLIARD. — *Op. cit.*, fasc. XXIV, p. 46.

Le Pic vert habite les parties claires des bois et des
forêts d'essences diverses qui sont entrecoupés de lieux
découverts; on le voit aussi dans les bosquets, les parcs,
sur les arbres le long des routes et des cours d'eau, etc. ;
pendant la saison froide, il vient de temps à autre dans les
jardins des campagnes, dans les vergers, sur les Saules
taillés en têtard qui se trouvent près des villages, et même
jusqu'au milieu des habitations humaines. Il est sédentaire
et errant. Il vit solitaire en dehors de l'époque des amours
et de l'élevage des petits. Son naturel est vif et querelleur.
Ses mœurs sont diurnes. Il grimpe très-bien au tronc des
arbres, mais monte rarement dans les branches; son vol est
saccadé et fortement ondulé; souvent on le voit sautiller
avec agilité sur le sol, où il va aussi fréquemment que sur
les arbres, et sur lequel il marche assez bien. Sa nourriture
se compose d'Insectes (principalement de Fourmis), d'Araignées, et d'œufs d'Insectes et d'Araignées; il mange parfois
des Vers et ne paraît se nourrir de substances végétales
que d'une façon exceptionnelle. La femelle ne fait annuellement qu'une couvée, de cinq à huit œufs. La ponte a lieu
dans la seconde quinzaine d'avril ou la première quinzaine
de mai. La durée de l'incubation est de quinze à dix-huit
jours. Le nid consiste en un trou d'arbre, qu'il a creusé
en un point où le bois est facile à entamer, et dont l'entrée,
ronde, est juste suffisante pour le passage de l'Oiseau. Les
œufs reposent sur de la poudre de bois. Cette espèce utilise
aussi une cavité toute faite qu'elle agrandit au besoin.

Toute la Normandie. — Sédentaire. — C.

2. **Picus canus** Gm. — Pic cendré.

Brachylophus canus Sws.
Chloropicus canus Malh.
Colaptes caniceps Brehm, *C. canus* Brehm.
Gecinus caniceps Brehm, *G. canus* Boie, *G. viridicanus*
Brehm.
Picus caniceps Nilss., *P. chlorio* Pall., *P. norvegicus*
Lath., *P. viridi-canus* M. et W.

Chloropic cendré.
Gécine à tête cendrée, G. cendré.
Pic à tête cendrée, P. à tête grise.

Bert. — *Op. cit.*, p. 75 ; tir. à part, p. 51.
Degland et Gerbe. — *Op. cit.*, t. I, p. 157.
Lemetteil. — *Op. cit.*, *Insectivores*, p. 116 ; tir. à part, t. I,
p. 183.
Gentil. — *Op. cit.*, *Grimpeurs*, p. 47 et 48 ; tir. à part, p. 31
et 32.
Dubois. — *Op. cit.* : texte, t. I, p. 701 ; atlas, t. I, pl. 160,
et pl. XXVI, fig. 142.
Olphe-Galliard. — *Op. cit.*, fasc. XXIV, p. 55.

Le Pic cendré habite les parties claires des forêts et des
bois d'essences variées, qui sont entrecoupés de lieux
découverts ou traversés par un cours d'eau, s'aventure parfois dans des pâturages assez éloignés de tout lieu boisé, et
vient même, pendant la saison froide, dans les jardins des
campagnes et les vergers. Il est errant et sédentaire. Il vit
solitaire la plus grande partie de l'année. Son naturel est
vif et querelleur. Ses mœurs sont diurnes. Il grimpe très-
bien au tronc et aux branches des arbres, et va sur le sol
aussi fréquemment que sur ces derniers. Sa nourriture se
compose d'Insectes (principalement de Fourmis), d'Araignées, et d'œufs d'Insectes et d'Araignées ; au besoin, il
mange des fruits charnus. La femelle ne fait annuellement

qu'une couvée, de cinq à huit œufs. La ponte a lieu en mai. Le nid consiste en un trou d'un grand arbre, qu'il a creusé en un point où le bois est facile à entamer, et dont l'entrée, ronde, est juste suffisante pour le passage de l'Oiseau. Les œufs reposent sur de la poudre de bois.

Normandie :

Espèce mentionnée, sans aucune indication géonémique, comme étant sédentaire dans les grandes forêts en Normandie. [Noury. — *Op. cit.*, p. 95].

Seine-Inférieure :

Espèce mentionnée, sans aucune indication géonémique, comme ayant été observée plus d'une fois dans la Seine-Inférieure. [J. Hardy. — *Op. cit.*, p. 288].

« Un mâle adulte, qui fait partie de la riche collection de M. Vian, a été tué dans les environs de Dieppe ». [E. Lemetteil. — *Op. cit.*, *Insectivores*, p. 116; tir. à part, t. I, p. 183].

Calvados :

« Il existe dans la collection de M. de la Fresnaye, et a été tué près de Falaise ». [Le Sauvage. — *Op. cit.*, p. 194].

Manche :

« Il est très-rare sur nos côtes, se trouve plus fréquemment dans les grands bois ». [Emmanuel Canivet. — *Op. cit.*, p. 16].

« A Agneaux, bois de La Falaise, P. C. ». [J. Le Mennicier. — *Op. cit.*, p. 12].

3. **Picus major** L. — Pic épeiche.

Dendrocopus major K.-L. Koch.
Dryobates major Boie.
Picus cissa Pall., *P. pipra* Macg.

Épé, Épec, Épeiche, Grand-épeiche, Grand pic varié, Grimpart, Pic varié, Pie-grièye.

Bert. — *Op. cit.*, p. 75 et 76 ; tir. à part, p. 51 et 52.

Degland et Gerbe. — *Op. cit.*, t. I, p. 150.

Lemetteil. — *Op. cit.*, *Insectivores*, p. 117 ; tir. à part,
t. I, p. 184.

Gentil. — *Op. cit.*, *Grimpeurs*, p. 45 ; tir. à part,
p. 29.

Dubois. — *Op. cit.* : texte, t. I, p. 680 ; atlas, t. I, pl. 155,
et pl. XXIV, fig. 137.

Olphe-Galliard. — *Op. cit.*, fasc. XXIV, p. 15 et 16.

Le Pic épeiche habite les forêts et les bois, de préférence
ceux de Conifères, mais on le voit aussi dans les bosquets
isolés ; pendant la saison froide, il s'aventure jusque dans
les promenades bordées d'arbres et les jardins des campagnes. Il est sédentaire et errant, et vit solitaire la plus
grande partie de l'année. Il est vif et querelleur. Ses mœurs
sont diurnes. Il grimpe avec agilité au tronc et aux branches des arbres ; son vol est saccadé et assez rapide ; il se
montre rarement sur le sol, où il sautille maladroitement.
Sa nourriture se compose d'Insectes, d'Araignées, et d'œufs
d'Insectes et d'Araignées ; en automne et en hiver, il se
nourrit surtout de graines, de faînes, de noisettes et de
fruits charnus. La femelle ne fait annuellement qu'une
couvée, de quatre ou cinq œufs, rarement de six. La ponte
a lieu dans la seconde quinzaine d'avril ou la première
quinzaine de mai. La durée de l'incubation est de quatorze à
dix-sept jours. Le nid consiste en un trou d'arbre, qu'il a
creusé en un point où le bois est facile à entamer, et dont
l'entrée, ronde, est juste suffisante pour le passage de l'Oiseau ; le fond de ce trou est garni de petits fragments et de
poudre de bois sur lesquels reposent les œufs. Cette espèce
cherche souvent un trou que d'autres Pics ont abandonné.

Toute la Normandie. — Sédentaire. — A. C.

4. **Picus medius** L. — Pic mar.

Dendrocoptes medius Cab. et F. Heine.
Dendrocopus medius K.-L. Koch.
Dryobates medius Boie.
Picus cynaedus Pall., *P. varius* Briss.
Pipripicus medius Bp.

Pic à tête rouge, P. moyen-épeiche.

Moyen-épeiche.

Degland et Gerbe. — *Op. cit.*, t. I, p. 152.
Lemetteil. — *Op. cit.*, *Insectivores*, p. 118 ; tir. à part,
    t. I, p. 185.
Gentil. — *Op. cit.*, *Grimpeurs*, p. 45 et 46 ; tir. à part,
    p. 29 et 30.
Dubois. — *Op. cit.* : texte, t. I, p. 689 ; atlas, t. I, pl. 157,
    et pl. XXIII, fig. 139.
Olphe-Galliard. — *Op. cit.*, fasc. XXIV, p. 30.

Le Pic mar habite les forêts et les bois, et se rencontre,
pendant la saison froide, à peu près dans les divers endroits
où il y a des arbres. Il est sédentaire et errant, et vit solitaire la plus grande partie de l'année. Il erre ordinairement
seul, parfois avec ses petits, mais il est rare d'en voir plus
de trois ou quatre ensemble. Son naturel est vif et querelleur. Ses mœurs sont diurnes. Il grimpe avec agilité au
tronc et aux branches des arbres ; son vol est léger et
rapide. Sa nourriture se compose d'Insectes (principalement
de Fourmis), d'Araignées, et d'œufs d'Insectes et d'Araignées ; il mange aussi des noisettes, des glands, des faînes,
etc., et, au besoin, des graines de Conifères. La femelle ne
fait annuellement qu'une couvée, de quatre à six œufs. La
durée de l'incubation est d'une quinzaine de jours. Le nid
consiste en un trou d'arbre, qu'il a creusé en un point où le
bois est facile à entamer, et dont l'entrée, arrondie, est juste
suffisante pour le passage de l'Oiseau ; le fond de ce trou est

garni de petits fragments et de poudre de bois sur lesquels reposent les œufs. Cet Oiseau prend aussi possession d'un trou creusé par une autre espèce de Pic.

Toute la Normandie. — (Voir les notes ɪ et ɪɪ ci-dessous). — R.

Notes :

ɪ. — « Habite constamment notre pays (Normandie), dans nos forêts ». [C.-G. Chesnon. — *Op. cit.*, p. 252].

ɪɪ. — E. Lemetteil dit (*Op. cit.*, *Insectivores*, p. 119 ; tir. à part, t. I, p. 186) qu'il ne croit pas que cette espèce se reproduise dans la Seine-Inférieure.

5. **Picus minor** L. — Pic épeichette.

Dendrocopus minor K.-L. Koch.
Dryobates minor Boie.
Piculus hortorum Brehm, *P. minor* Brehm.
Picus hortorum Brehm, *P. Ledouci* Malb., *P. striolatus* Macg.
Pipripicus minor Bp.
Xylocopus minor Cab. et F. Heine.

Pic petit-épeiche.

Épeichette, Perce-bois, Petit-épec, Petit-épeiche, Petit pic varié, Petit pique-bois.

Bert. — *Op. cit.*, p. 75 et 76 ; tir. à part, p. 51 et 52.
Degland et Gerbe. — *Op. cit.*, t. I, p. 153.
Lemetteil. — *Op. cit.*, *Insectivores*, p. 120 ; tir. à part, t. I, p. 187.
Gentil. — *Op. cit.*, *Grimpeurs*, p. 45 et 46 ; tir. à part, p. 29 et 30.
Dubois. — *Op. cit.* : texte, t. I, p. 692 ; atlas, t. I, pl. 158, et pl. XXIII, fig. 140.
Olphe-Galliard. — *Op. cit.*, fasc. XXIV, p. 34 et 35.

Le Pic épeichette habite de préférence les forêts et les bois d'essences variées où les Chênes dominent, ne se montre que d'une façon accidentelle dans les parties boisées des montagnes, et n'aime pas les forêts et les bois de Conifères. Il est sédentaire et errant, et vit solitaire la plus grande partie de l'année. Son naturel est très-querelleur. Ses mœurs sont diurnes. Il grimpe avec promptitude au tronc et aux branches des arbres; son vol est rapide et assez soutenu. Sa nourriture se compose uniquement d'Insectes, d'Araignées, et d'œufs d'Insectes et d'Araignées. La femelle ne fait annuellement qu'une couvée, de quatre à sept œufs. La ponte a lieu dans la seconde quinzaine d'avril ou la première quinzaine de mai. La durée de l'incubation est de quatorze jours. Le nid consiste en un trou d'arbre, qu'il a creusé en un point où le bois est facile à entamer, et dont l'entrée, circulaire, est juste suffisante pour le passage de l'Oiseau. Les œufs reposent sur de la poudre de bois. Cet Oiseau prend aussi possession d'un trou creusé par une autre espèce de Pic. Sur les vieux Chênes, il niche assez souvent dans un trou à la partie inférieure d'une branche presque horizontale.

Toute la Normandie. — Sédentaire. — P. C.

OBSERVATIONS.

Picus martius L. (Pic noir) et **Picus leuconotus** Bchst. (Pic à dos blanc).

Picus martius L.

Calvados :

« Je n'ai jamais vu cette espèce en Normandie, je ne l'indique que sur la foi de quelques chasseurs, entre autres M. Abadie, préparateur d'objets d'Histoire naturelle, qui m'a assuré l'avoir vue dans le bois de Sommervieu. Du reste, ce n'est que très-accidentellement qu'il se trouve dans notre pays..... Il émigre, dit-on, dans l'hiver, et c'est à cette époque qu'il peut se trouver de passage ». [C.-G. Chesnon.— *Op. cit.*, p. 252].

« Très-rare. On prétend qu'il niche quelquefois dans notre pays. Vu accidentellement à Sommervieu, Ouffières, etc. Je ne le connais pas dans nos collections ». [Le Sauvage. — *Op. cit.*, p. 193].

Je n'ose pas, d'après de tels renseignements, comprendre le *Picus martius* L. parmi les Oiseaux venus d'une façon naturelle en Normandie.

Picus leuconotus Bchst.

Je me suis assuré par moi-même que l'Oiseau mentionné par Charles Bouchard (*Op. cit.*, p. 21), sous le nom de *Picus leuconotus* (Pic leuconote), comme ayant été observé dans le canton de Gisors (Eure), est le *Picus major* L. (Pic épeiche) à l'état jeune.

6° Famille. *TORQUILLIDAE* — TORQUILLIDÉS.

1er Genre. *YUNX* — TORCOL.

1. **Yunx torquilla** L. — Torcol commun.

Cuculus subgrisea L.
Picus iynx Pall., *P. torquilla* Klein.
Torquilla striata Briss.

Torcol ordinaire, T. verticille, T. vulgaire.

Teurd-co, Teurd-cou, Tord-cou.

Bert. — *Op. cit.*, p. 76, et pl. II, fig. 4; tir. à part, p. 52, et même fig.

Degland et Gerbe. — *Op. cit.*, t. I, p. 159.

LEMETTEIL. — *Op. cit.*, *Insectivores*, p. 123; tir. à part, t. I, p. 190.

GENTIL. — *Op. cit.*, *Grimpeurs*, p. 48; tir. à part, p. 32.

DUBOIS. — *Op. cit.*: texte, t. I, p. 676; atlas, t. I, pl. 154, et pl. XXVII, fig. 136.

OLPHE-GALLIARD. — *Op. cit.*, fasc. XXIV, p. 60.

Le Torcol commun habite les parties claires des bois et des forêts composés d'essences diverses et entrecoupés de lieux découverts; on le voit aussi dans les bouquets de bois au milieu des champs, dans les vergers, les jardins, etc. Il est migrateur et sédentaire, et vit solitaire la plus grande partie de l'annéé. A.-E. Brehm dit (*Op. cit.*, t. II, p. 78): « vers l'automne, il se réunit par petites familles, qui émigrent de concert; au retour, au contraire, il va seul; il arrive cependant qu'au printemps on rencontre dans certaines localités, en Égypte et en Espagne, plusieurs de ces Oiseaux ensemble »; et Alphonse Dubois dit (*Op. cit.*, texte, t. I, p. 677) : « il voyage pendant la nuit et isolément, et les mâles précèdent toujours de quelques jours les femelles; en automne, cependant, on voit parfois deux à quatre individus ensemble ». Son naturel est indolent. Ses mœurs sont diurnes. Il se cramponne au tronc des arbres, mais ne peut y grimper; à terre, il sautille assez lourdement. Sa nourriture se compose d'Insectes (principalement de Fourmis), d'Araignées, et d'œufs d'Insectes et d'Araignées. La femelle ne fait annuellement qu'une couvée, de cinq à huit œufs. La ponte a lieu en mai. La durée de l'incubation est de quatorze jours. Cette espèce niche dans un trou d'arbre, qu'elle n'a pas creusé elle-même, et dont l'entrée est assez étroite pour que les Écureuils et les petits Carnivores ne puissent y passer. L'Oiseau se borne à nettoyer le trou et en ôter les débris de bois, sans avoir préparé la moindre litière pour les œufs, qui reposent sur de la poudre de bois.

NOTE. — Ce que le Torcol commun offre de plus curieux, dit A.-E. Brehm (*Op. cit.*, t. II, p. 79), « c'est la faculté qu'il a de tourner sa tête dans toutes les directions. Chaque chose inaccoutumée qui se montre lui fait faire des grimaces, et cela d'autant plus que l'Oiseau en est plus effrayé. « Il allonge son cou, dit Naumann, il hérisse les plumes de sa tête sous forme de huppe, étale sa queue en éventail; en même temps, il se relève lentement et à plusieurs reprises, ou bien il se contracte, étend son cou, s'incline lentement en avant, tourne les yeux, et gonfle sa gorge comme le fait une Grenouille, tout en produisant un ronflement sourd et guttural. Quand il est en colère, quand il est blessé ou pris dans un piége, et qu'on veut le saisir avec la main, il fait de telles grimaces que celui qui le voit pour la première fois en demeure stupéfait, sinon effrayé. Les plumes de la tête hérissées, les yeux à demi-fermés, il étend le cou, le tourne lentement de tous côtés, comme le ferait un Serpent ; sa tête semble décrire plusieurs cercles ; son bec est tantôt dirigé en avant, tantôt en arrière ». On dirait que, par ce manège, le Torcol cherche à effrayer son ennemi; son plumage, dont les teintes se confondent avec celle de l'écorce des arbres ou avec celle du sol, prête à l'illusion qu'il pourra l'effrayer en imitant les mouvements du Serpent, si redouté de presque tous les animaux. Et ce n'est pas là une chose instinctive, mais apprise, car il n'y a que les Torcols adultes qui se comportent de la sorte ».

Toute la Normandie. — De passage régulier: arrive en avril avant la reproduction et repart en août. — P. C.

7ᵉ Famille. *CUCULIDAE* — CUCULIDÉS.

1ᵉʳ Genre. *CUCULUS* — COUCOU.

1. Cuculus canorus L. — Coucou commun.

Cuculus borealis Pall., *C. cinereus* Brehm, *C. hepaticus* Sparrm., *C. rufus* Briss.

Coucou gris, C. ordinaire, C. vulgaire.

Bert. — *Op. cit.*, p. 76; tir. à part, p. 52.
Degland et Gerbe. — *Op. cit.*, t. I, p. 161.
Lemetteil. — *Op. cit.*, *Insectivores*, p. 129; tir. à part, t. I, p. 196.
Gentil. — *Op. cit.*, *Grimpeurs*, p. 49; tir. à part, p. 33.

Dubois. — *Op. cit.* : texte, t. I, p. 705 ; atlas, t. I, pl. 161, et pl. XXIV, figs. 143 a, b, c, d, e, f, g, h, i et k.

Olphe-Galliard. — *Op. cit.*, fasc. XXIV, p. 68.

Le Coucou commun habite les forêts et les bois, et se montre aussi dans les bosquets, les pépinières, les jardins des campagnes, les champs de choux, etc. Il est migrateur et peu sociable. Il émigre souvent en bandes ; au printemps, les mâles arrivent quelques jours plus tôt que les femelles. Son naturel est très-vif. Ses mœurs sont diurnes et nocturnes. Son vol est rapide, élégant et léger ; il ne reste jamais longtemps à terre, où il est fort maladroit. La nourriture de l'adulte se compose uniquement d'Insectes (surtout de Chenilles velues) et d'Araignées ; mais il est très-probable que certains des Oiseaux auxquels la femelle fait couver ses œufs donnent aussi aux jeunes d'autres animaux et des fruits charnus. La femelle confie à d'autres Oiseaux le soin de couver ses œufs et d'élever ses petits. Elle dépose ses œufs un à un dans des nids d'un grand nombre d'espèces d'Oiseaux, après avoir, au préalable, cassé sur le nid un des œufs qui s'y trouvaient, car elle ne pond jamais dans un nid vide. Elle dépose son premier œuf habituellement dans la seconde quinzaine de mai, le deuxième, quatre ou cinq jours plus tard, et ainsi de suite, jusqu'à ce qu'elle ait fait sa première ponte, qui est de cinq à sept œufs ; puis elle en fait une seconde ; on trouve des œufs depuis la mi-mai jusqu'à la fin de juillet. La femelle ne confie qu'un œuf au même nid, très-rarement deux. Savatier en a trouvé trois dans un nid de Bruant proyer. Ce n'est que bien rarement que la femelle couve elle-même l'un de ses œufs et nourrit le petit.

Note. — « Tant que la femelle, dit Alphonse Dubois (*Op. cit.*, texte, t. I, p. 710), n'est pas prête à pondre, le mâle ne la quitte pas d'un instant, mais il ne l'assiste nullement à trouver un nid et ne paraît guère se préoccuper de sa progéniture. C'est en volant d'un côté et d'autre qu'elle cherche un abri pour ses œufs, et elle doit être douée d'un instinct tout particulier, car elle découvre les nids les mieux cachés ».

« Si la position et la forme du nid le lui permettent, dit A.-E. Brehm (*Op. cit.*, t. II, p. 173), elle y pénètre et y pond son œuf, si non elle le pond à terre, le prend dans son bec et le porte dans le nid ».

« Jusqu'ici, dit Alphonse Dubois (p. 711), on a trouvé des œufs de Coucou dans les nids d'une centaine d'Oiseaux différents, mais cette espèce pond le plus souvent dans des nids de Merles, de Grives, de Motteux, de Traquets, de Rouges-queues, de Rouges-gorges, d'Accenteurs mouchets, de Fauvettes, de Contre-faisants, de Rousserolles, de Hoche-queues, de Bergeronnettes, de Pipits, d'Alouettes, de Bruants, de Moineaux, de Pinsons, de Linottes, de Verdiers, etc.; on en a même trouvé dans des nids de Pies-grièches, de Pigeons sauvages, et, exceptionnellement, dans un nid de Grèbe castagneux ».

« Tous les Oiseaux, dit A.-E. Brehm (p. 173), auxquels incombe ce douteux honneur d'avoir à élever un Coucou, témoignent la plus grande frayeur du sort qui les menace, et cherchent par tous les moyens à éloigner le Coucou. Celui-ci, d'ailleurs, n'aime pas à pondre en présence des parents nourriciers. Il arrive comme un voleur de nuit, dépose son œuf et s'enfuit aussitôt. Il n'en est pas moins curieux de voir que des Oiseaux qui ne peuvent souffrir qu'on dérange leur nid, qui le quittent si on y touche, ne jettent pas en bas l'œuf du Coucou, comme ils le font pour d'autres œufs qu'on mêle aux leurs, et qu'ils continuent à couver, même si le Coucou a enlevé presque tous leurs propres œufs. Ils détestent le Coucou, mais ne refusent pas leurs soins à ses œufs ni à ses petits ».

« Après avoir fait sa ponte, dit Alphonse Dubois (p. 711), le Coucou femelle continue à observer les différents nids auxquels il a confié un œuf, jusqu'après la naissance de ses petits. Dès qu'il a constaté l'éclosion de son œuf, il arrive, toujours en l'absence des parents nourriciers, et jette hors du nid tous les œufs non encore éclos ou les petits nés avant ou en même temps que le sien, de façon que ce dernier reste seul dans le nid.

« On a toujours cru que c'était le jeune Coucou qui, en se remuant, jetait ses compagnons dehors. Mais les nombreuses observations de Ad. Walter ne laissent aucun doute à cet égard. Cet auteur a constaté, en effet, un grand nombre de fois, que le jeune Coucou était déjà seul quelques heures après sa naissance; or, comment veut-on que ce petit être, qui vient au monde nu, aveugle et très-faible, puisse, dans cet état, se débarrasser des œufs ou de ses compagnons de nid? Il faut évidemment qu'un autre

25

se charge du massacre des innocents, et ce ne peut être que la vraie mère, car elle seule a intérêt à faire disparaître la nichée; elle sait, par instinct, que les parents nourriciers ne sauraient jamais parvenir à nourrir le vorace Coucou en même temps que leurs propres petits.

« Parmi les observations faites par Ad. Walter, la plus concluante est celle-ci : le 7 juillet 1879, il trouva, dans un buisson de Genévrier, un nid de Troglodyte contenant un jeune Coucou à peine né, et, à terre, quatre œufs de Troglodyte qui avaient été jetés sur la mousse sans se briser. Ad. Walter les remit dans le nid, resta quelque temps en observation non loin du buisson, vit plusieurs fois les Troglodytes entrer dans le nid, et, avant de partir, il s'assura que les œufs y étaient encore. Le lendemain, il revint de grand matin et trouva de nouveau les œufs à terre, mais l'un d'eux était brisé; cette fois encore, il remit à côté du jeune Coucou les trois œufs non cassés, resta assez longtemps en observation dans le voisinage, mais ne remarqua rien de particulier, si ce n'est un Coucou, qui volait à quelque distance mais sans s'approcher de l'endroit où était le nid en question; du reste, l'observateur s'assura, avant de partir, que les œufs étaient restés à leur place. Il revint l'après-midi et trouva encore une fois les œufs à terre; il les remit dans le nid pour la troisième fois; le lendemain, il constata que rien n'était changé, et, huit jours après, les œufs étaient encore dans le nid : le Coucou mère n'avait donc plus jugé opportun de s'occuper de son jeune, les œufs ne pouvant du reste plus éclore après tant de vicissitudes, car ils avaient été mouillés et s'étaient refroidis à plusieurs reprises. Cette expérience, que Ad. Walter a répétée souvent, prouve donc bien que ce ne sont pas les parents nourriciers qui jettent leurs œufs hors du nid, ce qui serait contre nature, et que le jeune Coucou ne le fait pas davantage; ce dernier est d'ailleurs trop faible pendant les premiers jours pour exécuter un pareil effort, car, en naissant, il n'est guère plus gros qu'un Moineau nouveau-né.

« Il est bien rare de trouver un nid renfermant un Coucou avec de jeunes Passereaux, car, avant que ces derniers aient atteint l'âge de deux jours, le Coucou mère est venu les enlever de leur nid. Il arrive parfois que la surveillance des parents nourriciers ou la présence d'un homme travaillant dans le voisinage, empêche le Coucou de terminer le même jour la destruction de tous les petits, et qu'il doive revenir le lendemain pour terminer sa cruelle besogne. Si le Coucou mère vient à périr avant d'avoir pu arracher de leur berceau les pauvres oisillons, c'est le jeune Coucou lui-même qui se charge de l'expulsion; mais ceci n'arrive jamais qu'au bout d'une dizaine de jours, alors qu'il a acquis assez de force pour s'agiter sur sa couche; c'est par ses mouvements désordonnés qu'il jette ses malheureux compagnons par dessus bord, mais il le fait sans préméditation. Ce qui prouve qu'il n'y a pas de préméditation, c'est que Schlegel signale un jeune Coucou sur le point de prendre son essor, trouvé le 22 juillet 1860, près de Leyde, dans un nid, avec trois jeunes Bergeronnettes élevées en même temps que lui; la mère avait donc péri avant d'avoir pu isoler son jeune, et les petites Bergeronnettes avaient pu se maintenir dans le nid ou y rentrer parce que celui-ci se trouvait à terre ».

Le Coucou commun confie à des soins étrangers l'incubation de ses œufs et l'élevage de ses petits; mais comment obtient-il cette complaisance de petits Oiseaux qui, ordinairement, abandonnent leur nid et leurs œufs quand un changement, même léger, y a été fait? J. Vian[1] a fait une série d'expériences fort intéressantes pour arriver à la solution de ce problème, et il termine son travail par cette phrase : « La conclusion pour moi, c'est que l'intimidation est le moyen employé par le Coucou pour décider les petits Oiseaux à couver ses œufs; il pille le nid de ceux qui lui résistent, casse un de leurs œufs sur le nid qui doit recevoir le sien. Les Passereaux, effrayés par la destruction de la couvée voisine, ou avertis par la fracture d'un de leurs œufs, du sort qui menace les autres, en cas de résistance, se soumettent à la force ». Cette solution paraît d'autant plus justifiée que dans plusieurs de ses expériences, Vian a réussi à faire couver par des Passereaux des œufs de Coucou et même d'autres œufs, en employant le procédé du Coucou.

Toute la Normandie. — De passage régulier : arrive en avril avant la reproduction et repart en septembre. — C.

8ᵉ Famille. *MEROPIDAE* — MÉROPIDÉS.

1ᵉʳ Genre. *MEROPS* — GUÊPIER.

1. **Merops apiaster** L. — Guêpier commun.

Apiaster icterocephalus Briss.

---

1. J. Vian. — *Le Coucou d'Europe, ses œufs*, in Revue et Magasin de Zoologie pure et appliquée, Paris, ann. 1865, p. 40, 74 et 129.

Merops chrysocephalus Gm., *M. congener* L., *M. elegans*
Brehm, *M. Hungariae* Brehm.

Guêpier apivore, G. ordinaire, G. vulgaire.

Bert. — *Op. cit.*, p. 78; tir. à part, p. 54.
Degland et Gerbe. — *Op. cit.*, t. I, p. 172.
Lemetteil. — *Op. cit.*, *Insectivores*, p. 138; tir. à part,
t. I, p. 205.
Dubois. — *Op. cit.* : texte, t. I, p. 731; atlas, t. I, pl. 165,
et pl. XXXII, fig. 144ª.
Olphe-Galliard. — *Op. cit.*, fasc. XXV, p. 16.

Le Guêpier commun habite de préférence les régions montagneuses et recherche toujours le voisinage de l'eau, particulièrement d'un cours d'eau dont les berges sont escarpées,
mais, dans ses courses quotidiennes, il va dans les vallées,
les prés et les champs émaillés de fleurs, les lisières des bois
et des forêts, les parcs, etc., et quelquefois même près des
habitations humaines. Il est migrateur et vit en colonies. Il
émigre en bandes fort nombreuses. Son naturel est vif. Ses
mœurs sont diurnes. Son vol est rapide, léger et varié; c'est
avec la plus grande facilité qu'il fend l'air en tous sens;
tantôt il s'élève jusqu'à perte de vue, tantôt il rase le sol et
l'eau; à terre, il ne se meut qu'avec difficulté. Sa nourriture se compose d'Insectes; il aime surtout les Hyménoptères porte-aiguillons. La femelle ne fait annuellement
qu'une couvée, de quatre à sept œufs. La ponte a lieu en
juin. Cette espèce niche en société. Le nid, creusé par l'Oiseau, présente un orifice rond d'où part un long couloir
horizontal ou légèrement ascendant à l'extrémité duquel se
trouve une chambre où sont déposés les œufs. D'après Salvin,
il y a quelquefois une seconde chambre, située derrière la
première et reliée avec elle par un couloir. Quelques auteurs
relatent avoir trouvé dans la chambre où sont les œufs une
couche de mousse et d'herbes, mais A.-E. Brehm dit qu'il
n'a trouvé aucun vestige de ces matériaux dans tous les nids

qu'il a vus. Cette espèce creuse son nid dans une paroi escarpée, terreuse ou sablonneuse, d'un cours d'eau ou d'une falaise maritime.

Seine-Inférieure :

> Espèce mentionnée, sans aucune indication géonémique, comme ayant été observée plus d'une fois dans la Seine-Inférieure. [J. HARDY. — *Op. cit.*, p. 289].

> J'en ai un qui a été tué à Dieppe, le 1er mai 1828. [Josse HARDY. — *Manusc. cit.*, p. 44].

> E. Lemetteil dit (*Op. cit.*, *Insectivores*, p. 134 ; tir. à part, t. I, p. 201) qu'il a entendu affirmer que cette espèce s'était reproduite dans les falaises de la Basse-Seine (Seine-Inférieure) et pense que ce fait n'est pas impossible, étant donné le suivant, cité par C.-D. Degland et Z. Gerbe (*Op. cit.*, t. I, p. 173) : « Une bande de quinze à vingt individus vint s'établir, au commencement de juillet 1840, à Pont-Remy non loin d'Abbeville (Somme), dans une localité où il existe une grande falaise de terre, criblée de trous pratiqués par les Hirondelles de rivage. On prit dans l'un de ces trous une femelle couveuse ». « Il n'y aurait rien d'étonnant, ajoute E. Lemetteil (*loc. cit.*), à ce que quelques individus se soient détachés de la bande, et que, pressés de se reproduire (on était alors en juillet), ils se soient arrêtés dans nos contrées plus méridionales ».

> Un individu a été vu par M. Louis-Henri Bourgeois sur la lisière de la forêt d'Eu, à Incheville, le 10 juin 1889. [Louis-Henri BOURGEOIS, renseign. manuscrit, 1889].

Calvados :

> « Un individu fut tué au printemps, à Nonant près de Bayeux ». [C.-G. CHESNON. — *Op. cit.*, p. 245].

Un individu a été capturé près de Caen. [Émile
ANFRIE, renseign. manuscrit, 1889].

9ᵉ Famille. *HIRUNDINIDAE* — HIRUNDINIDÉS.

1ᵉʳ Genre. *HIRUNDO* — HIRONDELLE.

1. Hirundo rustica L. — Hirondelle de cheminée.

Cecropis pagorum Brehm, *C. rustica* Boie, *C. stabulo-
rum* Brehm.
Hirundo domestica Briss.

Hirondelle domestique, H. rustique.

Aronde, Savoyarde.

BERT. — *Op. cit.*, p. 80 ; tir. à part, p. 56.
DEGLAND et GERBE. — *Op. cit.*, t. I, p. 587.
LEMETTEIL. — *Op. cit.*, *Insectivores*, p. 143 ; tir. à part, t. I,
  p. 210.
GENTIL. — *Op. cit.*, *Passereaux*, p. 211 ; tir. à part, p. 199.
DUBOIS. — *Op. cit.* : texte, t. I, p. 159 ; atlas, t. I, pl. 35,
  et pl. VIII, figs. 34.
OLPHE-GALLIARD. — *Op. cit.*, fasc. XXII, p. 36.

L'Hirondelle de cheminée recherche les lieux habités par
l'Homme, surtout ceux qui sont situés à proximité d'un
cours d'eau, d'un étang ou d'un lac ; on la trouve aussi loin
des habitations humaines dans des lieux où il y a des
rochers. Elle est migratrice et très-sociable. Au printemps,
les premiers individus qui émigrent arrivent isolément ou
par couples, mais, quelques jours après, arrivent des bandes
très-nombreuses ; à l'automne, elle se réunit en bandes très-
nombreuses pour émigrer. Son naturel est vif. Ses mœurs
sont diurnes. Son vol est très-rapide et très-léger ; tantôt
elle fend l'air avec une extrême vitesse, tantôt elle plane,
puis tout à coup elle se détourne avec une promptitude con-

sidérable, monte, descend, rase le sol ou l'eau, et s'élève ensuite à une grande hauteur ; à terre, elle est fort mal- adroite, et n'y vient que pour chercher les matériaux néces- saires à la construction de son nid. Sa nourriture se com- pose d'Insectes, surtout de Diptères. La femelle fait ordi- nairement deux couvées par an : la première de quatre à six œufs et la seconde de trois ou quatre. La ponte de la pre- mière couvée a lieu en mai et celle de la seconde en juillet. La durée de l'incubation est d'environ quatorze jours. Cette espèce niche isolément et en société. Le nid a généralement la forme d'un quart de sphère, ou, parfois, celle d'une coupe, selon l'endroit où il est placé. Il est construit avec de la terre, que l'Oiseau ramasse par becquées, qu'il entoure de sa salive visqueuse, afin de la rendre plus collante et plus solide, et à laquelle il ajoute des tiges et feuilles sèches de Grami- nées, etc., pour consolider les parois du nid, dont l'intérieur est tapissé de poils, de plumes et d'autres substances molles. Il est appliqué contre un mur, une solive, dans une embra- sure de fenêtre, sous une corniche, dans une cheminée, une étable, etc., et, d'une façon exceptionnelle, sur une branche d'arbre. Cette espèce revient chaque année à son nid, se bornant à réparer les dégradations, à le nettoyer et à renouveler la couche interne. Pour faire sa seconde ponte annuelle, l'Oiseau construit le plus souvent un nouveau nid, afin d'éviter la vermine, mais, parfois, il fait cette ponte dans le nid où a eu lieu la première ponte de l'année. Les jeunes construisent toujours eux-mêmes un nid pour y faire leur première ponte.

Toute la Normandie. — De passage régulier : arrive à la fin de mars ou en avril avant la reproduction et repart en septembre, en octobre ou dans la première huitaine de novembre. — T.-C.

2. **Hirundo urbica** L. — Hirondelle de fenêtre.

Chelidon fenestrarum Brehm, *C. rupestris* Brehm, *C. tectorum* Brehm, *C. urbica* Boie.

Chélidon de fenêtre.
Hirondelle urbaine.

Cul-blanc, Héronde, Hirondelle cul-blanc, H. de falaise.

Bert. — *Op. cit.*, p. 80 ; tir. à part, p. 56.
Degland et Gerbe. — *Op. cit.*, t. I, p. 592.
Lemetteil. — *Op. cit.*, *Insectivores*, p. 145; tir. à part,
 t. I, p. 212.
Gentil. — *Op. cit.*, *Passereaux*, p. 211 et 212; tir. à part,
 p. 199 et 200.
Dubois. — *Op. cit.* : texte, t. I, p. 155 ; atlas, t. I, pl. 34, et
 pl. VIII, fig. 32.
Olphe-Galliard. — *Op. cit.*, fasc. XXII, p. 67 et 76.

L'Hirondelle de fenêtre habite les villes, les villages, les demeures humaines isolées et les lieux où se trouvent des rochers et des falaises. Elle est migratrice et très-sociable. Au printemps, elle émigre isolément, par couples ou en petites bandes, et, en automne, généralement en bandes très-nombreuses. Son naturel est vif. Ses mœurs sont diurnes. Son vol est rapide et vacillant ; elle plane beaucoup et s'élève à une très-grande hauteur. Sa nourriture se compose d'Insectes, principalement de Diptères ; elle ne mange pas d'Hyménoptères porte-aiguillons. La femelle fait deux ou trois couvées par an, le plus généralement deux : la première de quatre à six œufs et la seconde de trois ou quatre. La ponte de la première couvée a lieu dans la seconde quinzaine de mai ou la première quinzaine de juin. La durée de l'incubation est de treize à quinze jours. Cette espèce niche en société et isolément. Le nid, de forme hémisphérique ou hémicylindrico-ovoïde, selon l'endroit où

il est placé, et à entrée supéro-latérale circulaire juste
suffisante pour le passage de l'Oiseau, est construit avec de
la terre, qu'il ramasse par becquées et qu'il entoure de sa
salive visqueuse pour la rendre plus collante et plus solide ;
il est tapissé, à l'intérieur, de quelques fines tiges et feuilles
sèches de Graminées et de plumes. Ce nid est appliqué sous
une corniche, contre une muraille, dans une embrasure de
fenêtre, sous un chapiteau de colonne, contre une paroi de
rocher, de falaise maritime, etc., et toujours en un point où
il soit protégé par en haut contre l'eau ; parfois l'Oiseau
l'établit dans une cavité de mur, dont il ferme partiellement
l'entrée, n'y laissant qu'une ouverture juste suffisante pour
y passer. Le même couple utilise plusieurs années de suite
son nid, dont il répare les dégradations et enlève les ordures.

Toute la Normandie. — De passage régulier : arrive en
avril avant la reproduction et repart vers la fin de septembre. — T.-C.

3. **Hirundo riparia** L. — Hirondelle de rivage.

Clivicola europaea T. Forst.

Cotyle fluviatilis Brehm, *C. microrhynchos* Brehm,
C. riparia Boie.

Hirundo cinerea Vieill.

Cotyle de rivage, C. riveraine.

Petite hirondelle brune.

BERT. — *Op. cit.*, p. 80 ; tir. à part, p. 56.

DEGLAND et GERBE. — *Op. cit.*, t. I, p. 596.

LEMETTEIL. — *Op. cit.*, *Insectivores*, p. 146 ; tir. à part, t. I,
p. 213.

GENTIL. — *Op. cit.*, *Passereaux*, p. 211 et 212 ; tir. à part,
p. 199 et 200.

Dubois. — *Op. cit.*: texte, t. I, p. 164; atlas, t. I, pl. 36, et pl. VI, fig. 36.

Olphe-Galliard. — *Op. cit.*, fasc. XXII, p. 77.

L'Hirondelle de rivage habite le long des fleuves, des rivières, au bord des lacs, des étangs, et même sur les bords de la mer, ne s'éloignant que rarement du voisinage de l'eau. Elle est migratrice et très-sociable. Elle émigre en petites ou en nombreuses bandes. Son naturel est vif. Ses mœurs sont diurnes. Son vol est fort vacillant et ordinairement au ras de l'eau et du sol; rarement elle s'élève à une grande hauteur, excepté pendant les migrations, où elle vole très-haut. Sa nourriture se compose d'Insectes, principalement de Diptères. La femelle ne fait généralement qu'une couvée par an, de quatre à six œufs. La ponte de la première couvée a lieu en mai ou dans la première quinzaine de juin. La durée de l'incubation est de douze à quinze jours. Cette espèce niche en société. Le nid consiste en une longue galerie étroite, arrondie et souvent sinueuse, dont l'extrémité, élargie, renferme le nid proprement dit, qui est composé de tiges et feuilles sèches de Graminées, et garni intérieurement de plumes ou de duvet végétal. Il est creusé par l'Oiseau dans une paroi escarpée de terre ou de sable, au bord de l'eau douce ou salée. Quelquefois, d'après Vincelot[1], plusieurs galeries, après avoir serpenté dans diverses directions, se réunissent en un point commun où nichent plusieurs femelles. Cette espèce profite aussi d'un trou de rocher, de mur, de falaise maritime, etc., pour y construire son nid, et y revient chaque année, se bornant à le réparer et à le nettoyer.

Toute la Normandie. — De passage régulier: arrive en avril avant la reproduction et repart en septembre.— C.

[1]. Vincelot. — *Les noms des Oiseaux expliqués par leurs mœurs, ou Essais étymologiques sur l'Ornithologie*, 4e édit., Paris, Pottier de Lalaine, Angers, P. Lachèse, Belleuvre et Dolbeau, 1872, t. I, p. 180.

2ᵉ Genre. *CYPSELUS* — MARTINET.

1. **Cypselus apus** L. — Martinet noir.

Apus murarius Less.
Brachypus murarius B. Meyer.
Cypselus apus Ill., *C. murarius* Temm., *C. niger* Leach,
   C. turrium Brehm, *C. vulgaris* Steph.
Hirundo apos Briss., *H. apus* L., *H. muraria* Klein.
Micropus apus Boie, *M. murarius* M. et W.
Martinet de muraille.
Juif.

Bert. — *Op. cit.*, p. 80, et pl. II, fig. 7; tir. à part, p. 56,
   et même fig.
Degland et Gerbe. — *Op. cit.*, t. I, p. 601.
Lemetteil. — *Op. cit.*, *Insectivores*, p. 149; tir. à part,
   t. I, p. 216.
Gentil. — *Op. cit.*, *Passereaux*, p. 213; tir. à part, p. 201.
Dubois. — *Op. cit.*: texte, t. I, p. 150; atlas, t. I, pl. 33, et
   pl. VIII, figs. 31.
Olphe-Galliard. — *Op. cit.*, fasc. XXII, p. 99.

Le Martinet noir habite de préférence dans les villes; on
le trouve aussi dans les endroits où il y a de vieux et grands
châteaux, des ruines, des tours, ainsi que dans les montagnes et dans les bois abondamment pourvus d'arbres creux;
il ne se montre guère dans les villages et les localités pauvres en constructions élevées. Il est migrateur, très-sociable,
et émigre en bandes très-nombreuses. Son naturel est vif et
querelleur. Ses mœurs sont diurnes et crépusculaires. Son
vol est extrêmement rapide, léger et toujours soutenu ; à
terre, il ne peut que ramper, et encore avec peine, et y est
incapable de prendre le vol. Sa nourriture se compose
d'Insectes. La femelle ne fait annuellement qu'une couvée,
de trois à cinq œufs. La ponte a lieu dans la dernière

huitaine de mai ou en juin. La durée de l'incubation est de seize à dix-sept jours. Cette espèce niche en société et isolément. Elle ne construit qu'accidentellement un nid, qui est presque plat et formé de tiges et feuilles sèches de Graminées, agglutinées par sa salive visqueuse. Le plus souvent, les œufs sont pondus à nu. La ponte est faite dans une cavité de mur, de clocher, d'un bâtiment élevé, de falaise, de rocher, d'arbre, etc. Le même couple revient chaque année nicher dans son trou, tant qu'il n'y a pas été dérangé.

Toute la Normandie. — De passage régulier : arrive à la fin d'avril ou en mai avant la reproduction et repart en août. — T.-C.

2. **Cypselus melba** L. — Martinet alpin.

Cypselus alpinus Temm., *C. melba* Bonnat. et Vieill.
Hirundo alpina Scop., *H. melba* L.
Micropus alpinus M. et W., *M. melba* Boie.

Martinet à ventre blanc.

DEGLAND et GERBE. — *Op. cit.*, t. I, p. 602.
LEMETTEIL. — *Op. cit.*, *Insectivores*, p. 150 ; tir. à part, t. I, p. 217.
BREHM. — *Op. cit.*, t. I, p. 554.
OLPHE-GALLIARD. — *Op. cit.*, fasc. XXII, p. 94.

Le Martinet alpin habite les régions montagneuses et rocheuses, et se trouve aussi dans les villes et les villages de ces régions. Il est migrateur et très-sociable. Son naturel est vif. Ses mœurs sont diurnes et crépusculaires. Son vol est extrêmement rapide. Sa nourriture se compose d'Insectes. La femelle ne fait annuellement qu'une couvée, de trois ou quatre œufs. Cette espèce niche en société et isolé-

ment. Le nid est placé dans une cavité de rocher, d'un haut
édifice, d'un mur élevé.

Seine-Inférieure :

> « Un individu a été abattu, il y a quelques années,
> à Étretat, par M. le comte de Montault. Or, M. de
> Montault possède à fond son ornithologie, et, il y a
> quelques jours encore, il nous affirmait le fait. « Cet
> Oiseau, nous disait-il, se trouvait au milieu d'une
> bande de Martinets communs, qui volaient avec leur
> rapidité ordinaire. A distance, je le pris pour un
> Oiseau de proie; mais, en continuant de l'observer,
> je remarquai dans ses allures quelque chose d'insolite
> qui me frappa. L'Oiseau s'étant rapproché, je l'abattis,
> et *c'était bien un Martinet à ventre blanc* ».....
> L'Oiseau ayant été tué en été, on en doit conclure, ce
> nous semble, qu'il se reproduit dans le département
> de la Seine-Inférieure ». [E. LEMETTEIL. — *Op. cit.*,
> *Insectivores*, p. 151 ; tir. à part, t. I, p. 218].

M. E. Lemetteil a vu deux couples aux environs de
Tancarville, le 18 mai 1884. [A. POUSSIER[1]. — *Op.
infrà cit.*, p. 115].

3ᵉ Genre. *CAPRIMULGUS* — ENGOULEVENT.

1. Caprimulgus europaeus L. — Engoulevent
commun.

Caprimulgus foliorum Brehm, *C. maculatus* Brehm,
   C. punctatus M. et W., *C. vulgaris* Vieill.
Hirundo caprimulgus Pall.
Nyctichelidon europaeus Rennie.

---

1. A. Poussier.— *Compte rendu de l'excursion de Lillebonne et Tancarville, (18 mai 1884), partie botanique et zoologique*, in Bull. de la Soc.
des Amis des Scienc. natur. de Rouen, 1ᵉʳ sem. 1884, p. 111.

Engoulevent d'Europe, E. ordinaire, E. vulgaire.
Affresas, Cachanéchin, Crapaud-volant, Frésaie, Fressoie,
Tette-chèvre.

BERT. — *Op. cit.*, p. 80 ; tir. à part, p. 56.
DEGLAND et GERBE. — *Op. cit.*, t. I, p. 604.
LEMETTEIL. — *Op. cit., Insectivores*, p. 154; tir. à part,
t. I, p. 221.
GENTIL. — *Op. cit., Passereaux*, p. 214 ; tir. à part, p. 202.
DUBOIS. — *Op. cit.* : texte, t. I, p. 145 ; atlas, t. I, pl. 32,
et pl. III, figs. 32.
OLPHE-GALLIARD. — *Op. cit.*, fasc. XXII, p. 8.

L'Engoulevent commun habite les bois et les forêts, généralement près des lieux découverts dans les endroits secs
riches en bruyères et en broussailles ; pendant ses migrations, on le voit un peu partout, même auprès des habitations humaines. Il est migrateur et vit solitaire la plus
grande partie de l'année. Il émigre isolément ou par couples, rarement par groupes de trois ou quatre individus.
Son naturel est calme. Ses mœurs sont crépusculaires et nocturnes. Son vol est léger, peu soutenu et silencieux; il
se pose très-souvent à terre, mais ne peut s'y mouvoir sans
le secours des ailes. Sa nourriture se compose d'Insectes.
La femelle ne fait annuellement qu'une couvée, de deux
œufs, rarement de trois. La ponte a lieu dans la seconde
quinzaine de mai ou en juin. La durée de l'incubation est
de seize à dix-huit jours. Cette espèce niche isolément et ne
construit pas de nid. Les œufs sont déposés à terre sur la
mousse, sur des herbes sèches ou sur des feuilles mortes,
le plus souvent dans un léger creux naturel du sol, sous un
buisson, dans les bruyères, entre les racines d'un arbre ou
à l'abri d'un petit rocher.

Toute la Normandie. — De passage régulier : arrive en
avril avant la reproduction et repart d'ordinaire au commencement de septembre. — A. C.

10ᵉ Famille. *MUSCICAPIDAE* — MUSCICAPIDÉS.

1ᵉʳ Genre. *MUSCICAPA* — GOBE-MOUCHES.

1. **Muscicapa grisola** L. — Gobe-mouches gris.

Butalis grisola Boie.

Butalis gris.

Aragne, Attrape-mouches.

Bᴇʀᴛ. — *Op. cit.*, p. 58 ; tir. à part, p. 34.
Dᴇɢʟᴀɴᴅ ᴇᴛ Gᴇʀʙᴇ. — *Op. cit.*, t. I, p. 583.
Lᴇᴍᴇᴛᴛᴇɪʟ. — *Op. cit.*, *Insectivores*, p. 159 ; tir. à part,
  t. I, p. 226.
Gᴇɴᴛɪʟ. — *Op. cit.*, *Passereaux*, p. 210 ; tir. à part,
  p. 198.
Dᴜʙᴏɪs. — *Op. cit.* : texte, t. I, p. 174 ; atlas, t. I, pl. 39,
  et pl. II, figs. 39.

Le Gobe-mouches gris habite les lieux boisés, les vergers, les jardins, même ceux des villes, et, d'une façon générale, les endroits où il y a des arbres ; il recherche le voisinage des eaux courantes bordées de Saules, évitant les parties sombres des forêts et des bois et les grandes altitudes. Il est migrateur et vit par couples ou solitaire en dehors de l'élevage des petits. Il émigre au printemps par couples et en automne par familles. Son naturel est vif. Ses mœurs sont diurnes. Son vol est assez rapide, léger et vacillant ; il se montre rarement à terre, où il ne progresse que d'une façon lente et en sautillant. Sa nourriture se compose d'Insectes (principalement de Diptères) ; au besoin, il mange des fruits charnus. La femelle ne fait annuellement qu'une couvée, de quatre à six œufs. La ponte a lieu dans la seconde quinzaine de mai ou la première quinzaine de juin. La durée de l'incubation est de quatorze jours. Cette espèce niche isolément. Le nid est construit sans art avec des matériaux qui diffèrent suivant les lieux où il est fait : tantôt il est composé de mousse, de radicelles sèches et dé brins d'herbes secs, et garni intérieurement de laine, de poils, de crins, de plumes ; tantôt il est construit avec des lichens et des brins d'herbes secs, et tapissé intérieurement de tiges et feuilles sèches de Graminées. Il est placé, dans un endroit habité par l'Homme, sur une poutre de toiture, dans une cavité de mur, sur un espalier, dans le chaume d'un toit, etc., et, dans un endroit inhabité par l'Homme, entre les rameaux d'une tête de Saule, dans un trou d'arbre, sur une branche d'arbre très-près du tronc, dans un buisson, etc. Parfois il niche dans un nid abandonné d'Hirondelle. Souvent il est à la fois placé sur une base solide et appuyé latéralement contre une surface plane, présentant, dans ce cas, la forme d'une demi-coupe.

Toute la Normandie. — De passage régulier : arrive vers la fin d'avril avant la reproduction et repart en septembre. — T.-C.

2. **Muscicapa nigra** Briss. — Gobe-mouches noir.

Emberiza luctuosa Scop.

Motacilla ficedula L.

Muscicapa atricapilla L., *M. luctuosa* Temm., *M. muscipeta* Bchst.

Sylvia ficedula Lath.

Bert. — *Op. cit.*, p. 58 et 59 ; tir. à part, p. 34 et 35.

Degland et Gerbe. — *Op. cit.*, t. I, p. 580.

Lemetteil. — *Op. cit.*, *Insectivores*, p. 160 ; tir. à part, t. I, p. 227.

Gentil. — *Op. cit.*, *Passereaux*, p. 210 ; tir. à part, p. 198.

Dubois. — *Op. cit.* : texte, t. I, p. 168 ; atlas, t. I, pl. 37, et pl. V, figs. 37.

Le Gobe-mouches noir habite, pendant la saison chaude, les bois et les forêts de Chênes et de Hêtres, et va, pendant ses migrations, dans les divers endroits où se trouvent des arbres. Il est migrateur. Il émigre le plus souvent en petites bandes; au printemps, les mâles adultes arrivent ordinairement quelques jours plus tôt que les femelles adultes et les jeunes des deux sexes, et, en automne, repartent les premiers. Son naturel est vif. Ses mœurs sont diurnes. Son vol est rapide, facile et ondulé; à terre, il progresse d'une façon lourde et maladroite. Sa nourriture se compose d'Insectes (principalement de Diptères); il est très-avide de figues et de raisins; au besoin, il mange d'autres fruits charnus. La femelle ne fait annuellement qu'une couvée, de cinq à sept œufs, rarement de huit. La durée de l'incubation est de treize à quinze jours. Cette espèce niche isolément. Le nid est construit sans art avec des brins d'herbes et des radicelles secs, réunis par des toiles d'Araignées ou de Chenilles, et tapissé intérieurement de brins d'herbes secs plus fins, de crins et souvent aussi de plumes; parfois il est construit avec de la mousse et de la laine. Il est placé de préférence dans le trou d'un arbre, dont l'entrée n'est pas trop grande; on le trouve aussi sur la tête d'un Saule ou sur une forte branche d'arbre très-près du tronc; dans ces derniers cas, le nid est mieux construit, mais composé des mêmes matériaux.

Toute la Normandie. — De passage régulier : passe dans la seconde quinzaine d'avril ou la première quinzaine de mai, reste quelquefois pour la reproduction, et revient vers la fin d'août pour repartir en septembre ou octobre. — P. C.

OBSERVAT. — Cette espèce a niché à Étalonde (Seine-Inférieure), en 1882; j'y ai tué trois jeunes. [Louis-Henri BOURGEOIS, renseign. manuscrit, 1888].

3. **Muscicapa collaris** Bchst. — Gobe-mouches à collier.

Muscicapa albicollis Temm., *M. streptophora* Vieill.

BERT. — *Op. cit.*, p. 58 et 59 ; tir. à part, p. 34 et 35.

DEGLAND et GERBE. — *Op. cit.*, t. I, p. 581.

LEMETTEIL. — *Op. cit.*, *Insectivores*, p. 161 ; tir. à part, t. I, p. 228.

DUBOIS. — *Op. cit.* : texte, t. I, p. 171 ; atlas, t. I, pl. 38, et pl. V, figs. 38.

Le Gobe-mouches à collier habite les lieux boisés et se montre aussi dans les vergers, les parcs, etc. Il est migrateur. Il émigre en petites bandes ou isolément. Son naturel est vif. Ses mœurs sont diurnes. Sa nourriture se compose d'Insectes (principalement de Diptères) ; au besoin, il mange des fruits charnus. La femelle ne fait annuellement qu'une couvée, de quatre à six œufs. La durée de l'incubation est d'environ quinze jours. Cette espèce niche isolément. Le nid est construit avec de la mousse et des racines sèches, et tapissé intérieurement de plumes, de laine et de poils ; il est placé dans un trou d'arbre, de préférence dans un grand et vieil arbre d'une forêt, et aussi sur une branche d'arbre.

Toute la Normandie. — De passage accidentel : passe dans la seconde quinzaine d'avril ou la première quinzaine de mai et repasse à la fin d'août ou en septembre. — R.

OBSERVAT. — Je ne sache pas que cette espèce ait niché en Normandie [H. G. de K.].

11ᵉ Famille. *CALAMOHERPIDAE* — CALAMOHERPIDÉS.

1ᵉʳ Genre. *ACROCEPHALUS* — ROUSSEROLLE.

1. **Acrocephalus arundinaceus** Briss. — Rousserolle turdoïde.

Acrocephalus arundinaceus G.-R. Gray, *A. lacustris* Naum.
Arundinaceus turdoides Less.
Calamodyta arundinacea G.-R. Gray.
Calamoherpe turdina Schleg., *C. turdoides* Boie.
Hydrocopsichus turdoides Kaup.
Muscipeta lacustris K.-L. Koch.
Salicaria turdina Schleg., *S. turdoides* J. Gould.
Sylvia turdoides B. Meyer.
Turdus arundinaceus Briss., *T. junco* Pall.

Fauvette rousserolle.

Grosse-rousserolle, Racasse, Rossignol de rivière.

BERT. — *Op. cit.*, p. 63 ; tir. à part, p. 39.
DEGLAND et GERBE. — *Op. cit.*, t. I, p. 515.
LEMETTEIL. — *Op. cit.*, *Insectivores*, p. 166; tir. à part, t. I, p. 233.
GENTIL. — *Op. cit.*, *Passereaux*, p. 195 et 198; tir. à part, p. 183 et 186.
DUBOIS. — *Op. cit.* : texte, t. I, p. 371; atlas, t. I, pl. 87, et pl. IV, figs. 87.

La Rousserolle turdoïde habite les lieux abondamment pourvus de roseaux et de buissons de Saules, dont elle ne s'éloigne que rarement, et ne s'aventure pas dans l'intérieur des bois et des forêts privés d'étangs. Elle est migratrice et sociable. Elle émigre par familles ou isolément. Son naturel est vif et querelleur. Ses mœurs sont diurnes. Sa nourriture se compose d'Insectes et de fruits charnus. La femelle ne fait annuellement qu'une couvée, de quatre ou cinq œufs. La ponte a lieu en juin. La durée de l'incubation est de treize à quinze jours. Cette espèce niche isolément et en société. Le nid, construit fort artistement, arrondi, plus haut que large et à bords rentrants, a des parois épaisses formées de feuilles sèches et de tiges et feuilles d'herbes sèches, d'autant plus petites qu'elles sont plus près de l'intérieur, et de fibres d'écorces, de duvet végétal, de toiles d'Araignées ou de Chenilles, de fils de chanvre, de laine, de crins, etc.; l'intérieur est tapissé de radicelles sèches. Il est, le plus souvent, placé au-dessus de l'eau et appendu à quatre, cinq ou six tiges de roseaux comprises dans ses parois, vers le centre d'une touffe de ces végétaux. Lorsque les tiges de roseaux sont trop écartées l'une de l'autre, l'Oiseau les rapproche aussi près que cela lui est nécessaire. Il est très-rare de voir le nid dans un endroit où s'entre-croisent des tiges de roseaux.

Toute la Normandie. — De passage régulier : arrive du 10 au 30 avril avant la reproduction et repart vers la fin d'août. — P. C.

2. **Acrocephalus streperus** Vieill. — Rousserolle effarvatte.

Acrocephalus arundinaceus Naum., *A. streperus* Newt.
Calamodyta arundinacea G.-R. Gray, *C. strepera* G.-R. Gray.
Calamoherpe arundinacea Boie.
Muscipeta arundinacea K.-L. Koch.
Sylvia affinis Hardy, *S. arundinacea* Lath., *S. strepera* Vieill.

Fauvette effarvatte.
Rousserolle des roseaux, R. effarvatte.

Effarvatte, Petite-rousserolle.

BERT. — *Op. cit.*, p. 63 ; tir. à part, p. 39.

DEGLAND et GERBE. — *Op. cit.*, t. I, p. 516.

LEMETTEIL. — *Op. cit.*, *Insectivores*, p. 168 ; tir. à part, t. I, p. 235.

GENTIL. — *Op. cit.*, *Passereaux*, p. 195 et 198 ; tir. à part, p. 183 et 186.

DUBOIS. — *Op. cit.* : texte, t. I, p. 376 ; atlas, t. I, pl. 88, pl. II, fig. 88, et pl. XVII, fig. 79[b].

La Rousserolle effarvatte habite les roseaux, les buissons et les touffes de végétaux herbacés qui croissent près des marais, des étangs, des lacs, des cours d'eau ; on la voit parfois dans les jardins de campagne situés au bord de l'eau. Elle est migratrice et peu sociable. Elle émigre isolément au printemps, et d'ordinaire par familles en automne. Son naturel est vif et querelleur. Ses mœurs sont diurnes. Son vol est assez rapide, irrégulier et peu élevé ; elle ne se montre pas sur le sol. Sa nourriture se compose d'Insectes, d'Araignées et de fruits charnus. La femelle ne fait annuellement qu'une couvée, de quatre à six œufs. La ponte a lieu dans la dernière huitaine de mai ou la première quinzaine de juin. La durée de l'incubation est de treize ou quatorze jours. Cette espèce niche volontiers en société. Le nid est en forme de coupe, avec les bords rentrants, plus haut que large, élégant et solide. Il est artistement construit avec des brins d'herbes secs et des fibres végétales entremêlés parfois de toiles d'Araignées ou de Chenilles et de duvet végétal, et tapissé intérieurement de brins d'herbes fins et secs. Ce nid est généralement suspendu au-dessus de l'eau, entre quatre ou cinq tiges de roseaux comprises dans ses parois ; on le trouve aussi parmi de grandes plantes aquatiques ; quelquefois il est suspendu à une branche de Saule penchée au-dessus de l'eau, et n'est alors souvent fixé que d'un seul côté ; rarement il est placé dans une haie ou un buisson situé dans le voisinage de l'eau, et généralement, dans ce dernier cas, il est construit avec moins de solidité. Cette espèce niche dans les marais, au bord des étangs, près d'un cours d'eau, et, d'une façon exceptionnelle, au bord de l'eau dans un jardin de campagne.

Toute la Normandie. — De passage régulier : arrive du 10 au 30 avril avant la reproduction et repart vers la fin d'août. — T.-C.

NOTE. — J. Hardy mentionne (*Op. cit.*, p. 284) deux espèces de Rousserolles effarvattes, sous les noms de Bec-fin effarvatte de roseaux (*Sylvia arundinacea* Lath.) et Bec-fin effarvatte à large bec. « Nous avons ici, dit-il (*loc. cit.*), deux Oiseaux bien distincts, confondus sous le nom d'*Effarvatte*. L'un, qui est bien l'Effarvatte de Temminck (*Manuel*, 2° édit., p. 191), passe en automne, au moins ne l'ai-je point encore observée au printemps. L'autre nous arrive vers la mi-mai pour nicher, et repart fin août. Elle ressemble tout à fait à la première, quant au plumage, mais son bec, large et plat, a tous les caractères de celui de la Verderolle (Temminck, p. 192), Oiseau rare que je n'ai rencontré qu'une seule fois, et avec lequel il ne faut pas la confondre. Son babil est assez désagréable. Si ce n'est point le *Sylvia strepera* de Vieillot, on pourrait l'appeler *Effarvatte à large bec.* »

« L'existence de deux races d'Effarvattes, indiquées par M. Hardy, disent C.-D. Degland et Z. Gerbe (*Op. cit.*, t. I, p. 517), ne nous paraît pas suffisamment justifiée pour être admise. Les recherches que nous avons faites à ce sujet et l'examen d'un grand nombre d'Effarvattes, reçues de différentes localités, tendent à prouver que les sujets à bec étroit sont des jeunes et ceux à large bec des adultes. C'est ce qui explique pourquoi les premiers n'ont été observés, par notre ami, qu'en automne, et les derniers, de la mi-mai[1] à la fin d'août ».

3. **Acrocephalus palustris** Bchst. — Rousserolle verderolle.

Acrocephalus palustris Naum.
Calamodyta palustris G.-R. Gray.
Calamoherpe palustris Boie.

1. C'est par suite d'une erreur qu'il y a *mi-mars* dans le texte.

Salicaria palustris J. Gould.
Sylvia palustris Bchst.

Rousserolle des marais, R. verderolle.

Verderolle.

Degland et Gerbe. — *Op. cit.*, t. I, p. 518.

Lemetteil. — *Op. cit.*, *Insectivores*, p. 169 ; tir. à part,
t. I, p. 236.

Dubois. — *Op. cit.* : texte, t. I, p. 379 ; atlas, t. I, pl. 89,
et pl. XVI, figs. 82,1.

La Rousserolle verderolle habite les buissons situés au
bord des marais, des étangs et des cours d'eau, les haies,
les jardins des campagnes, les champs de colza, de céréales,
les oseraies, les prairies, etc. ; elle ne va que rarement dans
les roseaux des endroits marécageux et ne visite pas ceux
qui croissent dans l'eau. Elle est migratrice. Son naturel
est vif et querelleur. Ses mœurs sont diurnes. Sa nourriture se compose d'Insectes (principalement de Diptères),
d'Araignées et de fruits charnus. La femelle ne fait annuellement qu'une couvée, de quatre à six œufs. La ponte a
lieu dans la seconde quinzaine de mai ou la première quinzaine de juin. La durée de l'incubation est de treize jours.
Cette espèce niche isolément. Le nid, peu solide, est artistement construit avec des brins d'herbes secs et des fibres
végétales souvent entremêlés de toiles d'Araignées ou de
Chenilles, de fleurs de Saules, de duvet végétal, et garni
intérieurement de fines tiges et feuilles sèches de Graminées, parfois mélangées à des crins. Il est placé dans un
buisson, sur une branche basse d'arbre, dans un champ de
seigle ou de chanvre, dans une touffe d'herbe d'une prairie,
rarement dans les roseaux, et encore faut-il qu'ils ne soient
pas dans l'eau.

Seine-Inférieure :

Espèce mentionnée, sans aucune indication géonémique, comme n'ayant encore été observée qu'une
fois dans la Seine-Inférieure. [J. HARDY. — *Op. cit.*,
p. 285].

Dieppe, individu mâle, 30 juin 1838. [Josse HARDY.
— *Manusc. cit.*, p. 66].

« Cette espèce est aussi rare dans notre département, que l'Effarvatte y est commune. Nous ne l'y
avons jamais rencontrée, quoi qu'elle s'y montre de
temps en temps ; mais l'habitude qu'ont ces Oiseaux
de se dérober aux regards rend assez difficile la dis-
tinction des espèces, et peut, dans bien des cas, les
faire passer inaperçus ». [E. LEMETTEIL. — *Op. cit.*,
Insectivores, p. 170 ; tir. à part, t. I, p. 237].

Un individu a été tué à Saint-Georges-de-Graven-
chon, commune de Notre-Dame-de-Gravenchon, en
1887, par E. Lemetteil. [E. LEMETTEIL, renseign. manuscrit, 1888]. [Collection de E. LEMETTEIL, à Bolbec
(Seine-Inférieure)].

Calvados :

« Peu commune ». [LE SAUVAGE. — *Op. cit.*,
p. 183].

OBSERVATION.

Aedon galactodes Temm. (Agrobate rubigineux).

Noury mentionne cette espèce (*Op. cit.*, p. 90), sans
aucune indication géonémique, comme venant en Normandie pour le temps de la reproduction. Je n'ose pas, d'après
ce vague renseignement, le seul que je connaisse à cet égard,
inscrire l'*Aedon galactodes* Temm. dans la liste des
Oiseaux venus d'une façon naturelle en Normandie.

E. Lemetteil dit (*Op. cit.*, *Insectivores*, p. 170 ; tir. à part, t. I, p. 237), à propos de cette espèce, qu'il ne l'a jamais observée par lui-même et que pas une des personnes auxquelles il s'est renseigné ne l'a rencontrée dans la Seine-Inférieure. « Cependant, dit-il (*loc. cit.*), nous n'avons point la prétention d'avoir tout vu ni tout appris ; et cet Oiseau ayant été porté sur le Catalogue de M. Noury, nous avons cru devoir le décrire, en faisant nos réserves et en laissant à notre honorable Collègue le mérite et la responsabilité de sa découverte.

« Nous pensons néanmoins que c'est par erreur de signe conventionnel que M. Noury a indiqué l'espèce comme venant régulièrement se reproduire dans notre Normandie. Si nous considérons comme possible une apparition rare, isolée et accidentelle, nous ne pouvons admettre que l'Oiseau revienne périodiquement dans nos localités. Cela soit dit, non pour contester les connaissances ornithologiques de notre savant Collègue, mais uniquement dans l'intérêt de la vérité ».

2ᵉ Genre. *CALAMODYTA* — PHRAGMITE.

1. **Calamodyta schoenobaenus** L. — Phragmite des joncs.

Acrocephalus phragmitis Naum., *A. schoenobaenus* Newt.
Calamodus phragmitis Kaup.
Calamodyta phragmitis M. et W., *C. schoenobaenus* G.-R. Gray.
Calamoherpe phragmitis Boie, *C. schoenobaenus* Brehm.
Motacilla schoenobaenus L.
Muscipeta phragmitis K.-L. Koch.
Sylvia phragmitis Bchst., *S. salicaria* Lath., *S. schoenobaenus* Lath.

Fauvette des joncs, F. phragmite.
Rousserolle phragmite.

Bert. — *Op. cit.*, p. 63 ; tir. à part, p. 39.

Degland et Gerbe. — *Op. cit.*, t. I, p. 533.

Lemetteil. — *Op. cit.*, *Insectivores*, p. 175 ; tir. à part, t. I, p. 242.

Gentil. — *Op. cit.*, *Passereaux*, p. 195 et 199 ; tir. à part, p. 183 et 187.

Dubois. — *Op. cit.* : texte, t. I, p. 383 ; atlas, t. I, pl. 92, et pl. XVI, figs. 82,2.

La Phragmite des joncs habite les buissons, les végétaux herbacés, les champs de céréales, de colza, etc., qui, les uns et les autres, se trouvent dans le voisinage de l'eau, n'allant pas dans les forêts et bois secs. Elle est migratrice. Elle émigre par familles en automne. Ses mœurs sont diurnes. Son vol est très-irrégulier ; tantôt elle décrit une ligne sinueuse et ondulée, tantôt elle progresse en voletant ; elle vole généralement en rasant la surface du sol ou de l'eau ; pendant ses migrations, elle s'élève à une assez grande hauteur ; elle aime à courir sur la terre humide entre les plantes basses et les broussailles. Sa nourriture se compose d'Insectes et d'Araignées ; au besoin, elle mange des fruits charnus. La femelle ne fait annuellement qu'une couvée, de quatre ou cinq œufs, rarement de six. La ponte a lieu en juin. La durée de l'incubation est de treize jours. Cette espèce niche isolément. Le nid, peu profond et à parois épaisses, est construit, solidement mais peu soigneusement, avec des tiges et feuilles sèches de Graminées, des radicelles sèches, et parfois de la mousse, et garni intérieurement de brins d'herbes fins et secs, de plumes, de crins, de laine et de duvet végétal. Il est suspendu dans une touffe de plantes herbacées, le plus souvent dans un endroit marécageux et fourré ; quelquefois il est placé sur un Saule ou dans un buisson.

Toute la Normandie. — De passage régulier : arrive dans la seconde quinzaine de mars ou la première dizaine d'avril avant la reproduction et repart vers la fin de septembre. — T.-C.

2. **Calamodyta aquatica** Gm. — Phragmite aquatique.

Acrocephalus aquaticus Newt., *A. salicarius* Naum.
Calamodyta aquatica Kaup, *C. cariceti* Bp., *C. schoenobaenus* Bp.
Calamoherpe aquatica Boie, *C. cariceti* Boie.
Motacilla aquatica Gm.
Muscipeta salicaria K.-L. Koch.
Salicaria aquatica J. Gould.
Sylvia aquatica Lath., *S. cariceti* Naum., *S. paludicola* Vieill., *S. salicaria* Bchst., *S. striata* Brehm.

Fauvette aquatique, F. des marais.
Rousserolle aquatique.

Petit-bœuf.

Degland et Gerbe. — *Op. cit.*, t. I, p. 535.
Lemetteil. — *Op. cit.*, *Insectivores*, p. 176; tir. à part, t. I, p. 243.
Gentil. — *Op. cit.*, *Passereaux*, p. 195 et 200; tir. à part, p. 183 et 188.
Dubois. — *Op. cit.* : texte, t. I, p. 386; atlas, t. I, pl. 93, et pl. X, figs. 83.

La Phragmite aquatique habite les lieux marécageux découverts où se trouvent des plantes herbacées touffues, les buissons au bord de l'eau, et même les champs cultivés et les vignobles situés, les uns et les autres, à proximité d'un étang ou d'un marais. Elle est migratrice et sédentaire. Ses mœurs sont diurnes. Son vol est généralement très-près ou au ras du sol et de l'eau; à terre, elle progresse en marchant ou en courant. Sa nourriture se compose d'Insectes et de fruits charnus. La femelle ne fait annuellement qu'une couvée, de quatre à six œufs. La ponte a lieu dans la seconde quinzaine de mai ou la première dizaine de juin. La durée de l'incubation est de treize jours. Cette espèce niche isolément. Le nid est construit surtout avec des brins d'herbes secs et souvent garni intérieurement de radicelles sèches, de fibres et de feuilles de roseaux, et parfois de crins. Il est placé dans un buisson situé au bord de l'eau, ou dans une touffe de plantes herbacées d'un marais, du bord d'un étang ou d'un fossé inondé, etc.

Toute la Normandie. — De passage régulier : arrive en avril avant la reproduction et repart en octobre ou au commencement de novembre. — P. C.

3ᵉ Genre. *LOCUSTELLA* — LOCUSTELLE.

1. **Locustella naevia** Bodd. — Locustelle tachetée.

Acrocephalus fluviatilis Naum., *A. naevius* Newt.
Calamodyta locustella G.-R. Gray.
Calamoherpe locustella Boie, *C. tenuirostris* Brehm.
Locustella avicula Ray, *L. locustella* Kaup, *L. naevia*
    Degl., *L. Rayi* J. Gould, *L. sibilans* J. Gould.
Motacilla naevia Bodd.
Muscipeta locustella K.-L. Koch, *M. olivacea* K.-L. Koch.
Sylvia locustella Lath.

Fauvette locustelle.
Rousserolle locustelle.

Crécelle, Criquet, Longue-haleine, Oiseau-grillon, Rémou-
    leur.

Bert. — *Op. cit.*, p. 63 ; tir. à part, p. 39.
Degland et Gerbe. — *Op. cit.*, t. I, p. 529.
Lemetteil. — *Op. cit.*, *Insectivores*, p. 180 ; tir. à part,
    t. I, p. 247.

GENTIL. — *Op. cit.*, *Passereaux*, p. 195 et 199 ; tir. à part,
p. 183 et 187.

DUBOIS. — *Op. cit.* : texte, t. I, p. 393 ; atlas, t. I, pl. 91, et
pl. X, figs. 79.

La Locustelle tachetée habite les lieux découverts et boisés secs et humides où se trouve une végétation touffue et
basse, et se montre même dans les grands jardins de campagne qui renferment des touffes de plantes sauvages et des
haies épineuses, surtout si un étang ou un marais existe
dans le voisinage ; on ne la voit pas dans les montagnes. Elle
est migratrice. Elle émigre, en automne, isolément ou par
familles. Son naturel est vif. Ses mœurs sont diurnes. Son
vol est rapide ; elle vole en décrivant une ligne légèrement
ondulée, ordinairement au ras du sol et de l'eau ; elle aime
à courir sur la terre ; elle marche d'une façon lente, légère et
gracieuse ; en marchant, elle a un petit tremblement de tout
le corps, comme si ses pattes ne pouvaient la soutenir. Sa
nourriture se compose d'Insectes. La femelle fait, quand la
saison est favorable, deux couvées par an, de trois à six
œufs. La ponte de la première couvée a lieu en mai et celle
de la seconde dans la dernière huitaine de juin ou la première quinzaine de juillet. La durée de l'incubation est de
treize ou quatorze jours. Cette espèce niche isolément. Le
nid est construit sans art avec des tiges et feuilles sèches
de Graminées réunies par des toiles d'Araignées ou de Chenilles ou du duvet végétal, et garni intérieurement de plus
fines tiges et feuilles sèches de Graminées ; parfois il est
construit avec de la mousse et des tiges et feuilles sèches
de Graminées, réunies par des fibres végétales, le tout formant une masse assez compacte, et tapissé, à l'intérieur, de
racines sèches et de crins. Le nid est suspendu très-près du
sol, entre les rameaux d'un buisson épineux, au milieu des
roseaux, dans une touffe d'herbe, entre les racines d'un
Saule, etc. ; parfois il est simplement établi dans un creux
du sol au pied d'une touffe d'herbe, d'un buisson, etc.

Toute la Normandie. — De passage régulier : arrive vers la fin d'avril avant la reproduction et repart en septembre. — P. C.

4ᵉ Genre. *ANORTHURA* — ANORTHURE.

1. **Anorthura troglodytes** L. — Anorthure troglodyte.

Anorthura communis Renn., *A. troglodytes* Macg.
Motacilla troglodytes L.
Sylvia troglodytes Scop.
Troglodytes communis J. Gould, *T. europaeus* Leach, *T. parvulus* K.-L. Koch, *T. punctatus* Boie, *T. regulus* B. Meyer, *T. troglodytes* Schleg., *T. vulgaris* Flem.

Troglodyte commun, T. d'Europe, T. mignon, T. ordinaire, T. vulgaire.

Berruchet, Beruchet, Bête au bon Dieu, Birou, Crac-jan, Oiseau de Dieu, Petite poulette au bon Dieu, Poule au bon Dieu, Poulette au bon Dieu, Poulette au bon Gieu, Poulette du bon Dieu, Rat-catin, Rebelette, Rebet, Rebetin, Rébétin, Rebetre, Rebetrin, Rébétrin, Rebette, Rébette, Rébettin, Reblet, Reblot, Réblot, Reitelet, Repepin, Répéquet, Riboudin, Riqueu, Riqueux, Riquieu, Riquiqui, Ritelet, Rocatin, Roitelet.

BERT. — *Op. cit.*, p. 65 ; tir. à part, p. 41.
DEGLAND et GERBE. — *Op. cit.*, t. I, p. 540.
LEMETTEIL. — *Op. cit.*, *Insectivores*, p. 184 ; tir. à part, t. I, p. 251.
GENTIL. — *Op. cit.*, *Passereaux*, p. 201 ; tir. à part, p. 189.
DUBOIS. — *Op. cit.* : texte, t. I, p. 398 ; atlas, t. I, pl. 91, et pl. III, fig. 94.

L'Anorthure troglodyte habite les lieux boisés, principalement ceux qui sont formés d'essences diverses ; il se plaît dans tous les endroits où il trouve des buissons ou des haies, fréquente les jardins des campagnes, et niche même parfois dans ceux des villes. Il est sédentaire; les jeunes errent pendant peu de temps au cours de la saison froide. Il est peu sociable. Son naturel est vif et querelleur. Ses mœurs sont diurnes. Son vol est ordinairement au ras du sol et en ligne droite; lorsqu'il doit franchir un grand espace, il décrit une ligne ondulée, sans jamais monter bien haut; pendant ses errations, il s'élève un peu; à terre, il court ou sautille. Sa nourriture se compose d'Insectes, d'Araignées, d'œufs d'Insectes et d'Araignées, et de fruits charnus. La femelle ne fait habituellement qu'une couvée par an, de cinq à huit œufs. La ponte de la couvée normale a lieu dans les deux derniers tiers d'avril ou les deux premiers tiers de mai. La durée de l'incubation est de treize jours. Cette espèce niche isolément. Le nid, d'ordinaire subsphérique, et à entrée supéro-latérale, ronde et petite, est construit artistement avec des matériaux variant selon les endroits où se trouve l'Oiseau, le plus souvent avec de la mousse et des tiges et feuilles sèches de Graminées, la mousse dominant ordinairement, et garni, à l'intérieur, de plumes, de poils, de laine, de crins; il est placé dans des endroits très-différents : sur un arbre, dans un buisson, dans le chaume d'un toit, dans un tas de bois, dans une cavité de mur, entre des racines d'arbre, dans un trou d'arbre, sous un pont, dans un nid abandonné d'Oiseau, etc.

Toute la Normandie. — Sédentaire, et errant (les jeunes seulement). — T.-C.

12ᵉ Famille. *SYLVIIDAE* — SYLVIIDÉS.

1ᵉʳ Genre. *HYPOLAIS* — HYPOLAÏS.

1. **Hypolais polyglotta** Vieill. — Hypolaïs polyglotte.

Ficedula icterina Keys. et Bl., *F. polyglotta* Schleg.

Hypolais polyglotta Z. Gerbe.

Sylvia hypolais Savi, *S. polyglotta* Vieill.

Fauvette à poitrine jaune.

Hypolaïs lusciniole.

Chantre, Fauvette jaune, Grand-pouillot, Lusciniole, Polyglotte, Rosette.

BERT. — *Op. cit.*, p. 63 ; tir. à part, p. 39.

DEGLAND et GERBE. — *Op. cit.*, t. I, p. 502.

LEMETTEIL. — *Op. cit.*, *Insectivores*, p. 188 ; tir. à part, t. I,
p. 255.

DUBOIS. — *Op. cit.* : texte, t. I, p. 368 ; atlas, t. I, pl. 86,
et pl. XVII, figs. 78[a].

L'Hypolaïs polyglotte habite les lieux boisés, les haies,
les vignobles, les vergers, les jardins. Elle est migratrice et
vit solitaire la plus grande partie de l'année. Son naturel est
vif et très-querelleur. Ses mœurs sont diurnes. Sa nourriture se compose d'Insectes, d'Araignées et de fruits charnus.
La femelle ne fait annuellement qu'une couvée, de quatre ou
cinq œufs. Cette espèce niche isolément. Le nid, en forme
de coupe profonde, est artistement construit avec des tiges
et feuilles sèches de Graminées et de la laine, réunies par des
toiles d'Araignées ou de Chenilles, et garni, à l'intérieur,
de duvet végétal, de fines tiges et feuilles sèches de Graminées, de crins, etc. Il est placé sur un arbuste, dans un
buisson, une grande plante herbacée, une haie, sur une
branche basse d'un arbre.

Toute la Normandie. — De passage régulier : arrive
vers le commencement de mai avant la reproduction et repart
vers la fin d'août. — A. C.

2. **Hypolais icterina** Vieill. — Hypolaïs contrefaisant.

Ficedula hypolais Keys. et Bl.
Hypolais hypolais Kaup, *H. icterina* Z. Gerbe, *H. sali-
caria* Bp.
Motacilla hypolais L.
Muscipeta hypolais K.-L. Koch.
Phyllopneuste hypolais Schleg.
Sylvia hypolais Bchst., *S. icterina* Vieill.

Hypolaïs des saules, H. ictérine.

Contrefaisant.

BERT. — *Op. cit.*, p. 63; tir. à part, p. 39.
DEGLAND et GERBE. — *Op. cit.*, t. I, p. 498.
LEMETTEIL. — *Op. cit., Insectivores*, p. 189; tir. à part, t. I,
p. 256.
DUBOIS. — *Op. cit.* : texte, t. I, p. 364; atlas, t. I, pl. 85,
pl. II, fig. 85, et pl. XVII, figs. 78.

L'Hypolaïs contrefaisant habite les endroits où il y a des
taillis et des buissons, de préférence quand ils sont situés
dans le voisinage de l'eau, les lisières des bois et des forêts,
les vergers entourés de haies, les jardins des campagnes, et
vient même dans les jardins au centre des villes ; elle évite
les forêts et bois de Conifères et les montagnes. Elle est
migratrice et peu sociable. Elle émigre par familles en été.
Son naturel est vif et querelleur. Ses mœurs sont diurnes.
Son vol est rapide, facile, irrégulier et saccadé; en volant elle
fait de très-brusques crochets; elle ne descend que rarement
à terre, où elle se montre assez maladroite. Sa nourriture se
compose d'Insectes, d'Araignées et de fruits charnus. La
femelle ne fait annuellement qu'une couvée, de quatre à six
œufs. La ponte a lieu dans la seconde quinzaine de mai ou
la première quinzaine de juin. La durée de l'incubation est
de treize jours. Cette espèce niche isolément. Le nid, en

27

forme de coupe profonde et à parois épaisses, est construit
très-artistement avec des bûchettes, des feuilles sèches, des
tiges et feuilles sèches de Graminées, des fibres et du duvet
de végétaux, etc., réunis par des toiles d'Araignées ou de
Chenilles et formant une masse compacte, et garni intérieurement de fines bûchettes et parfois aussi de poils, de laine,
de plumes, de crins. Il est solidement fixé dans un buisson
épais, bien rarement dans un buisson épineux, ou sur un
jeune arbre, dans un taillis, un bosquet, un jardin, etc.

Toute la Normandie. — De passage régulier : arrive
dans la première quinzaine de mai avant la reproduction et
repart vers la fin d'août. — A. R.

<h2 style="text-align:center">2ᵉ Genre. PHYLLOSCOPUS — POUILLOT.</h2>

1. **Phylloscopus sibilatrix** Bchst. — Pouillot siffleur.

Ficedula sibilatrix K.-L. Koch.
Motacilla sibilatrix Bchst.
Phyllopneuste sibilatrix Brehm, *P. sylvicola* Brehm.
Phylloscopus sibilatrix Blyth.
Sibilatrix sibilatrix Kaup, *S. sylvicola* Kaup.
Sylvia sibilatrix Bchst., *S. sylvicola* Mont.
Sylvicola sibilatrix Eyton.

Pouillot sylvicole.

Tute.

Bert. — *Op. cit.*, p. 64 et 65 ; tir. à part, p. 40 et 41.
Degland et Gerbe. — *Op. cit.*, t. I, p. 548.
Lemetteil. — *Op. cit.*, *Insectivores,* p. 193 ; tir. à part, t. I,
p. 260.
Gentil. — *Op. cit.*, *Passereaux*, p. 201 et 202 ; tir. à
part, p. 189 et 190.
Dubois. — *Op. cit.* : texte, t. I, p. 411 ; atlas, t. I, pl. 97,
et pl. XVII, figs. 77.

Le Pouillot siffleur habite les forêts et les bois, préférant ceux qui sont composés d'essences diverses et possèdent des Conifères en abondance ; pendant ses migrations, il va aussi dans les bosquets, dans les roseaux des marais et des étangs situés à proximité de lieux boisés, dans les jardins des campagnes, et même dans les champs de fèves, de navets, de carottes, etc. Il est migrateur. Son naturel est vif et querelleur. Ses mœurs sont diurnes. Son vol est rapide, sinueux et saccadé ; dans le voisinage du nid, il vole d'une façon incertaine, pouvant faire croire qu'il est dans une inquiétude continuelle ; il ne se montre que rarement à terre, où il sautille avec assez de difficulté. Sa nourriture se compose d'Insectes (par préférence de Diptères) et d'Araignées ; au besoin, il mange des fruits charnus. La femelle ne fait annuellement qu'une couvée, de cinq à sept œufs. La ponte a lieu dans la seconde quinzaine d'avril ou la première quinzaine de mai. La durée de l'incubation est de treize jours. Cette espèce niche isolément. Le nid, dont l'entrée est située latéralement, est construit d'une façon assez élégante mais peu solide, avec des tiges et feuilles sèches de Graminées, de la mousse et des feuilles sèches, et garni intérieurement de plus fines tiges et feuilles sèches de Graminées et parfois de crins, de plumes, etc. Il est généralement placé à terre ou très-près du sol, entre des racines d'arbre, dans une touffe d'herbe, de bruyère, dans la mousse, etc., ordinairement dans un endroit sombre d'une forêt ou d'un bois et où des Conifères se trouvent en abondance.

Toute la Normandie. — De passage régulier : arrive en avril avant la reproduction et repart vers le commencement de septembre. — C.

2. **Phylloscopus trochilus** L. — Pouillot fitis.

Ficedula fitis K.-L. Koch.
Motacilla fitis Bchst., *M. trochilus* L.

Phyllopneuste fitis M. et W., *P. trochilus* Brehm.
Phylloscopus trochilus Boie.
Sylvia fitis Bchst., *S. flaviventris* Vieill., *S. trochilus*
   Scop.
Sylvicola trochilus Eyton.

Frétillet.

Bert. — *Op. cit.*, p. 64 ; tir. à part, p. 40.
Degland et Gerbe. — *Op. cit.*, t. I, p. 545.
Lemetteil. — *Op. cit.*, *Insectivores*, p. 194 ; tir. à part,
   t. I, p. 261.
Gentil. — *Op. cit.*, *Passereaux*, p. 201 et 202; tir. à part,
   p. 189 et 190.
Dubois. — *Op. cit.* : texte, t. I, p. 404 ; atlas, t. I, pl. 95,
   fig. 1 et 1ᵇ, et pl. XV, fig. 76ᵃ,².

Le Pouillot fitis habite les forêts et les bois, recherchant
surtout ceux où des Conifères sont mélangés à diverses
autres essences, et aime le voisinage de l'eau ; on le voit
aussi dans les parcs, les jardins des campagnes, les haies,
les vergers, etc. ; en automne, il visite souvent les champs
de pommes de terre, de maïs, de fèves, de carottes, etc.,
ainsi que les roseaux et les joncs. Il est migrateur et
sédentaire. Il émigre isolément ou par familles ; au printemps les mâles arrivent avant les femelles et repartent
après elles. Son naturel est vif et querelleur. Ses mœurs sont
diurnes. Quand il franchit un grand espace, il vole en
décrivant une ligne irrégulière, ondulée et à courbes
plus ou moins étendues. Sa nourriture se compose d'Insectes
(principalement de Diptères et d'Hyménoptères) et d'Araignées;
au besoin, il mange des fruits charnus. La femelle fait
deux couvées par an : la première de cinq à sept œufs et la
seconde moins nombreuse. La ponte de la première couvée
a lieu dans la seconde quinzaine d'avril ou la première
quinzaine de mai, et celle de la deuxième dans la seconde
quinzaine de juin ou la première quinzaine de juillet. La

durée de l'incubation est de treize jours. Cette espèce niche isolément. Le nid, ovoïdo-allongé, pyriforme ou globuleux, à parois épaisses et à entrée latérale et arrondie, est construit avec de la mousse, des feuilles sèches et des tiges et feuilles sèches de Graminées, et tapissé intérieurement de crins, de laine et de plumes. Il est placé dans une cavité du sol, ordinairement au pied d'une touffe de plantes herbacées ou d'un buisson, entre des racines d'arbre, dans la mousse, etc., ou près du sol.

Toute la Normandie. — De passage régulier : arrive vers la fin de mars avant la reproduction et repart en septembre ou octobre. — T.-C.

NOTE :

Il faut certainement rapporter au *Phylloscopus trochilus* L. l'Oiseau ainsi désigné par Le Sauvage (*Op. cit.*, p. 184) : « *Sylvia flaviventris* Vieill. (Bec-fin pouillot à ventre jaune)....... L'individu que je possède a été tué à Mouen sur les bords de l'Odon. Ses dimensions sont plus fortes que celles du *Trochilus* ». Je rappellerai, à ce sujet, que les Pouillots varient beaucoup sous le rapport de la coloration, de la taille, des dimensions du bec, de la longueur des pennes des ailes et de la queue, etc. [H. G. de K.].

Il faut presque certainement rapporter à l'espèce en question les trois Oiseaux suivants :

1º Oiseau mentionné sous le nom de *Sylvia flaveola* Vieill. (Bec-fin pouillot à ventre jaune), sans aucune indication géonémique, comme ayant été observé plus d'une fois dans la Seine-Inférieure. [J. HARDY. — *Op. cit.*, p. 285].

2º Oiseau mentionné sous le nom de *Sylvia flaveola* Vieill. (Bec-fin pouillot à ventre jaune), sans aucune indication géonémique, comme ayant été observé dans la Manche. [Emmanuel CANIVET. — *Op. cit.*, p. 12].

3º Oiseau mentionné sous le nom de *Phyllopneuste flaveola* Vieill. (Pouillot à ventre jaune), comme ayant été tué près de Saint-Lô. [J. LE MENNICIER. — *Op. cit.*, p. 21].

3. **Phylloscopus rufus** Bchst. — Pouillot véloce.

Ficedula rufa K.-L. Koch.
Motacilla lotharingica Bchst., *M. rufa* Bchst.
Phylloscopus collybita Newt., *P. rufus* Kaup.
Phyllopneuste rufa Brehm.
Sylvia collybita Vieill., *S. rufa* Lath.
Sylvicola rufa Eyton.

Tuît.

Bert. — *Op. cit.*, p. 64 et 65; tir. à part, p. 40 et 41.
Degland et Gerbe. — *Op. cit.*, t. I, p. 546.
Lemetteil. — *Op. cit.*, *Insectivores*, p. 196; tir. à part, t. I, p. 263.
Gentil. — *Op. cit.*, *Passereaux*, p. 202; tir. à part, p. 190.
Dubois. — *Op. cit.* : texte, t. I, p. 407; atlas, t. I, pl. 95, fig. 2, pl. 96, et pl. V, figs. 96.

Le Pouillot véloce habite les taillis des bois et des forêts, préférant ceux où des Conifères se trouvent parmi des arbres d'autres essences, et ne se montre que rarement dans les futaies; pendant ses migrations, on le voit aussi dans les jardins des campagnes, dans les lieux découverts garnis de quelques arbres ou bordés de buissons, etc. Il est migrateur et sédentaire. Il émigre, en automne, par familles ou isolément. Son naturel est vif et querelleur. Ses mœurs sont diurnes. Son vol est rapide; quand l'Oiseau franchit un grand espace découvert, son vol présente des ondulations plus ou moins étendues. Sa nourriture se compose d'Insectes et d'Araignées; au besoin, il mange des fruits charnus. La femelle fait deux couvées par an, la première de cinq à sept œufs. La ponte de la première couvée a lieu dans la seconde quinzaine d'avril ou la première quinzaine de mai, et celle de la seconde en juillet. La durée de l'incubation est de treize jours. Cette espèce niche isolément. Le nid, subglobuleux et à entrée latérale, est construit avec des tiges tendres et sèches, des brins d'herbes secs, de la mousse et des feuilles sèches, et garni intérieurement de duvet végétal, de poils et de plumes. Il est placé sur le sol entre des racines d'arbre, dans la mousse, dans une touffe d'herbe, au pied d'une haie, ou dans un buisson à une hauteur très-petite, etc.

Toute la Normandie. — De passage régulier : arrive en février avant la reproduction et repart vers la fin d'octobre. — T.-C.

OBSERVAT. — Très-probablement, quand la saison froide est douce, un petit nombre reste toute l'année en Normandie. [H. G. de K.].

OBSERVATION.

Phylloscopus Bonellii Vieill. (Pouillot de Bonelli).

Bien qu'il soit fort probable que cette espèce vienne accidentellement dans la Normandie, car elle a été trouvée dans le département de Maine-et-Loire, les environs de Paris et les environs d'Abbeville (DEGLAND et GERBE. — *Op. cit.*, t. I, p. 550), je n'ose pas l'inscrire dans la liste des Oiseaux venus d'une façon naturelle en Normandie, ne connaissant que le renseignement suivant, qui émane de E. Lemetteil : « Nous avons abattu il y a quelques années, dit-il (*Op. cit., Insectivores*, p. 198 ; tir. à part, t. I, p. 265), un Pouillot que nous considérons comme le Bonelli, et dont la description concorde, sous tous les rapports, avec celle que nous donnons plus haut. Un seul point s'oppose à notre conviction, c'est la disposition des rémiges ». Et cet auteur fait suivre d'un point de doute le nom de l'espèce en question. Encore un sujet d'ornithologie normande qu'il est nécessaire d'étudier d'une façon approfondie.

3ᵉ Genre. *SYLVIA* — FAUVETTE.

1. **Sylvia atricapilla** L. — Fauvette à tête noire.

Curruca atricapilla K.-L. Koch.
Monachus atricapillus Kaup.
Motacilla atricapilla L.
Sylvia atricapilla Scop., *S. ruficapilla* Naum.

Bert. — *Op. cit.*, p. 64, et pl. I, fig. 21 ; tir. à part, p. 40, et même fig.
Degland et Gerbe. — *Op. cit.*, t. I, p. 473.
Lemetteil. — *Op. cit.*, *Insectivores*, p. 203 ; tir. à part, t. I, p. 270.
Gentil. — *Op. cit.*, *Passereaux*, p. 195 ; tir. à part, p. 183.
Dubois. — *Op. cit.* : texte, t. I, p. 351 ; atlas, t. I, pl. 81, et pl. III, figs. 81.

La Fauvette à tête noire habite les forêts et les bois, recherchant surtout leurs clairières et leurs lisières, les buissons, les bouquets d'arbres, les haies touffues bordant les lieux découverts ; elle se montre aussi dans les vergers, dans les jardins des campagnes et même dans ceux des villes, mais ne va que rarement dans les endroits sombres des forêts et des bois. Elle est migratrice et sédentaire. Elle émigre isolément ; toutefois, en automne, on la voit souvent émigrer par couples ou par familles. Son naturel est vif. Ses mœurs sont diurnes. Son vol est rapide et direct ; elle ne descend que rarement à terre, où elle ne se meut pas facilement. Sa nourriture se compose d'Insectes, d'Araignées et de fruits charnus. La femelle fait deux couvées par an, la première de quatre à six œufs. La ponte de la première couvée a lieu en mai et celle de la seconde dans la dernière huitaine de juin ou en juillet. La durée de l'incubation est d'une quinzaine de jours. Cette espèce niche isolément. Le nid est construit légèrement avec des bûchettes, des brins d'herbes secs, du duvet végétal et rarement de la mousse, réunis par des toiles d'Araignées ou de Chenilles, et garni intérieurement de fines bûchettes et parfois de feuilles sèches et de crins ; il est placé dans un buisson ou une haie, parfois sur un arbuste.

Toute la Normandie. — De passage régulier : arrive dans la dernière huitaine de mars ou la première quinzaine d'avril avant la reproduction et repart en septembre ou octobre. — T.-C.

OBSERVAT. — « Dans les hivers très-cléments, quelques individus restent dans nos climats ». [E. LEMETTEIL. — *Op. cit.*, *Insectivores*, p. 204 ; tir. à part, t. I, p. 271].

2. **Sylvia hortensis** Gm. — Fauvette des jardins.

Adornis hortensis G.-R. Gray.
Curruca hortensis K.-L. Koch.
Epilais hortensis Kaup.
Motacilla hortensis Gm.
Sylvia aedonia Vieill., *S. hortensis* Lath., *S. simplex* Lath.

Béchot, Fauvette bretonne, Grosse-fauvette.

BERT. — *Op. cit.*, p. 64 ; tir. à part, p. 40.
DEGLAND et GERBE. — *Op. cit.*, t. I, p. 474.
LEMETTEIL. — *Op. cit.*, *Insectivores*, p. 204 ; tir. à part, t. I, p. 271.
GENTIL. — *Op. cit.*, *Passereaux*, p. 195 ; tir. à part, p. 183.
DUBOIS. — *Op. cit.* : texte, t. I, p. 354 ; atlas, t. I, pl. 82, et pl. IV, figs. 82.

La Fauvette des jardins habite les forêts, les bois, les bosquets, les jardins des campagnes et même des villes, les vergers, etc. Elle est migratrice et sédentaire. Elle émi-

gre isolément au printemps et par familles en automne.
Son naturel est vif et doux. Ses mœurs sont diurnes. Son
vol est direct, mais, pendant les migrations, elle vole en
décrivant des lignes ondulées ; elle descend rarement à
terre, où elle est maladroite. Sa nourriture se compose d'Insectes, d'Araignées et de fruits charnus. La femelle ne fait
annuellement qu'une couvée, de quatre à six œufs, ordinairement de cinq. La ponte a lieu dans la seconde quinzaine
de mai ou la première quinzaine de juin. La durée de l'incubation est de quinze jours. Cette espèce niche isolément. Le nid, en forme de coupe, est construit d'une
façon plus ou moins négligente avec des brins d'herbes secs
et tapissé intérieurement de brins d'herbes secs plus fins
et parfois de crins, etc.; il est placé dans un buisson, un
arbrisseau, une haie, etc.

Toute la Normandie. — De passage régulier : arrive
en avril avant la reproduction et repart vers la fin d'août.
— C.

3. **Sylvia garrula** Briss. — Fauvette babillarde.

Curruca garrula Briss.
Motacilla curruca L., *M. sylvia* Pall.
Sylvia curruca Scop., *S. garrula* Bchst., *S. sylviella* Lath.

Babillarde commune, B. ordinaire, B. vulgaire.
Fauvette à gorge blanche.

Gâchette.

BERT. — *Op. cit.*, p. 64, et pl. II, fig. 5; tir. à part,
    p. 40, et même fig.
DEGLAND et GERBE. — *Op. cit.*, t. I, p. 477.
LEMETTEIL. — *Op. cit.*, *Insectivores*, p. 205; tir. à part, t. I,
    p. 272.
GENTIL. — *Op. cit.*, *Passereaux*, p. 194 et 196; tir. à
    part, p. 182 et 184.

Dubois. — *Op. cit.* : texte, t. I, p. 357 ; atlas, t. I, pl. 83, et pl. VIII, figs. 74,3.

La Fauvette babillarde habite les haies, les buissons des lieux habités par l'Homme, les taillis, les bosquets, et va même dans les villes. Elle est migratrice. Son naturel est vif. Ses mœurs sont diurnes. Son vol, quand elle traverse un grand espace, est rapide et léger ; dans le cas contraire, il est vacillant et incertain ; elle descend rarement à terre, où elle est maladroite. Sa nourriture se compose d'Insectes, d'Araignées et de fruits charnus. La femelle fait deux couvées par an, la première de cinq ou six œufs. La ponte de la première couvée a lieu en mai. La durée de l'incubation est de treize jours. Cette espèce niche isolément. Le nid est construit très-légèrement avec des brins d'herbes secs et des tiges et feuilles sèches de diverses autres plantes herbacées, auxquels sont souvent joints de la laine et du duvet végétal, et garni intérieurement de brins d'herbes secs plus fins, de radicelles sèches et parfois aussi de crins et de poils. Il est placé à peu d'élévation du sol, dans un buisson ou une haie, de préférence épineux, ou sur une branche d'arbre.

Toute la Normandie. — De passage régulier : arrive dans la seconde quinzaine d'avril ou la première dizaine de mai avant la reproduction et repart en août. — P. C.

4. **Sylvia orphea** Temm. — **Fauvette orphée.**

Curruca orphea Boie.

Sylvia grisea Vieill.

Degland et Gerbe. — *Op. cit.*, t. I, p. 479.

Gentil. — *Op. cit., Passereaux*, p. 194 et 196 ; tir. à part, p. 182 et 184.

Brehm. — *Op. cit.*, t. I, p. 702, et fig. 194.

La Fauvette orphée habite les lieux cultivés, les forêts et bois de Conifères, les endroits où croissent des Figuiers ou des Oliviers, les jardins des campagnes, etc., et recherche les arbres élevés. Elle est migratrice. Ses mœurs sont diurnes. Sa nourriture se compose d'Insectes, d'Araignées et de fruits charnus. La femelle pond quatre ou cinq œufs par couvée. Le nid est construit négligemment avec des tiges et feuilles sèches de Graminées et des racines sèches, réunies par des toiles d'Araignées ou de Chenilles, et garni intérieurement de laine, de crins, souvent d'écorces, etc. ; il est placé sur un arbre, sur un arbuste, dans une haie, dans un buisson.

Calvados :

Observée dans ce département par M. Le Sauvage. [Note sans titre, in Mémoir. de la Soc. linnéenne de Normandie, ann. 1839-42, p. x].

5. **Sylvia cinerea** Briss. — Fauvette grisette.

Curruca cinerea Briss., *C. fruticeti* K.-L. Koch, *C. sylvia* Steph.
Motacilla sylvia L.
Sylvia cineraria Bchst., *S. cinerea* Lath., *S. communis* Lath., *S. fruticeti* Bchst.

Babillarde grisette.
Fauvette cendrée, F. grise.

Grisette, Racasse.

Bert. — *Op. cit.*, p. 64 ; tir. à part, p. 40.
Degland et Gerbe. — *Op. cit.*, t. I, p. 480.
Lemetteil. — *Op. cit.*, *Insectivores*, p. 207 ; tir. à part, t. I, p. 274.
Gentil. — *Op. cit.*, *Passereaux*, p. 194 et 196 ; tir. à part, p. 182 et 184.

Dubois. — *Op. cit.* : texte, t. I, p. 360 ; atlas, t. I, pl. 84, et pl. VIII, figs. 74,1.

La Fauvette grisette habite les taillis, les haies, la lisière des bois et des forêts, les bosquets, et fréquente parfois les lieux ombragés qui longent les cours d'eau, se tenant presque toujours éloignée des habitations humaines ; pendant ses migrations elle va aussi dans les champs. Elle est migratrice et sédentaire. Elle émigre, en automne, isolément ou par familles. Son naturel est très-vif. Ses mœurs sont diurnes. Son vol est rapide. Sa nourriture se compose d'Insectes, d'Araignées et de fruits charnus ; exceptionnellement, elle mange des Vers. La femelle fait ordinairement deux couvées par an, la première de quatre à six œufs, le plus souvent de cinq. La ponte de la première couvée a lieu dans la seconde quinzaine d'avril ou la première quinzaine de mai, et celle de la deuxième en juin. La durée de l'incubation est de treize à quatorze jours. Cette espèce niche isolément. Le nid, en forme de coupe et à parois très-minces, est construit avec des tiges et feuilles sèches de Graminées auxquelles sont jointes souvent des toiles d'Araignées ou de Chenilles, qui réunissent ces matériaux, et du duvet végétal, de la laine et des crins ; il est placé à peu d'élévation du sol, quelquefois presque à terre, dans un buisson, de préférence épineux, dans une touffe d'une plante herbacée, dans une haie, etc.

Toute la Normandie.— De passage régulier : arrive vers la fin de mars avant la reproduction et repart vers la fin de septembre. — T.-C.

6. **Sylvia provincialis** Gm. — Fauvette provençale.

Curruca provincialis Boie.
Melizophilus dartfordiensis Leach, *M .provincialis* Jenyns.
Motacilla provincialis Gm.

Sylvia dartfordiensis Lath., *S. ferruginea* Vieill., *S. pro-*
vincialis Temm.

Thamnodus provincialis Kaup.

Fauvette pitchou.
Pitchou de Provence, P. provençal.
Pyrophthalme de Provence.

DEGLAND et GERBE. — *Op. cit.*, t. I, p. 490.
GENTIL. — *Op. cit.*, *Passereaux*, p. 194 et 197; tir. à part,
p. 182 et 185.
BREHM. — *Op. cit.*, t. I, p. 715.

La Fauvette provençale habite les taillis, les coteaux secs
et les landes couverts de bruyères, de genêts ou d'ajoncs, les
steppes, les haies, les buissons, les champs de choux, etc.
Elle est sédentaire, et errante pendant la saison froide ; les
individus qui habitent à de très-grandes altitudes descendent dans la plaine lorsque tombent les premières neiges.
Son naturel est vif. Ses mœurs sont diurnes. Son vol est
bas et saccadé ; à terre elle saute et court avec une grande
agilité. Sa nourriture se compose principalement d'Insectes
et de baies. D'après A.-E. Brehm (*Op. cit.*, t. I, p. 715),
cet Oiseau « a deux ou trois couvées par an, chacune de
quatre à cinq petits ». Le nid, en forme de coupe, est assez
artistement construit avec des tiges et feuilles d'herbes
sèches, et garni, à l'intérieur, de laine, de crins, etc.; il est
placé dans un buisson ou dans une haie, à peu de distance
du sol.

Seine-Inférieure :

Espèce mentionnée, sans aucune indication géonémique, comme ayant été observée plus d'une fois dans
la Seine-Inférieure. [J. HARDY. — *Op. cit.*, p. 285].

Un individu a été tué dans le marais de Ponts-et-
Marais, en mai 1862. [Louis-Henri BOURGEOIS, renseign. manuscrit, 1888].

Calvados :

« Un individu a été tué en 1833, à Croissanville...
Ma collection ». [L<small>E</small> S<small>AUVAGE</small>. — *Op. cit.*, p. 183].

Manche :

« Feu M. Pesquet-Deschamps en avait tué deux
dans les environs de Cherbourg ». [L<small>E</small> S<small>AUVAGE</small>. —
Op. cit., p. 183].

« Très-rare dans nos contrées; n'est que de passage irrégulier ». [Emmanuel C<small>ANIVET</small>. — *Op. cit.*,
p. 11].

« De passage accidentel ». [J. L<small>E</small> M<small>ENNICIER</small>. —
Op. cit., p. 22].

13° Famille. *BOMBYCILLIDAE* — BOMBYCILLIDÉS.

1er Genre. *BOMBYCILLA* — JASEUR.

1. **Bombycilla bohemica** Briss. — Jaseur de Bohême.

Ampelis garrulus L.
Bombycilla garrula Vieill.
Bombyciphora poliocoelia B. Meyer.
Bombycivora garrula Temm.
Parus bombycilla Pall.

Jaseur bohême, J. commun, J. d'Europe, J. garrule, J. ordinaire, J. vulgaire.

Grand-jaseur.

D<small>EGLAND</small> et G<small>ERBE</small>. — *Op. cit.*, t. I, p. 577.
L<small>EMETTEIL</small>.— *Op. cit.*, *Insectivores*, p. 211; tir. à part, t. I.
p. 278.
G<small>ENTIL</small>. — *Op. cit.*, *Passereaux*, p. 209; tir. à part,
p. 197.

Dubois. — *Op. cit.* : texte, t. I, p. 178; atlas, t. I, pl. 40 et 40ᵇ, et pl. XVI, fig. 38.

Le Jaseur de Bohême habite les forêts et bois de Conifères et de Bouleaux, et va, pendant ses migrations, dans les divers endroits où il y a des arbres, jusque dans les villages et les villes. Il est errant et migrateur, et très-sociable. Il émigre en bandes plus ou moins grandes. Son naturel est lent. Ses mœurs sont diurnes. Son vol est rapide et facile ; il décrit des lignes longuement ondulées ; on le voit rarement sur le sol, où il progresse en sautillant d'une façon lourde et maladroite. Sa nourriture se compose d'Insectes, d'Araignées et de fruits charnus ; au besoin, il mange des bourgeons d'arbres. La femelle ne fait annuellement qu'une couvée, de quatre à sept œufs. La ponte a lieu dans la seconde quinzaine de mai ou en juin. Cette espèce niche en sociétés plus ou moins nombreuses. Le nid est construit extérieurement avec des bûchettes, des mousses, des feuilles de Conifères et du duvet végétal ; les parois sont composées principalement d'une substance feutrée, faite par l'Oiseau avec des lichens du genre *Usnea ;* et l'intérieur est tapissé de brins d'herbes fins et secs et de plumes. Il est placé sur un Conifère ou un Bouleau.

Normandie :

« Très-rare en Normandie, où il ne niche jamais ; il y vient quelquefois en hiver ». [C.-G. Chesnon. — *Op. cit.*, p. 179].

Espèce mentionnée, sans aucune indication géonémique, comme étant de passage accidentel en Normandie. [Noury. — *Op. cit.*, p. 88].

Seine-Inférieure :

Espèce mentionnée, sans aucune indication géonémique, comme ayant été observée plus d'une fois dans la Seine-Inférieure. [J. Hardy. — *Op. cit.*, p. 283].

« Dieppe, janvier 1834, mâle ». [Collection de Josse HARDY, au Musée de Dieppe]. [Examiné par H. G. de K.].

Un couple adulte a été tué dans la forêt d'Eu, en décembre 1862. [Louis-Henri BOURGEOIS, renseign. manuscrit, 1888]. [Mâle in collection de Louis-Henri BOURGEOIS, à Eu (Seine-Inférieure)].

Calvados :

Cet Oiseau « est de rare et irrégulière apparition. Il nous vient vers les mois de décembre et janvier. Plusieurs ont été tués en 1835. Ma collection, celle du Dʳ Fourneaux, etc. ». [LE SAUVAGE. — *Op. cit.*, p. 179].

14° Famille. *ORIOLIDAE* — ORIOLIDÉS.

1ᵉʳ Genre. *ORIOLUS* — LORIOT.

1. Oriolus galbula L. — Loriot jaune.

Coracias galbula Bchst., *C. oriolus* L.
Oriolus aureus Brehm, *O. garrulus* Brehm.
Turdus aureus Klein, *T. oriolus* Briss.

Loriot commun, L. ordinaire, L. vulgaire.

Compère-loriot, Philosiot, Rougiron, Trilérot, Trillerot.

BERT. — *Op. cit.*, p. 57 ; tir. à part, p. 33.
DEGLAND et GERBE. — *Op. cit.*, t. I, p. 392.
LEMETTEIL. — *Op. cit.*, *Insectivores*, p. 214; tir. à part, t. I, p. 281.
GENTIL. — *Op. cit.*, *Passereaux*, p. 182; tir. à part, p. 170.
DUBOIS. — *Op. cit.* : texte, t. I, p. 213 ; atlas, t. I, pl. 54, et pl. I, fig. 54.
OLPHE-GALLIARD. — *Op. cit.*, fasc. XXIII, p. 5.

Le Loriot jaune habite les forêts et les bois, recherchant surtout les endroits qui sont traversés par un cours d'eau, et visite les vergers et jardins situés dans le voisinage de lieux boisés; il va peu dans les montagnes boisées et dans les forêts et bois de Conifères. Il est migrateur. Il émigre isolément ou en petites bandes. Son naturel est querelleur. Ses mœurs sont diurnes. Son vol est rapide et lourd; quand il franchit un grand espace, il décrit de longues courbes ou une ligne légèrement ondulée, mais s'il n'a qu'un petit espace à parcourir, il le fait en ligne droite; il ne descend que rarement sur le sol. Sa nourriture se compose d'Insectes, d'Araignées et de fruits charnus. La femelle ne fait annuellement qu'une couvée, de quatre à six œufs. La ponte a lieu ordinairement dans la première quinzaine de juin. La durée de l'incubation est de quatorze ou quinze jours. Cette espèce niche isolément. Le nid, en forme de coupe profonde, est très-artistement construit avec des tiges et feuilles sèches de Graminées, des fibres végétales, de la mousse, auxquelles sont jointes parfois de la laine, des toiles d'Araignées ou de Chenilles, etc.; l'intérieur est garni de fines tiges et feuilles sèches de Graminées, et quelquefois aussi de plumes, de laine, de crins, de duvet végétal, etc. Il est généralement suspendu au moyen de ligaments divers et solidement fixé à la bifurcation d'une petite branche d'arbre horizontale et élevée.

Toute la Normandie. — De passage régulier : arrive vers la fin d'avril avant la reproduction et repart à la fin d'août ou au commencement de septembre. — P.C.

15° Famille. *TURDIDAE* — TURDIDÉS.

1ᵉʳ Genre. *TURDUS* — GRIVE.

1. **Turdus musicus** L. — Grive musicienne.

Hylocichla musica G.-R. Gray.

Merula musica Selby.

Grive chanteuse.

Merle grive, M. musicien.

Grève, Mauviard, Mauvis, Vigneronne.

Bert. — *Op. cit.*, p. 61 ; tir. à part, p. 37.

Degland et Gerbe. — *Op. cit.*, t. I, p. 422.

Lemetteil. — *Op. cit.*, *Insectivores*, p. 220 ; tir. à part, t. I, p. 287.

Gentil. — *Op. cit.*, *Passereaux*, p. 184 et 186 ; tir. à part, p. 172 et 174.

Dubois. — *Op. cit.* : texte, t. I, p. 291 ; atlas, t. I, pl. 67, et pl. IV, fig. 67.

La Grive musicienne habite les forêts et les bois, surtout ceux qui sont humides, qui possèdent, soit un cours d'eau, soit des mares ou des étangs, et qui sont bien garnis de buissons ; on la trouve aussi dans les bosquets, les champs et les prairies parsemés de bouquets d'arbres, les vignobles, les vergers, et même les jardins des campagnes et les buissons d'Aulnes ou de Saules qui bordent les cours d'eau ; on la rencontre moins souvent dans les forêts et bois de Conifères ; pendant les migrations, elle va dans les divers endroits où elle peut trouver sa nourriture. Elle est migratrice et sédentaire, et peu sociable. Elle émigre, au printemps, en bandes assez grandes, et, en automne, généralement par familles ou en petites bandes. Son naturel est vif. Ses mœurs sont diurnes. Son vol est facile et un peu vacillant ; à terre elle sautille avec une grande aisance. Sa nourriture se compose d'Insectes, de Mollusques, de Vers et de fruits charnus. La femelle fait deux couvées par an : la première de quatre à six œufs et la seconde généralement de quatre. La ponte de la première couvée a lieu en avril ou mai et celle de la seconde en juin ou juillet. La durée de l'incubation est de seize jours. Cette espèce niche isolément. Le nid, en forme de coupe profonde, est très-artistement construit avec de fines bùchettes, des radicelles sèches, des brins d'herbes secs, de la mousse, et l'intérieur est recouvert d'une couche bien unie de terre gâchée et de détritus végétaux, sur laquelle les œufs reposent directement. Il est placé dans un buisson, sur un arbuste ou un arbre peu élevé, dans un lierre, etc.

Toute la Normandie. — De passage régulier : arrive vers la seconde quinzaine de septembre, reste un certain temps, et revient en mars, parfois en février, reste un certain temps, et repart avant la reproduction ; un petit nombre est sédentaire. — T.-C.

2. **Turdus viscivorus** L. — Grive draine.

Ixocossyphus viscivorus Kaup.
Merula viscivora Selby.

Grive viscivore.
Merle draine.

Cliaque, Grève, Grive de gui, Grive de pommier, Grosse-grive, Grosse-grive de gui, Trait.

Bert. — *Op. cit.*, p. 61, et pl. II, fig. 6; tir. à part, p. 37, et même fig.
Degland et Gerbe. — *Op. cit.*, t. I, p. 418.
Lemetteil. — *Op. cit.*, *Insectivores*, p. 222; tir. à part, t. I, p. 289.
Gentil. — *Op. cit.*, *Passereaux*, p. 184 et 185; tir. à part, p. 172 et 173.
Dubois. — *Op. cit.* : texte, t. I, p. 272; atlas, t. I, pl. 61, et pl. IV, figs. 61.

La Grive draine habite les parties claires des forêts et des bois, paraissant préférer ceux de Conifères; on la voit aussi dans les prairies et dans les divers endroits où il y a

des arbres portant du gui en fructification. Elle est sédentaire, errante et migratrice, et fort peu sociable. Elle émigre,
au printemps, souvent en petites bandes, et, en automne,
isolément ou par familles. Son naturel est vif et querelleur.
Ses mœurs sont diurnes. Son vol est assez lourd et irrégulier ; elle vole généralement en ligne droite, mais si elle
franchit une grande distance, elle décrit une ligne sinueuse ;
à terre elle se meut facilement et progresse d'ordinaire par
petits sauts. Sa nourriture se compose d'Insectes, de Vers,
de Mollusques ; elle est très-friande des baies du gui et
mange aussi d'autres fruits charnus. La femelle fait deux
couvées par an : la première de quatre à six œufs, et la
seconde de trois, rarement de quatre. La ponte de la première couvée a lieu habituellement dans la première quinzaine d'avril, quelquefois dans la première quinzaine de
mars, et celle de la seconde en juin. La durée de l'incubation est de seize jours. Cette espèce niche isolément. Le
nid, assez profond, est solidement et artistement construit
avec des brindilles sèches, des bruyères, des lichens, des
mousses, des feuilles et racines sèches, et garni intérieurement de fines tiges et feuilles sèches de Graminées, de
radicelles sèches, parfois de laine et de crins, recou-
vrant une légère couche de terre gâchée. Il est ordinairement placé dans la bifurcation d'une forte branche d'arbre
ou à la naissance d'une branche sur le tronc.

Toute la Normandie. — Sédentaire. — C.

3. **Turdus aureus** Holl. — Grive dorée.

Oreocincla aurea Bp., *O. Hancii* Swinh., *O. varia* J.
　Gould, *O. Whitei* J. Gould.
Turdus lunulatus Blas., *T. squamatus* Boie, *T. varius*
　Pall., *T. Whitei* Eyton.

Grive variée.
Merle doré, M. varié.

Degland et Gerbe. — *Op. cit.*, t. I, p. 420.

Gentil. — *Op. cit.*, *Passereaux*, p. 183 et 185 ; tir. à part,
p. 171 et 173.

Dubois. — *Op. cit.*: texte, t. I, p. 269 ; atlas, t. I, pl. 60.

La Grive dorée habite, hors le temps des migrations, les
taillis des montagnes. Elle vit solitaire ou en petites sociétés. Son vol est très-rapide. Sa nourriture se compose d'Insectes, de Vers et de fruits charnus.

Normandie :

M. Eugène Eudes-Deslongchamps nous a signalé une
capture en Normandie; malheureusement, cet Oiseau
n'a pas été conservé. [J. Vian[1].—*Op. infrà cit.*, p. 215].

Calvados :

« Au Musée de Caen un sujet de sexe inconnu, tué
par M. Auguste Osmont à Lion-sur-Mer (Calvados),
en septembre 1872 ». [J. Vian. — *Op. infrà cit.*,
p. 215]. [Examiné par J. Vian].

« Lion-sur-Mer, un seul, septembre ». [Albert
Fauvel, renseign. manuscrit, 1890]. [Collection de
Albert Fauvel, à Caen].

Manche :

« M. Eugène Eudes-Deslongchamps nous a signalé
deux captures en 1878 dans les environs de Coutances
(Manche) » ; malheureusement, ces Oiseaux n'ont pas
été conservés. [J. Vian. — *Op. infrà cit.*, p. 215].

4. **Turdus iliacus** L. — Grive mauvis.

Hylocichla iliaca G.-R. Gray.

Merle mauvis.

Claquard, Claque, Claquette, Grivette, Mauviard, Mauviette,
Petite-claque.

---

1. J. Vian. — *Notice sur les Merles du genre Oréocincle*, in Bull. de la
Soc. zoologique de France, ann. 1880, p. 210.

Bert. — *Op. cit.*, p. 60 et 61 ; tir. à part, p. 36 et 37.

Degland et Gerbe. — *Op. cit.*, t. I, p. 421.

Lemetteil. — *Op. cit.*, *Insectivores*, p. 224 ; tir. à part, t. I, p. 291.

Gentil. — *Op. cit.*, *Passereaux*, p. 184 et 186 ; tir. à part, p. 172 et 174.

Dubois. — *Op. cit.* : texte, t. I, p. 287 ; atlas, t. I, pl. 66, et pl. XVI, figs. 57.

La Grive mauvis habite les bois, les lisières des forêts, les vignobles, les jardins des campagnes, les vergers, le voisinage des eaux bordées de Saules ou d'Aulnes, les prairies, et, en général, les divers endroits où il y a des groupes d'arbres. Elle est migratrice et très-sociable. Elle émigre en grandes bandes, plus nombreuses encore dans la migration de printemps que dans celle d'automne. Son naturel est vif. Ses mœurs sont diurnes. Son vol est rapide ; à terre elle court avec une grande légèreté. Sa nourriture se compose d'Insectes, de Vers, de Mollusques et de fruits charnus. La femelle ne fait annuellement qu'une couvée, de quatre à six œufs. La ponte a lieu en juin. Le nid est construit avec des bûchettes, diverses tiges et feuilles sèches et des brins d'herbe secs, auxquels sont joints parfois des lichens et des mousses, et tapissé intérieurement de détritus de bois et de terre agglutinés ; il est solidement fixé, à l'aide de terre détrempée, à des branches d'un arbre ou d'un buisson, ordinairement non loin de l'eau.

Toute la Normandie. — De passage régulier : passe en novembre et revient en mars, séjournant alors un peu et repartant avant la reproduction ; un assez grand nombre reste pendant l'hiver. — C.

5. **Turdus pilaris** L. — Grive litorne

Arceuthornis pilaris Kaup.
Merula pilaris Selby.

Merle litorne.

Chacha, Claquard, Claque, Fiafia, Gouêpe, Gros-claquard,
Grosse-claque, Tourdelle.

BERT. — *Op. cit.*, p. 61 ; tir. à part, p. 37.
DEGLAND et GERBE. — *Op. cit.*, t. I, p. 407.
LEMETTEIL. — *Op. cit.*, *Insectivores*, p. 227 ; tir. à part,
t. I, p. 294.
GENTIL. — *Op. cit.*, *Passereaux*, p. 184; tir. à part, p. 172.
DUBOIS. — *Op. cit.* : texte, t. I, p. 275; atlas, t. I, pl. 62,
et pl. V, figs. 62.

La Grive litorne habite les forêts et les bois, et va aussi
dans les endroits découverts où se trouvent des arbres, même
dans les vergers et les jardins des campagnes. Elle est migratrice et sédentaire, et très-sociable. Elle émigre en
grandes bandes. Son naturel est indolent. Ses mœurs sont
diurnes. A terre elle progresse par grands sauts. Sa nourriture se compose d'Insectes, de Vers, de Mollusques et de
fruits charnus, principalement de baies de Genévriers. La
femelle ne fait annuellement qu'une couvée, de quatre à six
œufs. La ponte a lieu en mai ou juin. Cette espèce niche
habituellement en sociétés nombreuses. Le nid, en forme
de coupe, est construit avec des bûchettes, des tiges et
feuilles sèches de Graminées et autres matières végétales;
la base est souvent solidifiée par une couche de terre assez
épaisse; et l'intérieur est garni d'herbes fines et sèches.
Il est placé sur un arbre, de préférence sur un Bouleau.

Toute la Normandie. — De passage régulier : arrive
vers les premiers jours de novembre, rarement plus tôt, et
repart en mars avant la reproduction. — A. C.

6. **Turdus torquatus** L. — Grive à plastron.

Copsichus torquatus Kaup.
Merula torquata Boie.

Grive à plastron blanc.

Merle à collier, M. à plastron.

Guignard, Merle breton.

BERT. — *Op. cit.*, p. 61; tir. à part, p. 37.

DEGLAND et GERBE. — *Op. cit.*, t. I, p. 401.

LEMETTEIL. — *Op. cit.*, *Insectivores*, p. 228; tir. à part, t. I, p. 295.

GENTIL. — *Op. cit.*, *Passereaux*, p. 183 et 184; tir. à part, p. 171 et 172.

DUBOIS. — *Op. cit.* : texte, t. I, p. 263; atlas, t. I, pl. 59, et pl. XV, figs. 60.

La Grive à plastron habite les forêts et les bois, tout particulièrement ceux des régions montagneuses; pendant les migrations elle va aussi, mais peu, dans les pays de plaines. Elle est migratrice et sédentaire, et peu sociable. Elle émigre par couples ou par petites familles, et aussi, au printemps, en bandes assez grandes. Ses mœurs sont diurnes. Son vol est rapide et facile; elle descend très-souvent à terre. Sa nourriture se compose d'Insectes, de Vers, de Mollusques et de fruits charnus. La femelle ne fait, dans les régions septentrionales, qu'une couvée par an, de quatre à sept œufs. « Dans l'Europe centrale, dit A.-E. Brehm (*Op. cit.*, t. I, p. 674), les adultes nichent deux fois par an ». La ponte de la couvée faite dans les régions septentrionales a lieu en mai ou juin. Cette espèce niche isolément. Le nid est soigneusement construit avec des bûchettes, des feuilles et radicelles sèches, des brins d'herbes secs et de la mousse, le tout réuni au moyen de terre détrempée, et garni intérieurement d'herbes fines et sèches ou de mousse; il est placé dans un buisson, sur un arbre, dans un lierre, sur le sol parmi des broussailles ou des bruyères, etc.

Toute la Normandie. — De passage presque tous les ans : passe en avril, en mars et en automne ; reste quelquefois pour la reproduction. — A. R.

7. Turdus merula L. — Grive merle.

Merula merula Boie, *M. vulgaris* Leach.

Grive noire.

Merle à bec jaune, M. commun, M. noir, M. ordinaire, M. vulgaire.

Bé jaune, Mêle, Mêlot (petit).

BERT. — *Op. cit.*, p. 60 et 61 ; tir. à part, p. 36 et 37.
DEGLAND et GERBE. — *Op. cit.*, t. I, p. 399.
LEMETTEIL. — *Op. cit.*, *Insectivores*, p. 230 ; tir. à part, t. I, p. 297.
GENTIL. — *Op. cit.*, *Passereaux*, p. 183 et 184 ; tir. à part, p. 171 et 172.
DUBOIS. — *Op. cit.* : texte, t. I, p. 260 ; atlas, t. I, pl. 58, et pl. XIV, figs. 58.

La Grive merle habite les lieux boisés, les parcs, les jardins des campagnes et des villes, et, d'une façon générale, les divers endroits où il y a des bouquets d'arbres. Elle est sédentaire, errante et migratrice, et peu sociable. Elle émigre, en automne, par petites bandes. Son naturel est vif et querelleur. Ses mœurs sont diurnes. Son vol est rapide et a quelque chose d'incertain ; elle court très-souvent sur le sol. Sa nourriture se compose de Vers, d'Insectes, de Mollusques et de fruits charnus. La femelle fait deux ou trois couvées par an : la première habituellement de cinq œufs et les deux autres ordinairement de quatre. La ponte de la première couvée a lieu en mars, quelquefois même plus tôt. La durée de l'incubation est d'une quinzaine de jours. Cette espèce niche isolément. Le nid, dont les parois sont

épaisses, est construit artistement et solidement avec des
bûchettes, des feuilles sèches, des brins d'herbes secs, des
radicelles sèches, de la mousse et des lichens, généralement
réunis par de la terre détrempée, et garni intérieurement
de brins d'herbes et de racines ; il est placé dans un buisson, sur un arbuste, sur un arbre, dans un lierre, sur le
sol au pied d'un buisson, etc.

Toute la Normandie. — Sédentaire. — T.-C.

2ᵉ Genre. *MONTICOLA* — PÉTROCINCLE.

1. **Monticola saxatilis** Briss. — Pétrocincle de roche.

Merula saxatilis Briss.
Monticola saxatilis Boie.
Petrocichla saxatilis Keys. et Bl.
Petrocincla saxatilis Vig.
Petrocossyphus saxatilis Boie.
Saxicola montana K.-L. Koch.
Turdus infaustus Lath., *T. saxatilis* L.

Merle de roche, M. saxatile.
Pétrocincle saxatile.

DEGLAND et GERBE. — *Op. cit.*, t. I, p. 446.
BREHM. — *Op. cit.*, t. I, p. 661, et fig. 181.
DUBOIS. — *Op. cit.* : texte, t. I, p. 300 ; atlas, t. I, pl. 70,
et pl. V, figs. 70.

Le Pétrocincle de roche habite les rochers découverts et
les autres endroits arides et pierreux où se trouvent seulement quelques arbres isolés. Il est migrateur et sédentaire.
Chaque couple vit isolément, mais reste avec ses petits jusqu'à l'époque de la migration. Son naturel est vif. Ses
mœurs sont diurnes. Son vol est rapide et facile ; il vole
en ligne droite et plane en décrivant des courbes au-dessus

de l'endroit où il veut s'abattre ; il court rapidement sur le sol. Sa nourriture se compose d'Insectes, de Vers et de fruits charnus. La femelle ne fait annuellement qu'une couvée, de quatre à six œufs. La ponte a lieu en mai. Cette espèce niche isolément. Le nid est construit sans art avec des brins d'herbes secs, de la mousse, des lichens, des radicelles sèches, etc., et garni intérieurement de radicelles sèches et de brins d'herbes fins et secs ; il est placé dans une cavité de rocher, parmi des pierres, dans une cavité d'une muraille en ruine, etc.

Normandie :

Cette espèce « ne se trouve que bien rarement en Normandie ». [C.-G. CHESNON. — *Op. cit.*, p. 181].

Calvados :

Calvados, 2 mars 1866, un exemplaire. [Albert FAUVEL, renseign. manuscrit, 1890]. [Collection de Albert FAUVEL, à Caen].

Manche :

« L'individu que possède M. Chesnon a été tué dans les environs d'Avranches ». [LE SAUVAGE. — *Op. cit.*, p. 182].

3ᵉ Genre. *SAXICOLA* — TRAQUET.

1. **Saxicola oenanthe** L. — **Traquet motteux.**

Motacilla leucorhoa Gm., *M. oenanthe* L., *M. vitiflora* Pall.
Oenanthe cinerea Vieill.
Saxicola oenanthe Bchst.
Sylvia leucorhoa Lath., *S. oenanthe* Lath.
Vitiflora cinerea Briss., *V. grisea* Briss., *V. oenanthe* Leach.

Motteux cendré.

Cul-blanc, Ortolan, Ortolan du pays, Saute-motte, Vitrec.

Bert. — *Op. cit.*, p. 59 ; tir. à part, p. 35.

Degland et Gerbe. — *Op. cit.*, t. I, p. 450.

Lemetteil. — *Op. cit., Insectivores*, p. 235 ; tir. à part,
t. I, p. 302.

Gentil. — *Op. cit., Passereaux*, p. 191 ; tir. à part, p. 179.

Dubois. — *Op. cit.* : texte, t. I, p. 309 ; atlas, t. I, pl. 71,
et pl. V, fig. 71.

Le Traquet motteux habite de préférence les endroits
rocheux et pierreux des montagnes, et vit aussi dans les
plaines, les prairies, les dunes, et même près des maré-
cages, pourvu qu'il y trouve des tas de pierres ; il ne va pas
dans les forêts et bois touffus. Il est migrateur et peu
sociable. Il émigre isolément ou par couples au printemps
et par familles en automne. Son naturel est très-vif et querelleur. Ses mœurs sont diurnes. Son vol est très-irrégulier
et a lieu généralement presque au ras du sol ; à terre il
sautille avec une très-grande rapidité. Sa nourriture se
compose d'Insectes, d'Araignées et de fruits charnus. La
femelle ne fait annuellement qu'une couvée, de quatre à
sept œufs. La ponte a lieu en avril ou dans la première
quinzaine de mai. La durée de l'incubation est de quinze
jours. Cette espèce niche isolément. Le nid, dont les parois
sont épaisses, est construit grossièrement avec des bûchettes, des feuilles sèches, des tiges et feuilles sèches de
Graminées, des racines sèches, de la mousse, et garni intérieurement de laine ou de poils, parfois aussi de duvet
végétal, de plumes et de crins ; il est placé en un point
abrité par le haut, dans une cavité de rocher, parmi des
pierres, dans un creux du sol, entre des racines d'arbre,
dans une cavité de mur, etc.

Toute la Normandie. — De passage régulier : passe
d'ordinaire au commencement d'avril, un certain nombre

reste pour la reproduction, et repasse et repart en septembre. — P. C.

2. **Saxicola rubetra** L. — Traquet tarier.

Curruca rubetra Leach.
Motacilla rubetra L.
Oenanthe rubetra Vieill.
Pratincola rubetra K.-L. Koch.
Saxicola rubetra Bchst.
Sylvia rubetra Scop.

Tarier commun, T. ordinaire, T. vulgaire.

Criquet.

BERT. — *Op. cit.*, p. 59 ; tir. à part, p. 35.
DEGLAND et GERBE. — *Op. cit.*, t. I, p. 461.
LEMETTEIL. — *Op. cit.*, *Insectivores*, p. 236 ; tir. à part,
   t. I, p. 303.
GENTIL. — *Op. cit.*, *Passereaux*, p. 191 et 192 ; tir. à part,
   p. 179 et 180.
DUBOIS. — *Op. cit.* : texte, t. I, p. 312 ; atlas, t. I, pl. 72,
   et pl. I, fig. 72.

Le Traquet tarier habite de préférence les prairies humides entourées de buissons ou d'arbres isolés et situées à proximité de champs ou d'un lieu boisé ; d'une façon générale, il se plaît dans les lieux cultivés ; on le voit souvent aussi dans les terrains incultes, les landes, les lisières et les clairières des bois et des forêts, mais il ne va pas dans leurs profondeurs. Il est migrateur et sédentaire, et peu sociable. Il émigre d'ordinaire isolément au printemps, les mâles précédant de quelques jours les femelles, et par familles en automne. Son naturel est très-vif. Ses mœurs sont diurnes. Son vol est rapide et facile ; il décrit des lignes ondulées presque au ras du sol ; à terre il progresse par sauts rapides. Sa nourriture se compose d'Insectes et d'Araignées. La femelle ne fait annuellement qu'une cou-

vée, de quatre à huit œufs, le plus souvent de cinq. La
ponte a lieu en mai ou dans la première quinzaine de juin.
La durée de l'incubation est d'une quinzaine de jours. Cette
espèce niche isolément. Le nid est très-légèrement construit
avec des radicelles sèches, des brins d'herbe secs, des tiges
et feuilles sèches d'autres végétaux et de la mousse, et garni
intérieurement de plus fines radicelles, tiges et feuilles
sèches, auxquelles sont joints souvent des poils, de la laine,
du duvet végétal, etc.; il est placé dans un creux du sol,
parmi les herbes d'une prairie ou au pied d'un buisson ou
d'un arbuste, etc.

Toute la Normandie. — De passage régulier : arrive
d'ordinaire dès le commencement d'avril avant la reproduction et repart en septembre. — C.

3. **Saxicola rubicola** L. — Traquet rubicole.

Curruca rubicola Leach.
Motacilla rubicola L.
Oenanthe rubicola Vieill.
Pratincola rubicola K.-L. Koch.
Saxicola rubicola Bchst.
Sylvia muscipeta Scop., *S. rubicola* Lath.

Tarier pâtre, T. rubicole.
Traquet pâtre.

Maréchal, Ortolan de pays, Ouistrac, Petit-maréchal, Tratra.

BERT. — *Op. cit.*, p. 59 et 60; tir. à part, p. 35 et 36.
DEGLAND et GERBE. — *Op. cit.*, t. I, p. 462.
LEMETTEIL. — *Op. cit.*, *Insectivores*, p. 238; tir. à part,
   t. I, p. 305.
GENTIL. — *Op. cit.*, *Passereaux*, p. 191 et 192; tir. à part,
   p. 179 et 180.
DUBOIS. — *Op. cit.* : texte, t. I, p. 316; atlas, t. I, pl. 73,
   et pl. IV, fig. 73.

Le Traquet rubicole habite les endroits herbeux, les taillis, les terrains arides, les rochers garnis de végétation, les coteaux couverts de bruyères ; on le voit aussi dans le voisinage de l'eau et dans les marais et les champs. Il est migrateur et sédentaire, et peu sociable. Il émigre isolément au printemps, les mâles précédant généralement de quelques jours les femelles, et par couples en automne. Son naturel est vif. Ses mœurs sont diurnes. Son vol est rapide mais habituellement dure peu ; quand il fait un long trajet, il décrit des lignes ondulées à une faible hauteur. Sa nourriture se compose d'Insectes et d'Araignées. La femelle ne fait annuellement qu'une couvée, de quatre ou cinq œufs, rarement de six. La ponte a lieu en mai. La durée de l'incubation est de quinze jours. Cette espèce niche isolément. Le nid, en forme de coupe aplatie, est construit avec des radicelles sèches, des brins d'herbes secs et de la mousse, et garni intérieurement de poils, de laine, de crins et de plumes ; il est placé dans un creux du sol parmi des végétaux herbacés ou au pied d'un buisson ou d'une haie, dans un tas de pierres, etc.

Toute la Normandie. — De passage régulier : arrive ordinairement à la fin de mars ou au commencement d'avril avant la reproduction et repart en septembre ; un certain nombre est sédentaire. — T.-C.

16ᵉ Famille. CINCLIDAE — CINCLIDÉS.

1ᵉʳ Genre. CINCLUS — CINCLE.

1. Cinclus aquaticus Behst. — Cincle d'eau.

Aqualilis cinclus Mont.
Cinclus europaeus Leach.
Hydrobala albicollis Vieill., *H. cinclus* G.-R. Gray.
Sturnus cinclus Gm.
Turdus cinclus Lath., *T. gularis* Lath.

Aguassière à ventre blanc, A. cincle.
Cincle aquatique, C. plongeur.
Hydrobate à gorge blanche.

Merle d'eau.

DEGLAND et GERBE. — *Op. cit.*, t. I, p. 389.
LEMETTEIL. — *Op. cit.*, *Insectivores*, p. 242 ; tir. à part,
t. I, p. 309.
GENTIL. — *Op. cit.*, *Passereaux*, p. 181 ; tir. à part,
p. 169.
DUBOIS. — *Op. cit.* : texte, t. I, p. 255 ; atlas, t. I, pl. 57,
et t. II, pl. XLIV, figs. 214.
OLPHE-GALLIARD. — *Op. cit.*, fasc. XXX, p. 6.

Le Cincle d'eau habite près des eaux courantes, recherchant les torrents, les ruisseaux dont l'eau est très-rapide,
et les endroits où ils forment des cascades. Il est sédentaire,
et partiellement migrateur pendant la saison froide. Il vit
solitaire en dehors de l'époque des amours. Son naturel est
vif. Ses mœurs sont diurnes. Son vol est rapide, mais dure
peu ; il va très-souvent dans l'eau, y marche partiellement
en dehors ou complétement immergé, plonge avec adresse
et traverse les cascades au vol ; il ne se mouille pas le plumage,
qui est plus ou moins gras. Sa nourriture se compose d'Insectes, de Mollusques, de très-jeunes Poissons, de Crustacés et de Vers. La femelle fait deux couvées par an, de
quatre à six œufs. La ponte de la première couvée a lieu
ordinairement au printemps et celle de la seconde ordinairement en été ; l'époque des pontes est loin d'être fixe, car
l'on a vu en février des jeunes nouvellement sortis du nid.
La durée de l'incubation est de quatorze à seize jours.
Cette espèce niche isolément. Le nid, construit d'une façon
lâche, à parois épaisses et à entrée habituellement étroite et
cachée par des feuilles ou des frondes de Fougères, est généralement composé de tiges et feuilles sèches de Graminées,
de radicelles sèches et de mousse, et garni intérieurement

29

de feuilles sèches et de brins d'herbe secs. Il est toujours placé près de l'eau, de préférence dans un endroit où il y a une cascade et souvent derrière, dans une cavité de rocher, entre des racines d'arbre, sous un pont, etc., même dans une digue ou entre des palettes d'une vieille roue de moulin.

Seine-Inférieure :

« Tué à Orcher près Harfleur ». [J. HARDY. — *Op. cit.*, p. 284].

« L'Hydrobate est très-peu répandu dans notre département; cependant il a été observé plusieurs fois à la naissance de l'étang de Tancarville, à l'endroit où les eaux passent sur le sol pierreux du chemin. Il est moins rare dans les falaises de la mer, à Antifer et à Fécamp, sur le bord des ruisseaux limpides qui tombent des rochers; mais il est très-difficile de l'y aller chercher. Cependant d'intrépides chasseurs l'y ont abattu. Cette espèce étant sédentaire doit se reproduire dans ces quartiers ». [E. LEMETTEIL. — *Op. cit., Insectivores*, p. 243; tir. à part, t. I, p. 310].

Calvados :

Observé dans ce département par M. Le Sauvage. [Note sans titre, in Mémoir. de la Soc. linnéenne de Normandie, ann. 1839-42, p. x].

17ᵉ Famille. *ALCEDINIDAE* — ALCÉDINIDÉS.

1ᵉʳ Genre. *ALCEDO* — MARTIN-PÊCHEUR.

1. **Alcedo ispida** L. — Martin-pêcheur commun.

Gracula athis Gm.

Martin-pêcheur alcyon, M. ordinaire, M. vulgaire.

Alcyon, Martin-pêqueux, Martinet-pêcheur, Oiseau de Saint-Martin, Oiseau Saint-Martin, Saint-Martin.

BERT. — *Op. cit.*, p. 79, et pl. II, fig. 8 ; tir. à part, p. 55, et même fig.

DEGLAND et GERBE. — *Op. cit.*, t. I, p. 175.

LEMETTEIL. — *Op. cit.*, *Insectivores*, p. 247; tir. à part, t. I, p. 314.

GENTIL. — *Op. cit.*, *Passereaux*, p. 147 ; tir. à part, p. 135.

DUBOIS. — *Op. cit.* : texte, t. I, p. 725 ; atlas, t. I, pl. 164, et pl. XXIII, fig. 144.

OLPHE-GALLIARD. — *Op. cit.*, fasc. XXV, p. 7.

Le Martin-pêcheur commun habite près des cours d'eau, des lacs, et des étangs dont l'eau est limpide, préférant un petit cours d'eau qui traverse une forêt ou un bois ou un petit cours d'eau dont les bords sont garnis de buissons ou de Saules ; on le voit aussi au bord des mares et dans les anses marines où l'eau est peu profonde. Il est errant, mais séjourne souvent pendant des mois dans la localité qui lui plaît, et partiellement migrateur au cours de la saison froide. Il vit solitaire ou par couples. Son naturel est vif. Ses mœurs sont diurnes. Son vol est rapide, très-uniforme, pénible et bas ; il plonge avec une grande rapidité ; il marche très-rarement, ne faisant que plusieurs pas sur une pierre ou un autre objet, mais non sur le sol. Sa nourriture se compose de petits Poissons, d'Insectes et de Crustacés. La femelle ne fait annuellement qu'une couvée, de cinq à neuf œufs, quelquefois même de dix. La ponte a lieu généralement en mai, mais différentes circonstances peuvent la retarder. « Si le printemps est tardif, dit A.-E. Brehm (*Op. cit.*, t. II, p. 144), si les ruisseaux et les rivières ont longtemps de hautes eaux, si les nids ont été détruits, etc., le Martin-pêcheur est obligé d'attendre des circonstances plus favorables, et il arrive qu'en septembre l'on trouve encore dans les nids des jeunes non emplumés ». La durée de l'incubation est de quatorze à seize jours. Cette espèce niche isolément. Le nid consiste en une longue galerie arrondie, inclinée un peu de bas en haut (de l'entrée à la partie postérieure), et terminée par une chambre arrondie où les œufs sont déposés sur une couche de détritus et d'arêtes de Poissons. Cette galerie est creusée par l'Oiseau, avec le bec et les pattes, dans une berge de cours d'eau ; elle sert au couple pendant plusieurs années consécutives, si rien ne vient le déranger. Souvent l'Oiseau s'empare d'une galerie creusée par le Campagnol amphibie, et si l'entrée est trop grande, il la rétrécit avec de la terre délayée ; il s'empare aussi d'une galerie creusée par l'Hirondelle de rivage.

Toute la Normandie. — Errant, mais séjourne souvent pendant des mois dans la localité qui lui convient ; se reproduit dans cette province, où l'on voit l'espèce pendant toute l'année. — C.

Observat. — « Cette espèce est répandue dans toutes les prairies, où elle vit sédentaire. Cependant elle y paraît plus nombreuse en automne. Est-ce le résultat de la production de l'été ? Est-ce une conséquence de l'arrivée d'individus étrangers? Nous n'oserions rien affirmer. Nous inclinons néanmoins pour la dernière hypothèse, parce que nous trouvons naturel que les Oiseaux habitant le Nord, et ne pouvant plus vivre près des eaux glacées des contrées boréales, descendent, en suivant les côtes, dans nos régions tempérées ; d'autant plus que, dans les grandes gelées, ils paraissent également plus rares dans nos localités ». [E. Lemetteil. — *Op. cit.*, *Insectivores*, p. 248 ; tir. à part, t. I, p. 315].

18° Famille. *UPUPIDAE* — UPUPIDÉS.

1ᵉʳ Genre. *UPUPA* — HUPPE.

1. **Upupa epops** L. — Huppe commune.

Upupa vulgaris Pall.

Huppe ordinaire, H. vulgaire.

Coq des champs, Houppe, Pupa, Pupu, Puputte, Putteputte.

BERT. — *Op. cit.*, p. 78; tir. à part, p. 54.
DEGLAND et GERBE. — *Op. cit.*, t. I, p. 193.
LEMETTEIL.— *Op. cit.*, *Insectivores,* p. 252; tir. à part, t. I, p. 319.
GENTIL. — *Op. cit.*, *Passereaux*, p. 150; tir. à part, p. 138.
DUBOIS.— *Op. cit.*: texte, t. I, p. 736; atlas, t. I, pl. 166, et pl. XXXII, figs. 145.
OLPHE-GALLIARD. — *Op. cit.*, fasc. XXIII, p. 19.

La Huppe commune habite, en Europe, les champs et les prairies situés à côté de lieux boisés, les endroits marécageux qui contiennent des Saules ou des Aulnes, les terres cultivées possédant des arbres, les vignobles, et, en Afrique, elle recherche les lieux habités par l'Homme, vivant dans les villages et jusque dans l'intérieur des villes. Elle est migratrice, errante et sédentaire, et fort peu sociable. Elle émigre isolément ou par couples au printemps, et par familles en automne. Ses mœurs sont diurnes. Son vol est léger, très-irrégulier, saccadé et silencieux; à terre elle marche avec aisance, sans sautiller, et incline la tête à chaque pas. Sa nourriture se compose d'Insectes, de Vers, de Mollusques, de jeunes Grenouilles, etc. La femelle ne fait annuellement qu'une couvée, de quatre à sept œufs. La ponte a lieu dans la seconde quinzaine d'avril ou en mai. La durée de l'incubation est de seize à dix-sept jours. Cette espèce niche souvent en société. Elle ne construit pas de nid ou forme une couche de feuilles sèches, ou de racines sèches et de brins d'herbe secs, auxquels est joint quelquefois du fumier, ou de mousse et d'herbes sèches. Les œufs sont déposés dans un trou d'arbre, dans une cavité de mur ou de rocher, dans un creux du sol entre des racines d'arbre, sur la tête d'un Saule taillé en têtard, parfois même dans un squelette d'animal, etc.; Pallas a trouvé une nichée de sept petits dans la cage thoracique d'un squelette humain.

Toute la Normandie. — De passage régulier : arrive dans la première quinzaine d'avril avant la reproduction et repart en septembre. — P. C.

19° Famille. *MOTACILLIDAE* — MOTACILLIDÉS.

1ᵉʳ Genre. *ACCENTOR* — ACCENTEUR.

1. Accentor modularis L. — Accenteur mouchet.

Accentor modularis Bchst.
Motacilla modularis L.
Prunella modularis Vieill.
Sylvia modularis Lath.
Tharraleus modularis Kaup.

Accenteur traîne-buisson.
Mouchet chanteur.

Bennette, Beunette, Brunette, Bunette, Fauvette d'hiver, Griselet, Grisette, Rossignol d'hiver, Traîne-buisson.

BERT. — *Op. cit.*, p. 66, et pl. I, fig. 23; tir. à part, p. 42, et même fig.
DEGLAND et GERBE. — *Op. cit.*, t. I, p. 468.
LEMETTEIL. — *Op. cit.*, *Insectivores*, p. 257; tir. à part, t. I, p. 324.

GENTIL. — *Op. cit.*, *Passereaux*, p. 193 et 194 ; tir à part, p. 181 et 182.

DUBOIS. — *Op. cit.* : texte, t. I, p. 347 ; atlas, t. I, pl. 80, et pl. III, fig. 80.

L'Accenteur mouchet habite les lieux boisés qui renferment des taillis ou des buissons, de préférence les parties boisées des montagnes et les jardins des campagnes situés dans le voisinage de lieux boisés, et, d'une façon générale, les endroits où il y a des buissons ou des haies touffues. Il est migrateur et sédentaire, et peu sociable. Il émigre isolément ou par familles. Ses mœurs sont diurnes. Son vol est rapide et en ligne droite ; pour voler d'un buisson à un autre, il rase le sol, mais quand il quitte un endroit, il monte à une assez grande hauteur ; il court vite sur le sol et y saute avec une grande agilité. Sa nourriture se compose d'Insectes, d'Araignées et de graines ; il préfère les graines oléagineuses. La femelle fait deux couvées par an : la première de quatre à six œufs et la seconde de quatre ou cinq. La ponte de la première couvée a lieu en avril, parfois en mars et même à la fin de février, et celle de la seconde ordinairement en juin. La durée de l'incubation est de douze ou treize jours. Cette espèce niche isolément. Le nid, en forme de coupe, est construit artistement avec de fines bûchettes, des tiges et feuilles sèches de Graminées, des radicelles sèches, de la mousse et souvent des lichens, et garni intérieurement de laine, de poils, de plumes, de crins, etc. ; il est placé dans un buisson ou une haie, de préférence épineux, ou sur un arbuste.

Toute la Normandie. — Sédentaire. — T.-C.

2. **Accentor collaris** Scop. — Accenteur des Alpes.

Accentor alpinus Behst., *A. collaris* Newt.
Fringilla collaris Lath.

Motacilla alpina Gm.

Sturnus collaris Scop., *S. moritanus* Gm.

Accenteur alpin, A. pégot.

DEGLAND et GERBE. — *Op. cit.*, t. I, p. 466.

LEMETTEIL. — *Op. cit.*, *Insectivores*, p. 258; tir. à part, t. I, p. 325.

GENTIL. — *Op. cit.*, *Passereaux*, p. 193; tir. à part, p. 181.

DUBOIS. — *Op. cit.* : texte, t. I, p. 344; atlas, t. I, pl. 79, et pl. XIV, figs. 70.

L'Accenteur des Alpes habite les endroits découverts des montagnes, de préférence les prairies pierreuses et les éboulis, et ne descend dans les vallées que pendant la saison froide. Il est sédentaire et accidentellement migrateur, et peu sociable. Son naturel est doux, très-paisible et tantôt vif et tantôt lent. Ses mœurs sont diurnes. Son vol est très-rapide et très-facile; ordinairement il rase le sol, mais quand il parcourt un grand espace il décrit une ligne ondulée; à terre il progresse en sautillant très-rapidement. Sa nourriture se compose d'Insectes, d'Araignées, de graines et de fruits charnus. La femelle fait deux couvées par an : la première de cinq ou six œufs, et la seconde de quatre, rarement de plus. La ponte de la première couvée a lieu dans la seconde quinzaine de mai ou la première dizaine de juin et celle de la deuxième en juillet. Cette espèce niche isolément. Le nid, assez profond, est soigneusement construit avec des tiges et feuilles sèches de Graminées et de la mousse, et garni intérieurement de radicelles sèches, de poils, etc.; il est placé dans une cavité de rocher abritée par une touffe d'herbe ou des broussailles, dans un buisson, sur le sol entre des pierres, etc.

Seine-Inférieure :

Espèce mentionnée, sans aucune indication géonémique, comme ayant été observée plus d'une fois dans la Seine-Inférieure. [J. HARDY. — *Op. cit.*, p. 286].

Dieppe, 15 octobre 1831, falaises maritimes, après un violent vent de Nord, et 28 novembre 1833. [Josse HARDY. — *Manusc. cit.*, p. 41].

« Falaises de Dieppe, 28 novembre 1833 et 20 décembre 1838 », deux individus. [Collection de Josse HARDY, au Musée de Dieppe]. [Examinés par H. G. de K.].

Espèce mentionnée comme étant de passage régulier aux rochers d'Orival. [NOURY. — *Op. cit.*, p. 91].— Il doit y avoir erreur de signe conventionnel, cette espèce devant être de passage accidentel et non de passage régulier aux rochers d'Orival.

Cette espèce se montre dans la Seine-Inférieure, « mais ses apparitions y sont rares et très-irrégulières ». [E. LEMETTEIL. — *Op. cit.*, *Insectivores*, p. 259; tir. à part, t. I, p. 326].

Calvados :

« Depuis seize ans que je m'occupe d'ornithologie, je n'ai pu m'en procurer qu'un individu qui fut tué sur la couverture de la caserne de gendarmerie (à Bayeux), pendant l'hiver, par M. Chuquet, gendarme. Il y avait une demi-douzaine d'Accenteurs qui restèrent pendant environ huit jours; depuis ce temps, il n'en est point revenu ». [C.-G. CHESNON. — *Op. cit.*, p. 194].

« Cet Oiseau visite rarement nos contrées. Il y a quelques années, une volée entière vint s'abattre et séjourna sur la maison de la gendarmerie à Bayeux; le plus grand nombre fut tué. On le trouve dans la collection de M. Chesnon qui m'a procuré l'individu que je possède ». [LE SAUVAGE. — *Op. cit.*, p. 186].

2ᵉ Genre. *ERITHACUS* — RUBIETTE.

1. **Erithacus luscinia** L. — Rubiette rossignol.

Curruca luscinia K.-L. Koch.
Daulias luscinia Boie.
Erythacus luscinia Degl.
Luscinia philomela Brehm.
Lusciola luscinia Keys. et Bl.
Motacilla luscinia L.
Philomela luscinia Selby.
Sylvia luscinia Scop.

Rossignol commun, R. ordinaire, R. vulgaire.

Rossignot, Roussigneul, Roussignol.

Bert. — *Op. cit.*, p. 62; tir. à part, p. 38.
Degland et Gerbe. — *Op. cit.*, t. I, p. 431.
Lemetteil. — *Op. cit.*, *Insectivores*, p. 262; tir. à part, t. I, p. 329.
Gentil. — *Op. cit.*, *Passereaux*, p. 188; tir. à part, p. 176.
Dubois. — *Op. cit.* : texte, t. I, p. 339; atlas, t. I, pl. 78, et pl. IV, figs. 78.

La Rubiette rossignol habite les lieux boisés, les parcs, les jardins des campagnes, préférant les taillis et les buissons des lisières et des clairières des lieux boisés, surtout quand ils sont situés dans le voisinage de l'eau; elle ne va pas dans les forêts et bois de Conifères et dans les lieux découverts. Elle est migratrice et vit solitaire ou par couples. Elle émigre isolément au printemps, les mâles précédant de quelques jours les femelles, et isolément ou par familles en automne. Son naturel est paisible. Ses mœurs sont diurnes. Son vol est rapide, léger, ondulé, vacillant par moments et exceptionnellement de longue durée; à terre elle sautille avec légèreté. Sa nourriture se compose d'Insectes, de Vers, d'Araignées et de fruits charnus. La femelle fait deux couvées par an : la première de quatre à six œufs et la seconde de quatre. La ponte de la première couvée a lieu dans la dernière dizaine d'avril ou la première quinzaine de mai. La durée de l'incubation est de treize à quatorze jours. Cette espèce niche isolément. Le nid, assez profond, est construit légèrement et sans art avec des feuilles sèches et parfois des brindilles sèches, et garni intérieurement de tiges et feuilles sèches de Graminées, de radicelles sèches et parfois de crins ou de duvet végétal ; il est placé très-près du sol ou dans un creux du sol, dans un buisson, parmi de jeunes pousses d'un arbre, sur un arbuste, dans une touffe d'une plante herbacée, dans une haie, un lierre, etc.

Toute la Normandie. — De passage régulier : arrive ordinairement dans la première quinzaine d'avril, parfois dans la seconde, avant la reproduction, et repart en septembre. — T.-C.

2. **Erithacus major** Gm. — Rubiette progné.

Curruca philomela K.-L. Koch.
Erythacus philomela Degl.
Lusciola philomela Keys. et Bl.
Motacilla aedon Pall., *M. luscinia major* Gm.
Philomela major Brehm.
Sylvia philomela Bchst.

Rossignol progné.

Grand-rossignol.

Degland et Gerbe. — *Op. cit.*, t. I, p. 432.
Lemetteil. — *Op. cit.*, *Insectivores*, p. 264 ; tir. à part, t. I, p. 331.
Brehm. — *Op. cit.*, t. I, p. 636.

Cette espèce est migratrice et a le même genre de vie que la Rubiette rossignol (*Erithacus luscinia* L.).

Seine-Inférieure :

Cette espèce se montre dans la Seine-Inférieure. « Nous avons dans notre collection un mâle adulte pris en septembre. C'est, pensons-nous, l'époque où cet Oiseau s'y montre le plus souvent. Nous ne saurions dire s'il niche chez nous ». [E. Lemetteil. — *Op. cit.*, *Insectivores*, p. 265; tir. à part, t. I, p. 332].

3. **Erithacus phoenicurus** L. — Rubiette de muraille.

Erythacus phoenicurus Degl.
Ficedula phoenicurus Boie.
Lusciola phoenicurus Keys. et Bl.
Motacilla phoenicurus L.
Phoenicura ruticilla J. Gould.
Ruticilla phoenicura Bp.
Saxicola phoenicurus K.-L. Koch.
Sylvia phoenicurus Lath.

Rouge-queue de muraille.
Rubiette rouge-queue.

Airaine, Bâtard-rossignol, Cul-rouge, Falle-rouge, Pétrot, Prêtrot, Queue-rouge, Rossignol-bayet, R. de muraille, R. des murs.

Bert. — *Op. cit.*, p. 62; tir. à part, p. 38.
Degland et Gerbe. — *Op. cit.*, t. I, p. 438.
Lemetteil. — *Op. cit.*, *Insectivores*, p. 268; tir. à part, t. I, p. 335.
Gentil. — *Op. cit.*, *Passereaux*, p. 189; tir. à part, p. 177.

Dubois. — *Op. cit.* : texte, t. I, p. 323 ; atlas, t. I, pl. 74, et pl. I, fig. 74.

La Rubiette de muraille habite les jardins des campagnes et des villes, les parties claires des bois et des forêts, le voisinage de l'eau où il y a des arbres, les champs pourvus d'arbres, etc., et ne va pas généralement dans les forêts et bois de Conifères. Elle est migratrice et vit par couples. Elle émigre isolément au printemps et par familles en automne. Son naturel est vif. Ses mœurs sont diurnes. Son vol est rapide et léger ; à terre elle progresse par grands sauts. Sa nourriture se compose d'Insectes, d'Araignées et de fruits charnus. La femelle fait deux couvées par an, la première de cinq à huit œufs. La ponte de la première couvée a lieu dans la seconde quinzaine d'avril ou la première quinzaine de mai et celle de la deuxième en juin. La durée de l'incubation est de treize à quinze jours. Cette espèce niche isolément. Le nid est construit d'une façon grossière et lâche avec des radicelles sèches, des brins d'herbe secs, de la mousse, des poils, des plumes, de la laine, des crins, et garni intérieurement de plumes ; il est placé dans un trou d'arbre, de préférence dans un Saule creux, dans une cavité de muraille ou de rocher, sous le toit ou entre des lames d'une persienne restée fermée d'une maison de campagne, dans le lierre d'un mur, etc.

Toute la Normandie. — De passage régulier : arrive ordinairement dès la fin de mars ou dans les premiers jours d'avril avant la reproduction et repart habituellement à la fin de septembre. — T.-C.

4. **Erithacus titys** Scop. — Rubiette titys.

Erythacus Cairii Degl., *E. tithys* Degl.
Lusciola tithys Keys. et Bl.
Motacilla atrata Gm., *M. erythacus* Gm., *M. gibraltariensis* Gm.

Phoenicura tithys J. Gould.
Ruticilla Cairii Z. Gerbe, *R. tithys* Brehm.
Saxicola tithys K.-L. Koch.
Sylvia erythacus Lath., *S. tithys* Scop.

Rouge-queue noirâtre, R. tithys.

Queue-rouge.

BERT. — *Op. cit.*, p. 62 ; tir. à part, p. 38.
DEGLAND et GERBE. — *Op cit.*, t. I, p. 440.
LEMETTEIL. — *Op. cit.*, *Insectivores*, p. 269 ; tir. à part,
    t. I, p. 336.
GENTIL. — *Op. cit.*, *Passereaux*, p. 189 et 190 ; tir. à part,
    p. 177 et 178.
DUBOIS. — *Op. cit.* : texte, t. I, p. 326 ; atlas, t. I, pl. 75, et
    pl. V, figs. 75.

La Rubiette titys habite les endroits rocheux découverts,
les villages, les villes, etc. ; on la voit quelquefois dans les
lieux humides et les champs nouvellement labourés ; elle
ne va pas dans la profondeur des bois. Elle est migratrice
et sédentaire, et vit par couples. Elle émigre isolément au
printemps, les mâles précédant de quelques jours les
femelles. Son naturel est vif et querelleur. Ses mœurs sont
diurnes. Son vol est léger ; elle décrit une ligne droite
ou longuement ondulée ; elle saute avec légèreté sur les
pierres en faisant de grands bonds, et descend rarement
à terre. Sa nourriture se compose d'Insectes, d'Araignées et
de Vers ; au besoin, elle mange des fruits charnus. La
femelle fait deux couvées par an, la première de cinq à sept
œufs. La ponte de la première couvée a lieu habituellement
dans la seconde quinzaine d'avril. La durée de l'incubation
est de treize jours. Cette espèce niche isolément. Le nid est
construit avec des tiges et feuilles sèches de Graminées, des
racines sèches, des tiges et feuilles sèches d'autres végétaux

herbacés, de la mousse, et garni intérieurement de plumes, de poils, de crins; il est placé dans une cavité de rocher, de muraille, sous un toit, etc., parfois sur le sol au pied d'un buisson ou sous une pierre, rarement dans un trou d'arbre.

Normandie :

« Très-rare en Normandie, où il n'est que de passage ». [C.-G. CHESNON. — *Op. cit.*, p. 189].

Espèce mentionnée, sans aucune indication géonémique, comme étant de passage régulier en Normandie. [NOURY. — *Op. cit.*, p. 91].

Seine-Inférieure :

Espèce mentionnée, sans aucune indication géonémique, comme ayant été observée plus d'une fois dans la Seine-Inférieure. [J. HARDY. — *Op. cit.*, p. 285].

J'ai vu un nid établi dans un trou de muraille du chœur de l'église Saint-Remi, à Dieppe, le 12 mai 1858; les petits étaient déjà éclos. [Josse HARDY. — *Manusc. cit.*, p. 105].

« Dieppe, 10 mai 1850, mâle ». [Collection de Josse HARDY, au Musée de Dieppe]. [Examiné par H. G. de K.].

Cet Oiseau « est rare dans notre département, où il se reproduit cependant chaque année. Nous avons vu à Dieppe un couple de ces Rubiettes qui s'était établi sur l'église Saint-Remi; et M. Hardy nous a assuré que, depuis dix ans, il nichait à la même place ». [E. LEMETTEIL. — *Op. cit.*, *Insectivores*, p. 270; tir. à part, t. I, p. 337]. Il arrive dès la fin de mars ou dans les premiers jours d'avril et repart à la fin de septembre. [D°, p. 271; tir. à part, t. I, p. 338].

Un mâle a été vu à Heudelimont, commune de Saint-Remy-Bosc-Rocourt, en septembre 1885, par

Louis-Henri Bourgeois. [Louis-Henri Bourgeois, renseign. manuscrit, 1888 et 1889].

Eure :

Un individu a été tué à Gisors, dans une rue, pendant un hiver rigoureux. [Charles Bouchard, renseign. manuscrit, 1889].

Calvados :

« Je ne le connais pas dans nos collections, et cependant on en prit plusieurs dans des appartements de l'hôpital et du collège royal (à Caen), dans le froid hiver de 1829 ». [Le Sauvage. — *Op. cit.*, p. 184].

M. Eugène Eudes-Deslongchamps a tué, en septembre 1853, un mâle de cette espèce, qui visite rarement notre canton et seulement pendant les froids les plus rigoureux. Au moment où cet Oiseau a été tué, la température était ce qu'elle est d'habitude à cette époque de l'année. [Note sans titre, in Mémoir. de la Soc. linnéenne de Normandie, ann. 1854-55, p. x].

Un mâle de l'année, en mue, falaises de Luc-sur-mer, 23 décembre 1866. [Albert Fauvel, renseign. manuscrit, 1890]. [Collection de Albert Fauvel, à Caen].

Une femelle a été tuée au bord de Lisieux. [Émile Anfrie, renseign. manuscrit, 1888].

Manche :

« C'est à M. Vatier, percepteur à Carentan, que je dois la connaissance de cette espèce dans nos parages; il m'a dit l'avoir tué et vu plusieurs fois dans son passage. M. Vatier s'est occupé longtemps d'ornithologie et n'a pu se tromper ». [Emmanuel Canivet. — *Op. cit.*, p. 12].

Espèce observée à Réville. [A^d Benoist[1]. — *Op. infrà cit.*, p. 233].

« De passage en hiver. Ce sont presque toujours des jeunes que l'on voit à Saint-Lô ». [J. Le Men-nicier. — *Op. cit.*, p. 19].

5. **Erithacus rubecula** L. — Rubiette rouge-gorge.

Dandalus rubecula Boie.
Erythacus rubecula Sws.
Ficedula rubecula Boie.
Lusciola rubecula Keys. et Bl.
Motacilla rubecula L.
Rubecula familiaris Blyth, *R. rubecula* Bp.
Sylvia rubecula Scop.

Rouge-gorge familier.

Bédou, Bérée, Besée, Brée, Bzeille, Criqueux, Gadenne, Gave-rouge, Gorge-rouge, Marie-bray, Marie-brée, Marie-godrée, Riqueux, Rotrouille, Rouge-pouche, Rouge-pouque, Roupille, Rousse-pouque, Routrouille.

Bert. — *Op. cit.*, p. 61 et 62 ; tir. à part, p. 37 et 38.
Degland et Gerbe. — *Op. cit.*, t. I, p. 429.
Lemetteil. — *Op. cit.*, *Insectivores*, p. 271 ; tir. à part, t. I, p. 338.
Gentil. — *Op. cit.*, *Passereaux*, p. 187 ; tir. à part, p. 175.
Dubois. — *Op. cit.* : texte, t. I, p. 335 ; atlas, t. I, pl. 77, et pl. II, figs. 77.

La Rubiette rouge-gorge habite les forêts et les bois riches en taillis, les champs où se trouvent des buissons ou

1. A^d Benoist. — *Catalogue des Oiseaux observés dans l'arrondissement de Valognes,* in Mémoir. de la Soc. impériale des Scienc. natur. de Cherbourg, t. II, 1854, p. 231.

des haies, les lieux incultes et humides, les parcs, les jardins des campagnes et même ceux des villes, etc.; pendant
la saison froide, beaucoup s'approchent des habitations
humaines et quelques-unes y entrent même; elle ne va que
d'une façon accidentelle dans les forêts et bois de Conifères et seulement pendant ses migrations. Elle est migratrice et sédentaire, et vit solitaire ou par couples. Elle émigre isolément ou en petites bandes. Ses mœurs sont diurnes. Son vol est facile; quand elle fait un long trajet, elle
décrit une ligne fortement ondulée; à terre elle sautille
avec rapidité. Sa nourriture se compose d'Insectes, de
Vers, de Mollusques, d'Araignées, de Crustacés et de fruits
charnus. La femelle fait deux couvées par an, la première
de cinq à sept œufs. La ponte de la première couvée a lieu
dans la seconde quinzaine d'avril ou la première quinzaine
de mai et celle de la deuxième en juin. La durée de l'incubation est de quinze jours. Cette espèce niche isolément. Le
nid est construit avec des brindilles sèches, de la mousse
et des feuilles sèches, et garni intérieurement de fines tiges
et feuilles sèches de Graminées, de radicelles sèches, et
parfois aussi de poils, de laine, de plumes, de crins; il est
placé à terre, dans un trou, entre des racines d'arbre, dans
une touffe d'herbe, au pied d'un buisson, entre des pierres,
dans une cavité de mur, etc.

Toute la Normandie. — Sédentaire. — T.-C.

6. ? Erithacus caerulecula Pall. — Rubiette suédoise.

Curruca suecica Selby.
Cyanecula caerulecula Bp., *C. cyane* Bp., *C. orientalis*
Brehm, *C. suecica* Brehm.
Erythacus suecica Degl.
Ficedula suecica Boie.
Motacilla caerulecula Pall.

Ruticilla cyanecula Macg., *R. suecica* Selys.
Sylvia suecica Nordm.

DEGLAND et GERBE. — *Op. cit.*, t. I, p. 437.
BREHM. — *Op. cit.*, t. I, p. 642, et fig. 175.
DUBOIS. — *Op. cit.* : texte, t. I, p. 329 ; atlas, t. I, pl. 76,
   et pl. XVII, fig. 67ᵇ.

Cette espèce est migratrice et a le même genre de vie
que sa variété suivante : la Rubiette suédoise var. gorge-
bleue (*Erithacus caerulecula* Pall. var. *cyanecula*
M. et W.).

Seine-Inférieure :

   Espèce mentionnée, sans aucune indication géonémique, comme n'ayant encore été observée qu'une
   fois dans la Seine-Inférieure. [J. HARDY. — *Op. cit.*,
   p. 285].

NOTE. — Il est possible que ce renseignement de
J. Hardy concerne non l'*Erithacus caerulecula* Pall., mais
sa var. *cyanecula* M. et W., des individus de cette var.
ayant une tache rousse circonscrite de blanc ou de blan-
châtre. [H. G. de K.].

6ᵇⁱˢ. **Erithacus caerulecula** Pall. var. **cyanecula** M. et W.
   — Rubiette suédoise var. gorge-bleue.

Cyanecula Wolfii Brehm.
Erythacus cyanecula Degl.
Phoenicura suecica J. Gould.
Saxicola suecica K.-L. Koch.
Sylvia cyanecula M. et W., *S. suecica* Lath., *S. Wolfii*
   Brehm.

Gorge-bleue de Wolf.
Rubiette gorge-bleue.

Bert. — *Op. cit.*, p. 61 et 62; tir. à part, p. 37 et 38.

Degland et Gerbe. — *Op.cit.*, t. I, p. 434.

Lemetteil. — *Op. cit.*, *Insectivores*, p. 274; tir. à part, t. I, p. 341.

Gentil. — *Op. cit.*, *Passereaux*, p. 188 ; tir. à part, p. 176.

Dubois. — *Op. cit.* : texte, t. I, p. 330 ; atlas, t. I, pl. 76^b, et pl. IX, figs. 67.

La Rubiette suédoise var. gorge-bleue habite le voisinage de l'eau où se trouvent des buissons, des roseaux et des Saules, les champs, les prairies composées de hautes herbes, et vient parfois, en automne, dans les potagers et jardins des campagnes situés près de l'eau. Elle est migratrice. Elle émigre isolément au printemps, les mâles précédant généralement d'une huitaine de jours les femelles, et isolément ou par familles en automne. Son naturel est vif. Ses mœurs sont diurnes. Son vol est rapide; elle vole ordinairement au ras du sol, et, dans ce cas, en décrivant des arcs de cercle plus ou moins étendus ; à terre elle progresse par sauts précipités. Sa nourriture se compose d'Insectes, de Vers, d'Araignées et de fruits charnus. La femelle fait annuellement une couvée, de cinq à sept œufs ; d'après quelques auteurs, elle ferait deux couvées par an. La ponte a lieu dans la seconde quinzaine d'avril ou la première quinzaine de mai. La durée de l'incubation est de quinze jours. Cette espèce niche isolément. Le nid, construit sans art, se compose extérieurement de feuilles sèches et de tiges et feuilles sèches de plantes herbacées ; la partie médiane est faite avec des brins d'herbes secs, auxquels sont souvent jointes de la mousse ou des radicelles sèches ; et l'intérieur est garni de brins d'herbe secs plus fins, de poils, de crins, de plumes, de laine, de duvet végétal. Il est placé au bord de l'eau, dans un buisson, sur la tête d'un Saule, etc., parfois sur le sol, dans une cavité, entre des racines, dans une touffe d'herbe, etc.

Toute la Normandie. — De passage régulier : passe en mars ou avril, par exception un très-petit nombre reste pour la reproduction, et revient en août ou septembre, séjournant alors quelque temps avant de repartir. — P. C.

Note. — « Les Gorges-bleues sont de double passage dans notre département, en août, en septembre, et dans les derniers jours de mars. Au passage du printemps, elles n'apparaissent que par des vents d'Est, Sud-Sud-Est, et repartent presque aussitôt. Quelques couples se sont cependant reproduits dans nos localités, mais ce sont de rares exceptions. En automne, elles arrivent par les vents d'Est, Nord-Est, et séjournent plus longtemps. Nous en avons vu, à cette époque, habiter plus d'un mois la même touffe de roseaux ». [E. Lemetteil. — *Op. cit., Insectivores,* p. 275 ; tir. à part, t. I, p. 342].

3ᵉ Genre. *MOTACILLA* — BERGERONNETTE.

1. **Motacilla cinerea** Briss. — Bergeronnette grise.

Motacilla alba L., *M. albeola* Pall.

Hoche-queue gris.

Bat-couette, Bat-ta-lessive, Bat-ta-lsive, Batte-lessive, Batte-mare, Branle-coue, Dâonche-mare.

Bert. — *Op. cit.,* p. 66 ; tir. à part, p. 42.

Degland et Gerbe. — *Op. cit.,* t. I, p. 383.

Lemetteil. — *Op. cit., Insectivores,* p. 280 ; tir. à part, t. I, p. 347.

Gentil. — *Op. cit., Passereaux,* p. 178 et 179 ; tir. à part, p. 166 et 167.

Dubois. — *Op. cit.* : texte, t. I, p. 455 ; atlas, t. I, pl. 107, et pl. XVIII, figs. 90.

Olphe-Galliard. — *Op. cit.,* fasc. XXX, p. 18.

La Bergeronnette grise habite les prairies et les champs situés près de l'eau, les lieux habités par l'Homme, les bords des eaux plantés de Saules, et se rencontre aussi, moins fréquemment, dans les lisières et les clairières des bois et forêts, à proximité d'une mare, d'un étang ou d'un ruisseau. Elle est migratrice et sédentaire, et sociable. Elle émigre en bandes. Son naturel est vif et querelleur. Ses mœurs sont diurnes. Son vol est rapide et facile ; tantôt elle ne franchit qu'une courte distance, à peu d'élévation du sol ; tantôt elle fait un grand trajet en décrivant une longue ligne sinueuse ; à terre elle marche à petits pas ou court d'une façon rapide et légère, en remuant sans cesse la queue. Sa nourriture se compose d'Insectes et d'Araignées. La femelle fait deux couvées par an : la première de six à huit œufs et la seconde de quatre à six. La ponte de la première couvée a lieu en avril et celle de la seconde en juin. La durée de l'incubation est d'une quinzaine de jours. Cette espèce niche isolément. Le nid est assez grossièrement construit avec des racines, brindilles et feuilles sèches, des tiges et feuilles sèches de Graminées, de la mousse, etc., recouvertes de plus fines tiges et feuilles sèches de Graminées et de radicelles sèches, et garni intérieurement de poils, de crins, de laine, etc., rarement de plumes ; les nids construits dans les bois renferment souvent des lichens. Il est placé dans un trou d'arbre, dans une cavité de rocher ou de muraille, dans un creux du sol, sous des racines, sous un pont, dans un tas de bourrées ou de pierres, sur un Saule taillé en têtard, sous un toit, etc.

Toute la Normandie.— Partiellement sédentaire, et partiellement de passage régulier, arrivant en mars avant la reproduction et repartant vers la fin de septembre. — C.

1bis. **Motacilla cinerea** Briss. var. **lugubris** Temm. —
Bergeronnette grise var. de Yarrell.

Motacilla alba lugubris Schleg., *M. lotor* Renn., *M. lugubris* Temm., *M. Yarrellii* J. Gould.

Bergeronnette de Yarrell.

Hoche-queue de Yarrell.

DEGLAND et GERBE. — *Op. cit.*, t. I, p. 384.
LEMETTEIL. — *Op. cit.*, *Insectivores*, p. 282 ; tir. à part,
t. I, p. 349.
GENTIL. — *Op. cit.*, *Passereaux*, p. 178 et 180 ; tir. à
part, p. 166 et 168.
DUBOIS. — *Op. cit.* : texte, t. I, p. 456 ; atlas, t. I, pl. 107^b,
et pl. XVIII, fig. 91.
OLPHE-GALLIARD. — *Op. cit.*, fasc. XXX, p. 28.

Cette variété, qui est migratrice et sédentaire, a le même
genre de vie que le type : Bergeronnette grise (*Motacilla
cinerea* Briss.).

Toute la Normandie. — De passage régulier : passe
en octobre, un petit nombre reste pendant la saison froide, et
repasse en mars ; accidentellement, quelques couples s'y
reproduisent, et, par exception, quelques couples y séjournent peut-être pendant une année entière. — P. C.

2. **Motacilla boarula** Penn. — Bergeronnette boarule.

Budytes boarula Eyton.
Calobates boarula Swinh., *C. melanope* Swinh., *C. sul-
phurea* Kaup.
Motacilla cinerea Leach, *M. flava* Briss., *M. melanope*
Pall., *M. montium* Brehm, *M. sulphurea* Bchst.
Pallenura flava Bp., *P. sulphurea* Bp.

Calobate boarule.

Hoche-queue boarule.

BERT. — *Op. cit.*, p. 66 et 67 ; tir. à part, p. 42 et 43.

DEGLAND et GERBE. — *Op cit.*, t. I, p. 385.

LEMETTEIL. — *Op. cit., Insectivores*, p. 284 ; tir. à part, t. I, p. 351.

GENTIL. — *Op. cit., Passereaux*, p. 179 et 180 ; tir. à part, p. 167 et 168.

DUBOIS. — *Op. cit.* : texte, t. I, p. 461 ; atlas, t. I, pl. 108, et pl. XXI, figs. 92.

OLPHE-GALLIARD. — *Op. cit.*, fasc. XXX, p. 34.

La Bergeronnette boarule habite près de l'eau, recherchant les eaux courantes, les ruisseaux encombrés de pierres, le voisinage des cascades et des moulins à eau ; elle aime les lieux habités par l'Homme et ne se voit que rarement dans les prairies et les champs situés à une certaine distance de l'eau. Elle est migratrice et sédentaire, et insociable. Elle émigre isolément ou par couples ; les jeunes émigrent par groupes de plusieurs individus. Son naturel est vif et querelleur. Ses mœurs sont diurnes. Son vol est rapide, facile, ondulé et saccadé ; à terre elle marche à petits pas ou court d'une façon rapide et légère, en remuant sans cesse la queue. Sa nourriture se compose d'Insectes et d'Araignées. La femelle fait deux couvées par an : la première de cinq ou six œufs, rarement de quatre, et la seconde de quatre au plus. La ponte de la première couvée a lieu en avril ou dans la première dizaine de mai, et celle de la seconde en juin ou dans la première dizaine de juillet. Cette espèce niche isolément. Le nid est construit avec des brindilles et radicelles sèches, de la mousse et des feuilles sèches, et garni intérieurement de poils, de laine ou de crins ; il est placé dans le voisinage de l'eau et même parfois près du bord, dans un creux du sol, une cavité de rocher ou de muraille, un tas de pierres ou de bourrées, dans des auges d'une vieille roue de moulin, etc.

Toute la Normandie. — De passage régulier : arrive en octobre et repart dans la première quinzaine de mars avant la reproduction ; quelques couples restent parfois pour s'y reproduire. — P. C.

3. **Motacilla flava** L. — Bergeronnette printanière.

Budytes campestris Brehm, *B. flavus* Brehm.
Motacilla boarula Scop., *M. campestris* Pall., *M. chrysogastra* Bchst., *M. flaveola* Pall., *M. neglecta* J. Gould, *M. viridis* Gm.

Bergeronnette de printemps.
Hoche-queue jaune.

BERT. — *Op. cit.*, p. 66 et 67 ; tir. à part, p. 42 et 43.
DEGLAND ét GERBE. — *Op. cit.*, t. I, p. 376.
LEMETTEIL. — *Op. cit.*, *Insectivores*, p. 286 ; tir. à part, t. I, p. 353.
GENTIL. — *Op. cit.*, *Passereaux*, p. 179 ; tir. à part, p. 167.
DUBOIS. — *Op. cit.* : texte, t. I, p. 465 ; atlas, t. I, pl. 109, pl. 109ᵉ, fig. 1, et pl. XIX, figs. 93.
OLPHE-GALLIARD. — *Op. cit.*, fasc. XXX, p. 47.

La Bergeronnette printanière habite les prairies, les champs de colza, de trèfle et autres Papilionacées, les marais, etc. ; elle évite les lieux habités par l'Homme et ne va pas dans les bois et les forêts. Elle est migratrice et sédentaire, et très-sociable en dehors de l'époque des amours, pendant laquelle cet Oiseau est très-querelleur. Elle émigre en bandes, qui sont le plus grandes à la migration d'automne ; toutefois, au printemps, elle arrive d'abord isolément ou par couples. Son naturel est vif. Ses mœurs sont diurnes. Son vol est rapide et facile ; quand elle n'a qu'un espace court à franchir, son vol est presque sautillant, comme dit Naumann ; mais, pendant ses migrations, elle fend l'air avec une très-grande rapidité ; à terre elle marche ou court d'une façon rapide, en remuant sans cesse la queue. Sa nourriture se compose d'Insectes. La femelle ne fait annuellement qu'une couvée, de quatre à six œufs. La ponte a lieu d'ordinaire en mai. La durée de l'incubation est de treize jours. Cette espèce niche isolément. Le nid est construit d'une façon grossière et lâche avec des radicelles sèches, des tiges et feuilles sèches de Graminées, des feuilles sèches et de la mousse, et garni intérieurement de crins, de poils, de duvet végétal, de laine ou de plumes ; certains nids sont presque entièrement construits avec de la mousse, et d'autres n'en contiennent aucune trace ; tantôt, à l'intérieur, les plumes dominent, tantôt ce sont les poils ou la laine, et il arrive que l'une ou l'autre de ces substances fait complétement défaut, mais il est bien rare qu'il n'y ait pas de crins. Le nid est placé à terre, ordinairement dans une légère dépression, parmi des végétaux herbacés, dans un champ de blé, de colza, de trèfle, de fèves, de pois, etc.

Toute la Normandie. — De passage régulier : arrive à la fin de mars ou dans les premiers jours d'avril avant la reproduction et repart en septembre ; des jeunes restent jusqu'aux premiers jours d'octobre. — A. C.

3bis. **Motacilla flava** L. var. **Rayi** Bp.— Bergeronnette printanière var. de Ray.

Budytes campestris Keys. et Bl., *B. neglectus* Brehm, *B. Rayi* Bp.

Motacilla campestris Blas., *M. flava Rayi* Schleg., *M. flaveola* Temm.

Bergeronnette de Ray.

Jaunet.

Degland et Gerbe. — *Op. cit.*, t. I, p. 378.

Lemetteil. — *Op. cit.*, *Insectivores*, p. 288 ; tir. à part,
t. I, p. 355.

Gentil. — *Op. cit.*, *Passereaux*, p. 179; tir. à part,
p. 167.

Dubois. — *Op. cit.* : texte, t. I, p. 466 ; atlas, t. I, pl. 109ᵈ,
et pl. XIX, fig. 94ᵃ.

Olphe-Galliard. — *Op. cit.*, fasc. XXX, p. 54.

Cette variété, qui est migratrice et sédentaire, a le même
genre de vie que le type : Bergeronnette printanière (*Motacilla flava* L.).

Toute la Normandie. — De passage régulier: arrive vers
les premiers jours d'avril avant la reproduction et repart
ordinairement à la fin de septembre. — C.

3ᵗᵉʳ. **Motacilla flava** L. var. **cinereocapilla** Savi — Bergeronnette printanière var. à tête cen-
drée.

Budytes atricapilla Brehm, *B. cinereocapilla* Bp.,
B. nigricapilla Bp.
Motacilla cinereocapilla Savi, *M. viridis* Dress.

Bergeronnette à tête cendrée.

Degland et Gerbe. — *Op. cit.*, t. I, p. 379.

Lemetteil. — *Op. cit.*, *Insectivores*, p. 291; tir. à part, t. I,
p. 358.

Dubois. — *Op cit.* : texte, t. I, p. 466; atlas, t. I, pl. 109ᶜ,
fig. 2.

Olphe-Galliard. — *Op. cit.*, fasc. XXX, p. 46.

Cette variété, qui est migratrice et sédentaire, a le même genre de vie que le type : Bergeronnette printanière (*Motacilla flava* L.).

Seine-Inférieure :

Cette variété « est très-rare dans notre département, où nous avons été assez heureux pour abattre le mâle et la femelle, le 10 avril 1867 ». [E. Lemetteil. — *Op. cit., Insectivores,* p. 291 ; tir. à part, t. I, p. 358]. [Collection de E. Lemetteil, à Bolbec (Seine-Inférieure)].

OBSERVATION.

Motacilla citreola Pall. (Bergeronnette citrine).

Noury mentionne cette espèce (*Op. cit.,* p. 92) sans aucune indication géonémique, comme étant de passage accidentel en Normandie.

Il y a presque certainement erreur, car cette espèce n'a jamais été observée, que je sache, dans l'Europe occidentale. Il est fort possible que l'Oiseau indiqué par Noury sous le nom de *Motacilla citreola,* soit le *Motacilla flava* L. var. *Rayi* Bp., qu'il ne cite pas dans le travail en question et qui est commun en Normandie.

20ᵉ Famille. *ALAUDIDAE* — ALAUDIDÉS.

1ᵉʳ Genre. *ANTHUS* — PIPIT.

1. Anthus spinoletta L. — Pipit spioncelle.

Alauda spinoletta L.
Anthus aquaticus Bchst., *A. montanus* K.-L. Koch, *A. spinoletta* Bp.

Pipit aquatique, P. montain, P. spipolette.

BERT. — *Op. cit.*, p. 67 ; tir. à part, p. 43.

DEGLAND et GERBE. — *Op. cit.*, t. I, p. 371.

LEMETTEIL.— *Op. cit., Insectivores,* p. 302; tir. à part, t. I,
  p. 369.

GENTIL. — *Op. cit., Passereaux,* p. 176 et 178 ; tir. à part,
  p. 164 et 166.

DUBOIS.— *Op. cit.*: texte, t. I, p. 475 ; atlas, t. I, pl. 110, et
  pl. XXI, figs. 95.

OLPHE-GALLIARD. — *Op. cit.*, fasc. XXX, p. 73.

Le Pipit spioncelle habite, pendant la saison chaude, les
montagnes, dans les endroits très-arides, sur les rochers garnis seulement d'une mince couche de mousse et de quelques
arbres chétifs, sur les versants des ravins très-abrupts, sur
les hauts plateaux, au bord des ruisseaux, et s'élève jusque
vers la limite des neiges éternelles; pendant la saison froide
et ses migrations, on le trouve dans les plaines, près des
eaux, et souvent aussi dans les villages. Il est migrateur et
sédentaire, et sociable. Il émigre en bandes. Ses mœurs
sont diurnes. Sa nourriture se compose d'Insectes, de Vers,
de Mollusques et d'Araignées. La femelle ne fait annuellement qu'une couvée, de quatre à six œufs, rarement de
sept. La ponte a lieu vers la fin de mai. Le nid, assez profond, est construit avec des tiges et feuilles sèches de
plantes herbacées et de la mousse, et garni intérieurement
de plus fines tiges et feuilles sèches de plantes herbacées, de
radicelles sèches, et parfois de plumes ou de poils; il est
placé dans une cavité de rocher ou un creux du sol, parmi
des pierres, dans une touffe d'herbe ou un buisson, sous
des racines, etc., et ordinairement au-dessous d'un abri
naturel.

Toute la Normandie. — De passage régulier : arrive en
septembre et repart en mars ou dans la première quinzaine
d'avril avant la reproduction. — P. C.

2. **Anthus obscurus** Penn. — Pipit obscur.

Alauda obscura Penn., *A. petrosa* Mont.
Anthus aquaticus Selby, *A. immutabilis* Degl., *A. litto-*
ralis Brehm, *A. obscurus* Keys. et Bl., *A. petrosus*
Flem., *A. rupestris* Nilss., *A. spinoletta* Macg.
Spipola obscura Leach.

Pipit invariable.

DEGLAND et GERBE. — *Op. cit.*, t. I, p. 373.
LEMETTEIL. — *Op. cit.*, *Insectivores*, p. 297 et 299 ; tir. à
part, t. I, p. 364 et 366.
DUBOIS. — *Op. cit.* : texte, t. I, p. 475 ; atlas, t. I, pl. 110[b],
et pl. XXIV, figs. 95[a].
OLPHE-GALLIARD. — *Op. cit.*, fasc. XXX, p. 77.

Cette espèce habite les rochers et les dunes des côtes
maritimes. Elle est migratrice et sédentaire et a un genre
de vie très-analogue à celui de l'espèce précédente : Pipit
spioncelle (*Anthus spinoletta* L.).

Cet Oiseau, dit Emmanuel Canivet (*Op. cit.*, p. 14), « se
tient sur les rochers les plus rapprochés de la mer et ceux
que la vague couvre par son jaillissement ; il se cramponne
au rocher, laisse passer la pluie de la vague, secoue ses
ailes et ne s'envole pas, à moins que la secousse de l'eau
n'ait été trop forte. Quand on le poursuit, il se sauve à la
mer au lieu de prendre la direction des terres ».

Toute la Normandie. — De passage régulier : passe en
septembre ou octobre, un petit nombre reste pendant la
saison froide, et repasse en mars, et partiellement sédentaire
sur les côtes de cette province. — C.

3. **Anthus pratensis** Briss. — Pipit farlouse.

Alauda pratensis Briss., *A. sepiaria* Briss.

Anthus pratensis Bchst., *A. sepiarius* Vieill., *A. tristis* Baill.

Leimoniptera pratensis Kaup.

Spipola pratensis Leach.

Pipit des prés.

Alouette de pré, Petit-bec-figue, Quic..

BERT. — *Op. cit.*, p. 67; tir. à part, p. 43.
DEGLAND et GERBE. — *Op. cit.*, t. I, p. 367.
LEMETTEIL. — *Op. cit.*, *Insectivores*, p. 304; tir. à part, t. I, p. 371.
GENTIL. — *Op. cit.*, *Passereaux*, p. 176 et 177; tir. à part, p. 164 et 165.
DUBOIS. — *Op. cit.* : texte, t. I, p. 479; atlas, t. I, pl. 111, et pl. XXI, figs. 97.
OLPHE-GALLIARD. — *Op. cit.*, fasc. XXX, p. 63.

Le Pipit farlouse habite les plaines, de préférence les prairies et les marais; il évite les endroits secs et ne va pas dans les bois et les forêts. Il est migrateur et sédentaire, et sociable. Il émigre en bandes, souvent très-grandes. Son naturel est vif. Ses mœurs sont diurnes. Son vol est rapide, facile et saccadé ; il se tient la plus grande partie du temps sur le sol, où il court avec une très-grande rapidité. Sa nourriture se compose d'Insectes et d'Araignées. La femelle fait deux couvées par an, la première ordinairement de cinq ou six œufs. La ponte de la première couvée a lieu en avril et celle de la deuxième dans la seconde quinzaine de juin ou la première quinzaine de juillet. La durée de l'incubation est de treize jours. Le nid, profond, est construit avec des tiges et feuilles sèches de plantes herbacées, des radicelles sèches et souvent de la mousse, et garni intérieurement de fines tiges et feuilles sèches de plantes herbacées, de poils, de crins et parfois aussi de laine ou de duvet végétal ; il est placé dans un creux du sol parmi des herbes ou d'autres végétaux herbacés, parfois à l'abri d'une pierre, etc.

Toute la Normandie. — De passage régulier : arrive en mars ou avril avant la reproduction et repart en octobre, et sédentaire. — T.-C.

NOTE. — « Nous avons trouvé dans les lieux élevés et arides, sur les côtes de Bonsecours, au cap d'Antifer, etc., une variété un peu plus petite, ayant les parties supérieures plus cendrées et les mouchetures des parties inférieures plus foncées, plus larges, confluentes au milieu de la poitrine, où elles forment une tache assez étendue. Cette variété nous a paru, du reste, avoir tous les caractères de l'espèce type ». [E. LEMETTEIL. — *Op. cit.*, *Insectivores*, p. 305 ; tir. à part, t. I, p. 372].

4. **Anthus arboreus** Briss. — Pipit des arbres.

Alauda arborea Briss., *A. minor* Gm., *A. trivialis* L.
Anthus arboreus Bchst., *A. trivialis* Flem.
Dendronanthus trivialis Blyth.
Motacilla spipola Pall.
Pipastes arboreus Kaup.
Spipola agrestis Leach.

Pipit des buissons.

Alouette bocagère, A. buissonnière, A. piperesse.

BERT. — *Op. cit.*, p. 67; tir. à part, p. 43.
DEGLAND et GERBE. — *Op. cit.*, t. I, p. 366.
LEMETTEIL. — *Op. cit.*, *Insectivores*, p. 306; tir. à part, t. I, p. 373.
GENTIL. — *Op. cit.*, *Passereaux*, p. 176 et 177; tir. à part, p. 164 et 165.

Dubois. — *Op. cit.* : texte, t. I, p. 486 ; atlas, t. I, pl. 113, et pl. XIX, figs. 98.

Olphe-Galliard. — *Op. cit.*, fasc. XXX, p. 57.

Le Pipit des arbres habite les taillis, lisières et clairières des bois et des forêts près desquels se trouvent quelques grands arbres ; il aime surtout les endroits garnis de genêts, de bruyères ou d'herbes, et, dans les montagnes, où il se plaît autant que dans les plaines, il s'élève jusqu'à de grandes altitudes ; on le voit souvent dans les prairies garnies d'arbres et situées près des bois, dans les champs de choux, de carottes, de pommes de terre, dans les jardins des campagnes près de lieux boisés, etc. Il est migrateur et sédentaire, et fort peu sociable. Il émigre isolément au printemps et en petites bandes en automne. Ses mœurs sont diurnes. Son vol est assez rapide, saccadé et incertain ; on dirait qu'il fatigue l'Oiseau ; pendant ses migrations, il s'élève très-haut et décrit une ligne fort sinueuse ; il se tient très-souvent à terre, où, quand il le veut, il court assez vite. Sa nourriture se compose d'Insectes et d'Araignées. La femelle ne fait annuellement qu'une couvée, de quatre à six œufs. La ponte a lieu ordinairement dans la première quinzaine de mai. La durée de l'incubation est de treize jours. Cette espèce niche isolément. Le nid est grossièrement construit avec des brins d'herbes secs, des radicelles sèches et parfois de la mousse, et garni intérieurement de laine, de poils et de crins ; il est placé à terre et souvent dans un creux, au pied d'un buisson, parmi les herbes ou les bruyères, etc.

Toute la Normandie. — De passage régulier : arrive en avril avant la reproduction et repart en septembre. — C.

5. **Anthus campestris** Briss. — Pipit rousseline.

Agrodroma campestris Sws.

31

Alauda campestris Briss., *A. grandior* Pall., *A. mosellana* Gm.

Anthus campestris Bchst., *A. rufescens* Temm., *A. rufus* Vieill.

Agrodrome champêtre, A. des champs, A. rousseline.
Pipit champêtre, P. des champs.

DEGLAND et GERBE. — *Op. cit.*, t. I, p. 361.

LEMETTEIL. — *Op. cit.*, *Insectivores*, p. 308; tir. à part, t. I, p. 375.

GENTIL. — *Op. cit.*, *Passereaux*, p. 176; tir. à part, p. 164.

DUBOIS. — *Op. cit.* : texte, t. I, p. 490 ; atlas, t. I, pl. 114, et pl. XXVI, figs. 96ª.

OLPHE-GALLIARD. — *Op. cit.*, fasc. XXX, p. 81.

Le Pipit rousseline habite les endroits stériles, les prés secs, les versants des montagnes couverts d'une maigre végétation, les champs en friche, les steppes, etc., et ne va pas dans les prairies humides et les endroits cultivés ; on le voit souvent près de l'eau. Il est migrateur et sédentaire. Il émigre en petites bandes, et parfois en bandes assez grandes. Ses mœurs sont diurnes. Son vol est rapide et facile; il décrit une ligne longuement ondulée; il court rapidement sur le sol. Sa nourriture se compose d'Insectes, d'Araignées et de Mollusques ; Bolle assure que parfois il se nourrit aussi de graines. La femelle ne fait annuellement qu'une couvée, de quatre à six œufs, le plus souvent de cinq. La ponte a lieu dans la seconde quinzaine de mai ou la première quinzaine de juin. La durée de l'incubation est de treize ou quatorze jours. Cette espèce niche isolément. Le nid est construit avec des brins d'herbes secs, des radicelles sèches, des mousses et parfois des feuilles sèches, et garni intérieurement de brins d'herbes secs plus fins, de radicelles sèches et quelquefois aussi de poils; il est ordinairement placé dans un creux du sol, dans une touffe d'herbe ou de bruyère, sous une motte de terre, etc.

Normandie :

« Cette espèce n'est, je pense, que de passage en Normandie ». [C.-G. CHESNON. — *Op. cit.*, p. 201].

Espèce mentionnée, sans aucune indication géonémique, comme étant de passage accidentel en Normandie. [NOURY. — *Op. cit.*, p. 92].

Seine-Inférieure :

Espèce mentionnée, sans aucune indication géonémique, comme ayant été observée plus d'une fois dans la Seine-Inférieure. [J. HARDY. — *Op. cit.*, p. 287].

Cette espèce « n'est dans notre département que de passage accidentel et très-irrégulier, en août et en septembre, plus rarement au printemps ». [E. LEMETTEIL. — *Op. cit.*, *Insectivores*, p. 309 ; tir. à part, t. I, p. 376].

Calvados :

Beaucoup moins commun que les autres Pipits (*Anthus obscurus* Penn., *A. pratensis* Briss. et *A. arboreus* Briss.). Il est dans ma collection. [LE SAUVAGE. — *Op. cit.*, p. 187].

Cette espèce a été rencontrée en été, dans les dunes et les champs voisins d'Ouistreham, depuis La Pointe-du-Siége jusqu'au nouveau canal, par M. Eugène Eudes-Deslongchamps. [Note, in Mémoir. de la Soc. linnéenne de Normandie, ann. 1849-53, p. XI].

Dunes de Colleville : deux mâles adultes et une femelle adulte, 20 mai 1866 ; un mâle adulte, 28 mai 1865 ; un mâle adulte, 3 juin 1865 ; et un mâle adulte, 10 juin 1867. [Albert FAUVEL, renseign. manuscrit, 1890]. [Collection de Albert FAUVEL, à Caen].

6. **Anthus Richardi** Vieill. — Pipit de Richard.

Anthus longipes Hol., *A. macronyx* Glog., *A. rupestris*
  Ménétr.
Corydalla Richardi Vig.

Corydalle de Richard.

DEGLAND et GERBE. — *Op. cit.*, t. I, p. 363.
LEMETTEIL. — *Op. cit.*, tir. à part, t. I, p. 390.
DUBOIS. — *Op. cit.* : texte, t. I, p. 494; atlas, t. I, pl. 115,
  et pl. XIX, fig. 96.
OLPHE-GALLIARD. — *Op. cit.*, fasc. XXX, p. 87.

Le Pipit de Richard habite les plaines incultes situées
dans le voisinage des eaux, les lieux humides et marécageux, les rizières, les bords couverts d'herbes des cours
d'eau. Il est migrateur et peu sociable. Il émigre en grandes
bandes. Son naturel est querelleur. Ses mœurs sont diurnes. Son vol est rapide, élégant et en ligne ondulée ; il
court sur le sol d'une façon rapide et gracieuse. Sa nourriture se compose d'Insectes et d'Araignées. La femelle
ne fait annuellement qu'une couvée, ordinairement de
cinq œufs. La ponte a lieu en mai. Cette espèce niche isolément. Le nid, peu profond, est construit avec des tiges et
feuilles d'herbes sèches et garni intérieurement de racines
sèches ; il est placé dans un creux du sol, parmi les
herbes.

Seine-Inférieure :

Espèce mentionnée, sans aucune indication géonémique, comme ayant été observée plus d'une fois
dans la Seine-Inférieure. [J. HARDY. — *Op. cit.*,
p. 286].

« Dieppe, 10 janvier, femelle ; et Dieppe, 2 décembre, mâle ». [Collection de Josse HARDY, au Musée de
Dieppe]. [Examinés par H. G. de K.].

« J'ai tué un mâle, le 2 décembre 1827, sur nos
falaises qui bordent la mer,..... plus une femelle,
le 21 janvier 1836 ». [Josse HARDY. — *Manusc. cit.*,
p. 47].

« Nous avons abattu, sur le marais de Lillebonne,
le Pipit Richard..... Ce Pipit... se montre de passage dans nos régions..... Nous le croyons moins
rare que nous ne l'avions pensé d'abord, car nous
avons entendu plusieurs fois son cri, sans pouvoir
jamais le joindre. Enfin, nous sommes parvenu à en
abattre un premier le 15 octobre (1868), et un second
le 22 du même mois..... Une vingtaine de ces
Pipits sont restés une partie de l'automne sur le
marais de Lillebonne. Nous les avons entendus dès
le 10 septembre (1868), et ils n'ont dû partir que
vers la fin d'octobre, à la suite d'une gelée pré-
coce...... Nous avons vu, sur le même marais de
Lillebonne, le 29 avril de cette année (1869), une
vingtaine de ces Oiseaux. Le Pipit Richard peut
donc être considéré comme de double passage dans
notre département ». [E. LEMETTEIL. — *Op. cit.*,
tir. à part, t. I, p. 390].

Calvados :

« Il doit être rare et n'existe point dans nos collections. J'en vis une grande quantité, il y a quatre ans,
sur la côte d'Ingouville (Calvados) ». [LE SAUVAGE. —
Op. cit., p. 187].

M. Albert Fauvel fait savoir qu'un individu a été
tué dans les marais de Troarn, le 24 octobre 1863, et
qu'il fait partie de sa collection. Trois autres ont été
poursuivis en vain. [Note sans titre, in Bull. de la
Soc. linnéenne de Normandie, ann. 1863-64, p. 127].

Cet Oiseau a été tué auprès de la redoute de
Colleville, par M. Eugène Eudes-Deslongchamps,
qui le conserve dans sa collection. [Note, in

Mémoir. de la Soc. linnéenne de Normandie, ann.
1849-53, p. xi].

2ᵉ Genre. *ALAUDA* — ALOUETTE.

I. **Alauda arvensis** L. — Alouette des champs.

Alauda cantarella Bp., *A. coelipeta* Pall., *A. italica*
Gm., *A. vulgaris* Leach.

Alouette commune, A. ordinaire, A. vulgaire.

Bert. — *Op. cit.*, p. 68 ; tir. à part, p. 44.
Degland et Gerbe. — *Op. cit.*, t. I, p. 339.
Lemetteil. — *Op. cit.*, *Insectivores*, p. 313 ; tir. à part, t. I,
  p. 380.
Gentil. — *Op. cit.*, *Passereaux*, p. 174 ; tir. à part, p. 162.
Dubois. — *Op. cit.* : texte, t. I, p. 498 ; atlas, t. I, pl. 116,
  et pl. XVIII, figs. 101.
Olphe-Galliard. — *Op. cit.*, fasc. XXX, p. 109.

L'Alouette des champs habite les champs, les prairies,
etc., en un mot, les divers endroits non boisés, et, pendant
la saison froide, elle s'approche des lieux habités par
l'Homme. Elle est migratrice et sédentaire, et sociable en
dehors de l'époque des amours, pendant laquelle cet Oiseau
est fort querelleur. Elle émigre en bandes plus ou moins
grandes. Ses mœurs sont diurnes. Son vol est très-facile ;
elle décrit une longue ligne ondulée, vole tantôt rapidement, tantôt lentement, et se tient la plus grande partie de
son existence sur le sol, où elle court d'une façon rapide et
marche en se dandinant un peu. Sa nourriture se compose
d'Insectes, d'Araignées, de graines, de jeunes pousses de
plantes, de mouron, etc. La femelle fait deux couvées par an,
et jusqu'à trois si l'année est favorable, la première de quatre à six œufs. La ponte de la première couvée a lieu dès
la seconde quinzaine de mars si ce mois est beau, celle de

la deuxième dans la seconde quinzaine de mai ou la première quinzaine de juin, et celle de la troisième dans la
seconde quinzaine de juillet ou la première quinzaine
d'août. La durée de l'incubation est de quatorze jours.
Cette espèce niche isolément. Le nid est construit d'une
façon lâche et très-négligente, avec des tiges et feuilles
sèches de plantes herbacées, des radicelles sèches, et parfois de la mousse, et garni intérieurement de plus fines tiges
et feuilles sèches de plantes herbacées et de crins ; il est
placé dans une petite dépression du sol, quelquefois creusée
par l'Oiseau, au milieu de végétaux herbacés, dans un
champ, une prairie, et même dans un marais sur un monticule garni d'herbe.

Toute la Normandie. — Sédentaire. — T.-C.

2. **Alauda alpestris** L. — Alouette alpestre.

Alauda cornuta Wils., *A. flava* Gm., *A. nivalis* Pall.
Eremophila alpestris Boie, *E. cornuta* Boie.
Otocoris alpestris Bp., *O. cornuta* Bp.
Phileremos alpestris Brehm, *P. cornutus* Bp.

Alouette alpine, A. à hausse-col, A. à hausse-col noir.
Otocoris alpestre, O. alpine, O. à hausse-col noir.

Degland et Gerbe. — *Op. cit.*, t. I, p. 346.
Lemetteil. — *Op. cit., Insectivores,* p. 316; tir. à part, t. I,
    p. 383.
Dubois. — *Op. cit.* : texte, t. I, p. 525 ; atlas, t. I, pl. 122,
    pl. 122ᵇ, fig. 1, et pl. XXVI, figs. 99.

L'Alouette alpestre habite les endroits rocheux et arides,
les lieux habités par l'Homme, et se tient dans les plaines
pendant la saison froide. Elle est migratrice et sédentaire.
Elle émigre en bandes; des individus précèdent ou suivent

la masse. Ses mœurs sont diurnes. Son vol est très-facile ;
elle décrit une longue ligne ondulée ; quand elle n'a qu'une
petite distance à parcourir, elle ne vole pas bien haut, mais
pendant ses migrations, elle s'élève à une très-grande hauteur ; elle court rapidement sur le sol. Sa nourriture se
compose d'Insectes (surtout de Diptères) et de graines. La
femelle ne fait annuellement qu'une couvée, ordinairement
de cinq œufs. La ponte a lieu en juin. Le nid est proprement construit avec des brindilles sèches et garni intérieurement de brins d'herbe fins et secs, de duvet végétal, etc. ;
il est placé dans une petite dépression du sol, creusée par
l'Oiseau.

Normandie :

Espèce mentionnée, sans aucune indication géonémique, comme étant de passage accidentel en Normandie. [NOURY. — *Op. cit.*, p. 92].

Seine-Inférieure :

« Elle a été tuée en 1865 sur les côtes de Sainte-
Adresse près du Havre ». [E. LEMETTEIL. — *Op. cit.*,
Insectivores, p. 316 ; tir. à part, t. I, p. 383].

On en prend presque tous les hivers, sur le littoral,
dans le canton d'Eu ; pendant l'hiver de 1888-89,
cette espèce a été vue en quantité ; l'individu que je
possède a été pris au Mesnil-Val, commune de
Criel. [Louis-Henri BOURGEOIS, renseign. manuscrit, 1889].

Calvados :

« Je ne sache pas qu'elle ait été tuée dans nos
parages. M. de Franqueville m'a affirmé qu'un couple avait été vu et longtemps poursuivi dans les
champs de Grainville (route de Falaise) ». [LE SAU-
VAGE. — *Op. cit.*, p. 188].

Observé dans ce département par M. Le Sauvage.
Cette espèce avait déjà été signalée par M. C.-G.
Chesnon. [Note sans titre, in Mémoir. de la Soc.
linnéenne de Normandie, ann. 1839-42, p. x].

M. de Mathan annonce qu'un individu a été tué
dernièrement à Isigny et qu'il fait partie de sa collection. [Note sans titre, in Bull. de la Soc. linnéenne
de Normandie, ann. 1862-63, p. 11].

Manche :

« Deux sujets, mâle et femelle, ont été tués, en
décembre 1861, au Pont-du-Vey, par M. Louvel,
d'Isigny, qui a eu l'obligeance de me les communi-
quer ». [J. Le Mennicier. — *Op. cit.,* p. 15].

3. **Alauda cristata** L. — Alouette cochevis.

Alauda galerita Pall., *A. undata* Gm.
Galerida cristata Boie.
Lullula cristata Kaup.

Alouette des chemins, A. huppée.
Cochevis huppé.

Bert. — *Op. cit.,* p. 68 ; tir. à part, p. 44.
Degland et Gerbe. — *Op. cit.,* t. I, p. 357.
Lemetteil. — *Op. cit., Insectivores,* p. 317; tir. à part,
    t. I, p. 384.
Gentil. — *Op. cit., Passereaux,* p. 174 et 175; tir. à part,
    p. 162 et 163.
Dubois. — *Op. cit.* : texte, t. I, p. 508 ; atlas, t. I, pl. 118,
    et pl. XVIII, figs. 100,1.
Olphe-Galliard. — *Op. cit.,* fasc. XXX, p. 96.

L'Alouette cochevis habite les lieux arides, les champs
cultivés, les prairies sèches, etc., et, surtout pendant la sai-

son froide, le voisinage des lieux habités par l'Homme ; on la voit souvent dans l'intérieur des villages et des petites villes ; elle évite les endroits humides et les endroits boisés. Elle est sédentaire et migratrice, et peu sociable. Elle émigre en petites bandes. Son naturel est paisible hors le temps des amours. Ses mœurs sont diurnes. Son vol est rapide, léger et irrégulier ; pendant ses migrations elle s'élève à une grande hauteur, à terre elle court avec une grande légèreté. Sa nourriture se compose de graines (surtout de Graminées), d'Insectes, de jeunes pousses et de bourgeons. La femelle fait habituellement deux couvées par an : la première ordinairement de cinq ou six œufs et la seconde de quatre ou cinq. La ponte de la première couvée a lieu en avril. La durée de l'incubation est de quatorze jours. Cette espèce niche isolément. Le nid est construit, d'une façon grossière et lâche, avec des tiges, feuilles et racines sèches de végétaux herbacés et de la mousse, et garni intérieurement de plus fines Graminées sèches et parfois de duvet végétal ; il est placé à terre dans une petite dépression naturelle ou creusée par l'Oiseau, dans une touffe d'herbe, dans un sillon, etc.

Toute la Normandie. — De passage irrégulier, quand la saison froide est rigoureuse, et sédentaire dans certaines localités. — A. C.

NOTE. — « J'ai remarqué que cette espèce est très-rare dans l'arrondissement de Bayeux, tandis qu'elle est très-commune dans celui de Caen, qui est limitrophe ; au-dessus de la vallée de Vieux-Pont, à une lieue de Bayeux, on trouve très-communément le Cochevis ; de Bayeux à Vieux-Pont on n'en voit point. Dans les plaines de Crépon, on en trouve quelquefois, mais il paraît que cette espèce y est rare ; dans les environs de Creully, et jusqu'à Caen, elle y est aussi commune que l'Alouette des champs ». [C.-G. CHESNON. — *Op. cit.*, p. 211].

4. **Alauda arborea** L. — Alouette lulu.

Alauda cristata Pall., *A. cristatella* Lath., *A. nemorosa*
   Gm.
Galerida arborea Brehm.
Lullula arborea Kaup.

Alouette des bois.
Lulu des bois, L. des bruyères.

Cocoyu, Turlu.

Bert. — *Op. cit.*, p. 68; tir. à part, p. 44.
Degland et Gerbe. — *Op. cit.*, t. I, p. 340.
Lemetteil. — *Op. cit.*, *Insectivores*, p. 319; tir. à part,
   t. I, p. 386.
Gentil. — *Op. cit.*, *Passereaux*, p. 174; tir. à part,
   p. 162.
Dubois. — *Op. cit.* : texte, t. I, p. 503; atlas, t. I, pl. 117, et
   pl. XIX, figs. 100,2.
Olphe-Galliard. — *Op. cit.*, fasc. XXX, p. 103.

L'Alouette lulu habite les lieux arides, les landes, les plateaux des montagnes, les forêts et bois de Conifères, moins
souvent ceux composés de Chênes, de Hêtres et de Bouleaux, etc., et ne va pas dans le touffu des bois et forêts
sombres ; pendant la saison froide, on la voit aussi dans les
prairies fauchées, les champs en friche, les jachères, etc.
Elle est migratrice et sédentaire, et sociable. Elle émigre
par couples, par familles ou en petites bandes. Son naturel
est vif et paisible. Ses mœurs sont diurnes. Son vol est
rapide, léger et irrégulier; elle décrit de grandes courbes et
des lignes très-sinueuses ; pendant ses migrations, elle vole
très-haut quand il fait beau, et bas quand le temps est plu-
vieux ou venteux ; elle court rapidement sur le sol. Sa nourriture se compose d'Insectes, d'Araignées, de graines (particulièrement de Graminées), de jeunes pousses, de bourgeons,

de trèfle, de mouron, etc. La femelle fait deux couvées par an, la première de quatre à six œufs. La ponte de la première couvée a lieu en avril. La durée de l'incubation est de treize ou quatorze jours. Cette espèce niche isolément. Le nid, assez profond, peu compacte et sans élégance, est construit avec des tiges et feuilles sèches de Graminées, des radicelles sèches et de la mousse, et garni intérieurement de matériaux plus fins et parfois de laine, de poils ou de crins; il est placé dans une petite dépression du sol, creusée ordinairement par l'Oiseau, au milieu de bruyères, de ronces ou d'herbes, sous des branches d'un Conifère, sous des fougères, etc.

Toute la Normandie. — De passage régulier : arrive en octobre ou novembre et repart en mars avant la reproduction. — A. C.

5. **Alauda brachydactyla** Leisl. — Alouette calandrelle.

Alauda arenaria Vieill.
Calandrella brachydactyla Kaup.
Calandritis brachydactyla Cab.
Melanocorypha arenaria Bp., *M. brachydactyla* Brehm.
Phileremos brachydactyla Keys. et Bl.

Calandre brachydactyle, C. calandrelle.

Degland et Gerbe. — *Op. cit.*, t. I, p. 341.

Lemetteil. — *Op. cit.*, *Insectivores*, p. 321 ; tir. à part, t. I, p. 388.

Gentil. — *Op. cit.*, *Passereaux*, p. 174 et 175 ; tir. à part, p. 162 et 163.

Dubois. — *Op. cit.* : texte, t. I, p. 512; atlas, t. I, pl. 119, et pl. XXXII, figs. 101[b].

Olphe-Galliard. — *Op. cit.*, fasc. XXX, p. 125.

L'Alouette calandrelle habite les lieux arides, les steppes, les rivages maritimes bas, les chaumes, etc., et n'évite pas les champs cultivés. Elle est migratrice et sédentaire. Elle émigre en bandes plus ou moins grandes. Ses mœurs sont diurnes. Elle décrit en volant une ligne ondulée irrégulière. Sa nourriture se compose d'Insectes et de graines. La femelle fait deux couvées par an : la première ordinairement de quatre œufs, quelquefois de cinq, et la seconde de trois ou quatre. La ponte de la première couvée a lieu en mai et celle de la deuxième dans la seconde quinzaine de juin ou la première quinzaine de juillet. Le nid est construit avec des tiges et feuilles sèches de plantes herbacées, des radicelles sèches, etc., et garni intérieurement de duvet végétal ; il est placé dans une petite dépression du sol au milieu de plantes herbacées, au pied d'un buisson, etc.

Normandie :

« Je doute qu'elle se trouve en Normandie, quoiqu'un chasseur m'ait assuré l'avoir tuée ». [C.-G. CHESNON. — *Op. cit.*, p. 212].

Espèce mentionnée, sans aucune indication géonémique, comme étant de passage accidentel en Normandie. [NOURY. — *Op. cit.*, p. 93].

Seine-Inférieure :

Cette espèce « ne fait dans notre département que de très-rares apparitions ». [E. LEMETTEIL. — *Op. cit., Insectivores*, p. 321; tir. à part, t. I, p. 388].

Calvados :

Cette espèce ne peut se rencontrer que très-accidentellement dans nos environs. Elle aurait été tuée dans les environs de Bayeux, depuis la publication de l'ouvrage de Chesnon (*Op. cit.*). [LE SAUVAGE. — *Op. cit.*, p. 188].

OBSERVATION.

Alauda calandra L. (Alouette calandre).

C.-G. Chesnon mentionne cette espèce (*Op. cit.*, p. 212), mais il ne dit même pas si elle a été observée en Normandie.

Le Sauvage dit (*Op. cit.*, p. 188) que cette espèce ne peut se rencontrer que très-accidentellement dans le Calvados, qu'elle est dans la collection de M. Chesnon, et qu'elle aurait été tuée dans les environs de Bayeux, depuis la publication de l'ouvrage de M. Chesnon (*Op. cit.*).

Je n'ose pas, d'après ces vagues renseignements, les seuls que je connaisse à cet égard, inscrire l'*Alauda calandra* L. au nombre des Oiseaux venus d'une façon naturelle en Normandie.

4ᵉ Ordre. *GRANIVORA* — GRANIVORES.

1ʳᵉ Famille. *FRINGILLIDAE* — FRINGILLIDÉS.

1ᵉʳ Genre. *EMBERIZA* — BRUANT.

1. Emberiza lapponica L. — Bruant montain.

Centrophanes calcarata G.-R. Gray, *C. lapponica* Kaup.
Emberiza calcarata Temm., *E. lapponica* Nilss.
Fringilla calcarata Pall., *F. lapponica* L., *F. montana* Briss.
Hortulanus montanus Leach.
Passer calcaratus Pall.
Passerina lapponica Vieill.
Plectrophanes calcaratus B. Meyer, *P. lapponicus* Selby.

Bruant lapon.

Plectrophane lapon, P. montain.

Degland et Gerbe. — *Op. cit.*, t. I, p. 334.
Brehm. — *Op. cit.*, t. I, p. 206, et fig. 66 (p. 209).
Dubois. — *Op. cit.* : texte, t. I, p. 532; atlas, t. I, pl. 123
et 123ᵇ, et pl. XIX, figs. 103.

Le Bruant montain habite les endroits couverts de mousse
et de buissons, les lieux arides et les endroits des régions
septentrionales couverts de Bouleaux ou de Saules. Il est
migrateur et très-sociable. Il émigre en bandes plus ou
moins grandes. Son naturel est paisible. Ses mœurs
sont diurnes. Son vol est rapide, léger et ondulé; il court
très-vite sur le sol. Sa nourriture se compose de graines et
d'Insectes (surtout de Diptères). La femelle ne fait annuellement qu'une couvée, de cinq ou six œufs. La ponte a lieu en
juin. Le nid, en forme de coupe, est construit avec des
tiges et feuilles sèches de Graminées et de la mousse, et
garni intérieurement de plumes; il est placé sur le sol, entre
des racines, dans une touffe d'une plante herbacée, etc.

Seine-Inférieure :

Espèce mentionnée, sans aucune indication géonémique, comme n'ayant encore été observée qu'une fois
dans la Seine-Inférieure. [J. Hardy. — *Op. cit.*,
p. 288].

Un individu a été pris à Bracquemont, en 1878.
[Léon Gaillon, renseign. manuscrit, 1890]. [Collec-
tion de Léon Gaillon, à Bracquemont (Seine-Inférieure)].

M. Hermann Gaillon a reçu un Bruant montain,
tué à Bracquemont. Cet Oiseau, très-rare dans nos
contrées, ne se rencontre sur nos côtes que lorsque
la neige tombe en abondance, avec gros vent de Nord-

Est. [*Journal de Dieppe,* n° du 25 mars 1888, p. 3, col. 2].

Calvados :

« Nouveau pour le Calvados. Deux individus ont été achetés au marché de Caen, par M. Delangle, médecin : l'un est dans sa collection, l'autre dans celle de M. Le Sauvage ». [Note, in Mémoir. de la Soc. linnéenne de Normandie, ann. 1849-53, p. XI].

2. **Emberiza nivalis** L. — Bruant de neige.

Emberiza borealis Degl., *E. glacialis* Lath., *E. lotharingica* Gm., *E. montana* Gm., *E. mustelina* Gm.
Hortulanus glacialis Leach.
Passerina borealis Vieill., *P. nivalis* Vieill.
Plectrophanes borealis Brehm, *P. hiemalis* Brehm, *P. nivalis* B. Meyer.

Plectrophane de neige.

Pilote.

BERT. — *Op. cit.,* p. 71 et 72 ; tir. à part, p. 47 et 48.
DEGLAND et GERBE. — *Op. cit.,* t. I, p. 332.
LEMETTEIL. — *Op. cit., Granivores,* p. 54 ; tir. à part, t. II, p. 10.
GENTIL. — *Op. cit., Passereaux,* p. 169 et 173 ; tir. à part, p. 157 et 161.
DUBOIS. — *Op. cit.* : texte, t. I, p. 536 ; atlas, t. I, pl. 124 et 124[b], et pl. XX, figs. 104.
OLPHE-GALLIARD. — *Op. cit.,* fasc. XXXI, p. 5.

Le Bruant de neige habite, pendant la saison chaude, les versants rocheux des montagnes et les endroits déserts à peine garnis d'une maigre végétation, dans les régions très-

septentrionales,. et, pendant la saison froide, tous les
endroits où il peut trouver à se nourrir, allant parfois jusque dans l'intérieur des villes ; il paraît éviter, pendant ses
migrations, les bois et les forêts des plaines et même les
montagnes boisées. Il est migrateur. et sédentaire, et très-
sociable. Il émigre en bandes plus ou moins grandes. Son
naturel est vif. Ses mœurs sont diurnes. Son vol est facile
et léger ; il décrit une longue ligne ondulée, vole ordinairement au ras de terre et s'élève parfois très-haut, surtout.
pendant ses migrations ; il court rapidement sur le sol. Sa
nourriture se compose de graines et d'Insectes (surtout de
Diptères). La femelle ne fait annuellement qu'une couvée, de
cinq ou six œufs. Le nid est construit avec des tiges et
feuilles sèches de plantes herbacées, de la mousse et des
lichens, et garni intérieurement de fines tiges et feuilles.
sèches de Graminées, de poils et de plumes ; il est placé
dans une cavité de rocher, parmi des pierres, sous une
grosse pierre, etc. Au Grœnland, dit Jules Vian (renseign.
manuscrit), on trouve souvent ce nid sur les cadavres,
entre les pierres qui les recouvrent ; et les Grœnlandais le
respectent scrupuleusement.

Normandie :

« Très-rare en Normandie. J'en ai tué trois individus dans l'hiver de 1830. Cette espèce.......
émigre pendant les grands hivers ». [C.-G. CHES-
NON. — *Op. cit.*; p. 219].

Espèce mentionnée, sans aucune indication géonémique, comme étant de passage accidentel en Normandie. [NOURY. — *Op. cit.*, p. 94].

Seine-Inférieure :

Espèce mentionnée, sans aucune indication géonémique, comme ayant été observée plus d'une fois dans
la Seine-Inférieure. [J. HARDY. — *Op. cit.*, p. 288].

32

Dieppe, octobre, deux mâles. [Collection de Josse HARDY, au Musée de Dieppe]. [Examinés par H. G. de K.].

Cette espèce n'apparaît que de loin en loin dans notre localité, et toujours en hiver. [E. LEMETTEIL. — *Op. cit.*, *Granivores*, p. 55; tir. à part, t. II, p. 11].

Observé sur le littoral du canton d'Eu, pendant différents hivers, en temps de neige. Un individu pris à Penly, dans l'hiver de 1879-1880, fait partie de ma collection. [Louis-Henri BOURGEOIS, renseign. manuscrit, 1888 et 1889].

Un individu a été pris à Bracquemont, en 1878. [Léon GAILLON, renseign. manuscrit, 1890]. [Collection de Léon GAILLON, à Bracquemont (Seine-Inférieure)].

Calvados :

« Cet Oiseau..... nous visite en hiver et se voit en petites troupes, vers le mois de décembre, sur les bords de la mer ». [LE SAUVAGE. — *Op. cit.*, p. 190].

« Saint-Aubin-sur-Mer, 2 novembre 1865, mâle ». [Albert FAUVEL, renseign. manuscrit, 1890]. [Collection de Albert FAUVEL, à Caen].

« En novembre 1886, une bande fut remarquée sur la plage de Villers-sur-Mer; plusieurs furent abattus et trois sujets me sont parvenus ». [Émile ANFRIE, renseign. manuscrit, 1888].

Manche :

« On le trouve, en hiver et en temps de neige, le long des dunes et des rivages de la mer, mais pas régulièrement ». [Emmanuel CANIVET. — *Op. cit.*, p. 15].

« J'ai tué, à Réville et à Saint-Vaast, le Bruant de
neige, au mois de novembre 1853, époque à laquelle
il était assez commun ». [A^d Benoist. — *Op. cit.*,
p. 235].

« Ne se trouve qu'en hiver, le long des rivages de
la mer, où je l'ai tué ». [J. Le Mennicier.— *Op. cit.*,
p. 26].

3. **Emberiza miliaria** L. — Bruant proyer.

Cynchramus miliaria Bp.
Miliaria europaea Sws., *M. septentrionalis* Brehm.
Spinus miliarius G.-R. Gray.

Proyer d'Europe.

Gros-bec, Gros-pré, Prêle, Tisserand, Verdri.

Bert. — *Op. cit.*, p. 71 et 72; tir. à part, p. 47 et 48.

Degland et Gerbe. — *Op. cit.*, t. I, p. 308.

Lemetteil. — *Op. cit.*, *Granivores*, p. 57; tir. à part,
t. II, p. 13.

Gentil. — *Op. cit.*, *Passereaux*, p. 169; tir. à part,
p. 157.

Dubois. — *Op. cit.* : texte, t. I, p. 540; atlas, t. I, pl. 125,
et pl. XVIII, figs. 106.

Olphe-Galliard. — *Op. cit.*, fasc. XXXI, p. 15.

Le Bruant proyer habite les prairies plus ou moins
marécageuses, les champs, surtout ceux de colza, les
endroits fertiles et humides parsemés de buissons ou d'arbres isolés, etc.; on le voit aussi dans les champs secs; pendant la saison froide, il s'approche des lieux habités par
l'Homme; il évite les montagnes et les bois et les forêts. Il
est migrateur, errant et sédentaire. Il émigre en bandes.

Son naturel est très-querelleur, ordinairement assez tran-
quille, et remuant à l'époque de la reproduction. Ses mœurs
sont diurnes. Son vol est assez rapide, pénible et en ligne
ondulée ; pendant ses migrations il vole généralement à une
assez grande hauteur ; à terre il sautille lentement. Sa nourriture se compose d'Insectes et de graines. La femelle fait
deux couvées par an : la première de quatre à six œufs,
exceptionnellement de sept, et la seconde de trois ou quatre
au plus. La ponte de la première couvée a lieu dans la
seconde quinzaine d'avril ou la première quinzaine de mai
et celle de la deuxième en juin ou dans la première quinzaine de juillet. La durée de l'incubation est d'environ quinze
jours. Cette espèce niche isolément. Le nid, peu compacte,
est construit avec des tiges et feuilles sèches de Graminées, des brindilles, radicelles et feuilles sèches, et de la
mousse, et garni intérieurement de brins d'herbe fins et
secs, de crins ou de poils ; il est généralement placé à terre
dans une petite dépression parmi des végétaux herbacés,
quelquefois dans un buisson très-près du sol ou sur le sol
même, etc.

Toute la Normandie. — De passage régulier : arrive
en avril avant la reproduction et repart en septembre ou
octobre, et sédentaire. — P. C.

4. **Emberiza citrinella** L. — Bruant jaune.

Citrinella citrinella G.-R. Gray.

Verdier, Verdière, Verdri, Verdrie, Verdrier, Verdrix.

Bert. — *Op. cit.*, p. 71 ; tir. à part, p. 47.
Degland et Gerbe. — *Op. cit.*, t. I, p. 310.
Lemetteil. — *Op. cit.*, *Granivores*, p. 59 ; tir. à part,
t. II, p. 15.

Gentil. — *Op. cit.*, *Passereaux*, p. 169 et 170 ; tir. à part, p. 157 et 158.

Dubois. — *Op. cit.* : texte, t. I, p. 544 ; atlas, t. I, pl. 126, et pl. XVIII, figs. 107.

Olphe-Galliard. — *Op. cit.*, fasc. XXXI, p. 53.

Le Bruant jaune habite les prairies et les champs qui possèdent des haies, des buissons ou des arbres, les bosquets, les lisières des bois et des forêts, les jardins des campagnes, etc., mais ne va pas dans la profondeur des forêts ; quand la saison froide est rigoureuse, il s'approche des lieux habités par l'Homme et pénètre dans les villages. Il est sédentaire, errant et migrateur, et sociable. Son naturel est très-querelleur, et remuant excepté à l'époque de la mue. Ses mœurs sont diurnes. Son vol est rapide et facile ; à terre il sautille avec plus ou moins de vivacité. Sa nourriture se compose de graines, d'Insectes et d'Araignées. La femelle fait deux couvées par an, et jusqu'à trois si l'année est très-favorable, la première de quatre ou cinq œufs, rarement de six. La ponte de la première couvée a lieu en avril et celle de la seconde en juin. La durée de l'incubation est de treize jours. Cette espèce niche isolément. Le nid est construit avec des tiges et feuilles sèches de plantes herbacées, des radicelles sèches et parfois de la mousse, et rarement garni à l'intérieur de laine, de poils ou de crins ; il est placé à une très-faible hauteur dans un buisson, une haie, etc., ou sur le sol dans une touffe d'herbe, au pied d'un buisson ou d'une haie, etc.

Toute la Normandie. — Sédentaire. — T.-C.

5. **Emberiza cirlus** L. — Bruant zizi.

Cirlus cirlus G.-R. Gray.

Emberiza eleathorax Bchst., *E. sepiaria* Briss.

Bruant des haies.

Bribri.

BERT. — *Op. cit.*, p. 71, et pl. I, fig. 22 ; tir. à part, p. 47, et même fig.

DEGLAND et GERBE. — *Op. cit.*, t. I, p. 311.

LEMETTEIL. — *Op. cit.*, *Granivores*, p. 62 ; tir. à part, t. II, p. 18.

GENTIL. — *Op. cit.*, *Passereaux*, p. 169 et 170 ; tir. à part, p. 157 et 158.

DUBOIS. — *Op. cit.* : texte, t. I, p. 547 ; atlas, t. I, pl. 127, et pl. XIX, fig. 109.

OLPHE-GALLIARD. — *Op. cit.*, fasc. XXXI, p. 50.

Le Bruant zizi habite les buissons, les haies, les lisières des bois et des forêts, les bosquets, les prairies, les champs, les steppes, même les jardins des campagnes. Il est migrateur et sédentaire. Son naturel est querelleur. Ses mœurs sont diurnes. A terre il sautille avec aisance. Sa nourriture se compose de graines et d'Insectes. La femelle fait deux couvées par an, et jusqu'à trois si l'année est très-favorable, la première généralement de cinq œufs et très-rarement de six. Le nid est construit avec des tiges et feuilles sèches de plantes herbacées, et garni intérieurement de radicelles sèches ; il est placé dans un buisson, sur un arbuste, à terre parmi des plantes basses, etc.

Toute la Normandie. — De passage régulier : arrive en avril avant la reproduction et repart généralement en octobre, et sédentaire. — A. C.

6. **Emberiza cia** L. — Bruant fou.

Cia cia G.-R. Gray.

Emberiza barbata Scop., *E. lotharingica* Gm., *E. pra-tensis* Briss.

Bruant des prés.

DEGLAND et GERBE. — *Op. cit.*, t. I, p. 312.

LEMETTEIL. — *Op. cit.*, *Granivores*, p. 64; tir. à part, t. II, p. 20.

DUBOIS. — *Op. cit.* : texte, t. I, p. 550; atlas, t. I, pl. 128, et pl. XXI, figs. 110.

OLPHE-GALLIARD. — *Op. cit.*, fasc. XXXI, p. 43.

Le Bruant fou habite, pendant la saison chaude, les montagnes, surtout les flancs escarpés, et les plaines pendant la saison froide. Il est sédentaire et migrateur. Son naturel est querelleur. Ses mœurs sont diurnes. Sa nourriture se compose de graines et d'Insectes. La femelle fait probablement deux couvées par an, la première généralement de trois à cinq œufs. Cette espèce niche isolément. Le nid est construit avec des tiges et feuilles sèches de plantes herbacées, de la mousse et parfois des fibres corticales, et garni intérieurement de radicelles sèches et de crins; il est placé dans une cavité de rocher, dans un buisson ou une haie, dans une cavité de mur, etc.

Normandie :

« Cette espèce se trouve fort rarement en Normandie ». [C.-G. CHESNON. — *Op. cit.*, p. 218].

Seine-Inférieure :

Cette espèce « se montre rarement dans notre département ». [E. LEMETTEIL. — *Op. cit.*, *Granivores*, p. 65; tir. à part, t. II, p. 21].

Calvados :

« Un individu a été tué à Blainville et se voit dans la collection du Dr Hardouin ». [LE SAUVAGE. — *Op. cit.*, p. 190].

7. Emberiza hortulana L. — Bruant ortolan.

Emberiza badensis Gm., *E. chlorocephala* Gm., *E. Tunstalli* Lath.

Glycyspina hortulana Cab.

Hortulanus chlorocephalus Bp.

BERT. — *Op. cit.*, p. 71 ; tir. à part, p. 47.

DEGLAND et GERBE. — *Op. cit.*, t. I, p. 316.

LEMETTEIL. — *Op. cit.*, *Granivores*, p. 66 ; tir. à part, t. II, p. 22.

GENTIL. — *Op. cit.*, *Passereaux*, p. 169 et 171; tir. à part, p. 157 et 159.

DUBOIS. — *Op. cit.* : texte, t. I, p. 553; atlas, t. I, pl. 129, et pl. XIX, figs. 108.

OLPHE-GALLIARD. — *Op. cit.*, fasc. XXXI, p. 35.

Le Bruant ortolan habite les lisières des bois et des forêts, les buissons, les prairies, les champs, les vignobles, les jardins des campagnes, de préférence dans le voisinage de l'eau ; on ne le voit pas dans les vrais marais. Il est migrateur et sédentaire. Il émigre isolément ou par familles. Son naturel est paisible. Ses mœurs sont diurnes. Son vol a lieu généralement à une faible hauteur. Sa nourriture se compose principalement de graines de Graminées et d'Insectes. La femelle fait d'ordinaire deux couvées par an, chacune habituellement de cinq œufs, souvent de quatre et rarement de six. La ponte de la première couvée a lieu en mai et celle de la deuxième dans la seconde quinzaine de juin ou la première quinzaine de juillet. La durée de l'incubation est de treize jours. Le nid est construit, d'une façon plus ou moins compacte, avec des tiges et feuilles sèches de plantes herbacées, des racines et feuilles sèches, de la mousse, etc., et garni intérieurement de radicelles sèches et souvent de poils ou de crins ; il est placé généralement dans une petite dépression du sol creusée par l'Oiseau au milieu de végétaux herbacés ou au pied d'un buisson, ou près du sol dans un buisson ou une haie, etc.

Normandie :

Espèce mentionnée, sans aucune indication géonémique, comme étant de passage accidentel en Normandie. [Noury. — *Op. cit.*, p. 93].

Seine-Inférieure :

Espèce mentionnée, sans aucune indication géonémique, comme ayant été observée plus d'une fois dans la Seine-Inférieure. [J. Hardy. — *Op. cit.*, p. 287].

Cet oiseau « se montre quelquefois dans nos localités, où nous l'avons abattu le 15 avril 1861. Quelques couples se reproduisent dans notre département ». [E. Lemetteil. — *Op. cit.*, *Granivores*, p. 67 ; tir. à part, t. II, p. 23].

Eure :

Espèce mentionnée comme ayant été observée dans le canton de Gisors. [Charles Bouchard. — *Op. cit.*, p. 20].

Calvados :

« M. Le Normand, ainsi que M. Dubourg-d'Isigny, naturalistes très-distingués à Vire, m'ont assuré que

des individus ont été tués dans les environs de cette
ville ». [C.-G. Chesnon. — *Op. cit.*, p. 220].

« Cet Oiseau..... doit être chez nous de passage ».
[Le Sauvage. — *Op. cit.*, p. 190].

8. **Emberiza schoeniclus** L. — Bruant des
roseaux.

Cynchramus schoeniclus Boie.

Emberiza arundinacea S. Gm.

Schoenicola arundinacea Bp.

Cynchrame des roseaux, C. schoenicole.

Moineau de rivière, M. des prés, Ortolan des roseaux.

Bert. — *Op. cit.*, p. 71 ; tir. à part, p. 47.

Degland et Gerbe. — *Op. cit.*, t. I, p. 323.

Lemetteil. — *Op. cit.*, *Granivores*, p. 69 ; tir. à part,
t. II, p. 25.

Gentil. — *Op. cit.*, *Passereaux*, p. 169 et 172 ; tir. à part,
p. 157 et 160.

Dubois. — *Op. cit.* : texte, t. I, p. 556 ; atlas, t. I, pl. 130,
et pl. XX, figs. 111.

Olphe-Galliard. — *Op. cit.*, fasc. XXXI, p. 26.

Le Bruant des roseaux habite les endroits des plaines où
croissent des roseaux, des joncs, des buissons de Saules et
autres plantes aquatiques. Il est migrateur et sédentaire, et
sociable. Il émigre par familles, en bandes, par couples ou
isolément. Son naturel est très-remuant. Ses mœurs sont
diurnes. Son vol est léger ; à terre il sautille d'une façon
rapide. Sa nourriture se compose de graines, d'Insectes et
d'Araignées. La femelle fait généralement deux couvées par

an, la première de quatre à six œufs. La ponte de la première couvée a lieu en avril et celle de la seconde en juin
ou juillet. La durée de l'incubation est de quatorze jours.
Le nid, peu profond, est grossièrement construit avec des
brindilles sèches, des tiges et feuilles sèches de plantes herbacées, des feuilles sèches et de la mousse, et garni intérieurement de brins d'herbe plus fins et secs, de crins, de duvet végétal, etc.; il est ordinairement placé à terre parmi
des végétaux herbacés ou entre des racines, ou près du sol
dans un buisson, etc.

Toute la Normandie. — De passage régulier : arrive
en février ou mars avant la reproduction et repart en octobre. — A. C.

9. **Emberiza passerina** Pall. — Bruant passerine.

Lemetteil. — *Op. cit.*, *Granivores*, p. 71 ; tir. à part, t. II,
p. 27.

Cette espèce a probablement le même genre de vie que
celle qui précède : le Bruant des roseaux (*Emberiza schoeniclus* L.).

Seine-Inférieure :

« Nous avons capturé le 7 février 1867, sur le
marais de Lillebonne, une jeune femelle que nous
avons conservée vivante quelques jours....... Le
Passerine ne fait vraisemblablement dans nos contrées
que de très-rares apparitions; nous pensons cependant qu'il s'y montre plus souvent qu'on ne le pense,
mais qu'il y passe inaperçu, à cause de ses rapports
marqués avec le Bruant des roseaux. On y rencontre le plus souvent de jeunes individus égarés,
ou entraînés par d'autres espèces dans leurs mi-

grations ». [E. Lemetteil. — *Op. cit.*, *Granivores*,
p. 72 ; tir. à part, t. II, p. 28]. — La jeune femelle
en question a été examinée par Jules Vian. [H. G.
de K.].

2ᵉ Genre. *AEGIOTHUS* — SIZERIN.

1. **Aegiothus linarius** L. — Sizerin boréal.

Acanthis linaria Bp.
Aegiothus linarius Cab.
Fringilla linaria L.
Linaria borealis Vieill.
Linota borealis Bp.
Passer linaria Pall.
Spinus linaria K.-L. Koch.

Tarin sizerin.

Linot de vigne, Petite-linotte, Tartarin.

Bert. — *Op. cit.*, p. 73 et 74 ; tir. à part, p. 49 et 50.
Degland et Gerbe. — *Op. cit.*, t. I, p. 293.
Lemetteil. — *Op. cit.*, *Granivores*, p. 76 ; tir. à part, t. II,
p. 32.
Dubois. — *Op. cit.* : texte, t. I, p. 606 ; atlas, t. I, pl. 143,
et pl. XXIX, figs. 131.

Le Sizerin boréal habite les forêts et les bois, de préférence ceux qui sont riches en Bouleaux ou en Aulnes ; on
le voit aussi dans les champs bordés d'arbres isolés ou de
buissons, et, pendant la saison froide, il s'aventure même
jusque dans les villages. Il est migrateur, errant et sédentaire, et très-sociable. Il émigre en bandes plus ou moins

grandes. Son naturel est vif. Ses mœurs sont diurnes. Son vol est rapide et en ligne ondulée; dans les endroits boisés il vole près du sol, mais quand il franchit un espace dépourvu d'arbres il s'élève assez haut; à terre il sautille très-lestement et avec assez de légèreté. Sa nourriture se compose de graines et d'Insectes (surtout de Diptères). La femelle ne fait annuellement qu'une couvée, de quatre à six œufs. Le nid est construit avec des brindilles sèches et de la mousse, et tapissé intérieurement de duvet végétal et de plumes; il est placé dans un buisson, etc.

Seine-Inférieure :

Espèce mentionnée, sans aucune indication géonémique, comme ayant été observée plus d'une fois dans la Seine-Inférieure. [J. HARDY. — *Op. cit.*, p. 288].

« Il émigre dans nos contrées plus rarement que le Sizerin cabaret, et, coïncidence bizarre, on a remarqué que quand l'une des deux espèces se montre dans notre pays en grande abondance, l'autre n'y paraît qu'en petit nombre. Cette espèce a été abattue plusieurs fois dans notre département, où elle arrive le plus souvent vers la fin de novembre; mais ses apparitions sont très-irrégulières et n'ont lieu que tous les cinq ou six ans ». [E. LEMETTEIL. — *Op. cit.*, *Granivores*, p. 77; tir. à part, t. II, p. 33].

Calvados :

M. Le Sauvage fait savoir que le Sizerin boréal a été tué dans le Calvados, depuis la publication de son Catalogue (*Op. cit.*). [Note, in Mémoir. de la Soc. linnéenne de Normandie, ann. 1843-48, p. xxvii].

Manche :

« Très-rare; de passage accidentel en hiver ». [J. LE MENNICIER. — *Op. cit.*, p. 27].

1bis. **Aegiothus linarius** L. var. **rufescens** Vieill. — Sizerin boréal var. cabaret.

Acanthis rufescens Bp.
Aegiothus rufescens Cab.
Linaria minima Briss., *L. rufescens* Vieill.
Linota rufescens Dress.

Sizerin cabaret, S. roussâtre.
Tarin roussâtre.

Linot de vigne, L. rouge, Petite-linotte, Tartarin.

Degland et Gerbe. — *Op. cit.*, t. I, p. 297.
Lemetteil. — *Op. cit.*, *Granivores*, p. 78 ; tir. à part, t. II, p. 34.
Gentil. — *Op. cit.*, *Passereaux*, p. 169 ; tir. à part, p. 157.
Dubois. — *Op. cit.* : texte, t. I, p. 607 ; atlas, t. I, pl. 143^b, et pl. XXVIII, figs. 132.

Cette variété, qui est migratrice, errante et sédentaire, a sensiblement le même genre de vie que le type : Sizerin boréal (*Aegiothus linarius* L.). Le nid est construit avec des bûchettes, de la laine et des poils, et tapissé intérieurement de laine et de crins.

Toute la Normandie. — De passage régulier : arrive en novembre ou décembre et repart dans la seconde quinzaine de février ou en mars avant la reproduction. — A. C.

Note. — On a remarqué, dit E. Lemetteil (*Op. cit.*, *Granivores*, p. 77 ; tir. à part, t. II, p. 33), que quand l'une de ces deux formes : Sizerin boréal (*Aegiothus linarius* L.) et Sizerin boréal var. cabaret (*A. linarius* L. var. *rufescens* Vieill.) se montre dans notre pays en grande abondance, l'autre n'y paraît qu'en petit nombre.

3ᵉ Genre. *CARDUELIS* — CHARDONNERET.

1. Carduelis spinus L. — Chardonneret tarin.

Acanthis spinus Bchst.
Carduelis ligurinus Briss., *C. spinus* Steph.
Chrysomitris spinus Boie.
Emberiza spinus Scop.
Fringilla spinus L.
Linaria spinus Leach.
Serinus spinus Boie.
Spinus viridis K.-L. Koch.

Tarin commun, T. ordinaire, T. vulgaire.

Linot d'hiver, L. vert, Métier à bas, Térin, Téryn.

Bert. — *Op. cit.*, p. 73 et 74 ; tir. à part, p. 49 et 50.
Degland et Gerbe. — *Op. cit.*, t. I, p. 281.
Lemetteil. — *Op. cit.*, *Granivores*, p. 82 ; tir. à part, t. II,
    p. 38.
Gentil. — *Op. cit.*, *Passereaux*, p. 166 ; tir. à part,
    p. 154.
Dubois. — *Op. cit.* : texte, t. I, p. 617 ; atlas, t. I, pl. 142,
    et pl. XXVI, figs. 128.

Le Chardonneret tarin habite de préférence, pendant la
saison chaude, les bois et forêts de Conifères des régions
montagneuses, d'où il va dans les jardins des campagnes et
les vergers ; pendant la saison froide, on le voit dans les
lieux riches en Aulnes ou en Bouleaux, les champs pourvus
d'arbres, les jardins des campagnes, etc., et jusque dans
l'intérieur des villages. Il est migrateur, errant et sédentaire, et sociable. Il émigre en grandes bandes. Son naturel
est vif. Ses mœurs sont diurnes. Son vol est rapide et léger.
Sa nourriture se compose principalement de graines ; il
mange aussi des bourgeons, des jeunes feuilles et des Insec-

tes. La femelle fait deux couvées par an, la première de cinq ou six œufs. La durée de l'incubation est de treize ou quatorze jours. Le nid, assez profond et à parois épaisses, est construit avec des brins d'herbes secs, de la mousse, des lichens, des radicelles sèches, de la laine, etc., et tapissé intérieurement de radicelles sèches, de duvet végétal, de mousses fines, de plumes, etc. ; il est placé près de l'extrémité d'une branche élevée d'un Conifère.

Toute la Normandie. — De passage régulier : passe en octobre, un petit nombre reste pendant la saison froide, et repasse en mars ou avril. — A. C.

2. Carduelis elegans Steph. — Chardonneret élégant.

Acanthis carduelis Bchst.
Carduelis carduelis Boie.
Emberiza carduelis Scop.
Fringilla carduelis L., *F. ochracea* Gm.
Passer carduelis Pall.
Spinus carduelis K.-L. Koch.

Tarin chardonneret.

Cadronet, Cadronette, Cadronnette, Cairdonnet, Cairdronnet, Cairdrounette, Cardronnette, Chadronnette dorée, Chardonnet, Chardonnette, Chardronnet, Chardronnette, Cherdonnet, Écardonnette, Écardounette, Écardronnette.

BERT. — *Op. cit.*, p. 73 et 74; tir. à part, p. 49 et 50.
DEGLAND et GERBE. — *Op. cit.*, t. I, p. 279.
LEMETTEIL.— *Op. cit.*, *Granivores*, p. 84; tir. à part, t. II, p. 40.
GENTIL. — *Op. cit.*, *Passereaux*, p. 165; tir. à part, p. 153.
DUBOIS. — *Op. cit.* : texte, t. I, p. 613; atlas, t. I, pl. 141, et pl. XXIX, figs. 129.

Le Chardonneret élégant habite les lieux boisés clairs, les vergers, les jardins des campagnes, etc., et va, en automne, dans tous les endroits où les Chardons, les Bouleaux ou les Aulnes sont abondants. Il est sédentaire, errant et migrateur, et sociable. Il émigre en grandes bandes. Son naturel est vif. Ses mœurs sont diurnes. Son vol est rapide, léger, ondulé et un peu saccadé ; il ne descend pas volontiers à terre, où il marche mal. Sa nourriture se compose principalement de graines ; il mange aussi des Insectes ; il est très-friand des graines des diverses espèces de Chardons. La femelle fait deux couvées par an : la première habituellement de cinq ou six œufs et la seconde ordinairement de quatre. La ponte de la première couvée a lieu en avril ou mai et celle de la seconde en juillet. La durée de l'incubation est de treize ou quatorze jours. Cette espèce niche isolément ; parfois cependant on trouve deux nids occupés sur le même arbre. Le nid est solidement et artistement construit avec des lichens, de la mousse, des radicelles sèches, des tiges et feuilles sèches de Graminées, des fibres végétales, de la laine, etc., réunis par des toiles d'Araignées ou de Chenilles, et tapissé intérieurement de duvet végétal, de crins et de poils. Il est placé sur un arbre, souvent sur un arbre fruitier, dans un buisson, etc.

Toute la Normandie. — De passage régulier : arrive en mars avant la reproduction et repart en octobre ou novembre, et sédentaire. — C.

4° Genre. *LINARIA* — LINOTTE.

1. Linaria cannabina L. — Linotte commune.

Aegiolhus fringillirostris G.-R. Gray.
Cannabina linota G.-R. Gray, *C. major* Brehm, *C. minor* Brehm.
Fringilla cannabina L., *F. linota* Gm.

33

Ligurinus cannabinus K.-L. Koch.

Linaria cannabina Boie.

Linota cannabina Bp., *L. fringillirostris* Bp. et Schleg.

Passer cannabina Pall., *P. papaverina* Pall.

Linotte ordinaire, L. vulgaire.

Grande-linotte, Linot, Linot brillant, Linot de vigne, Linot franc, Linot gris, Linot rouge.

BERT. — *Op. cit.*, p. 73 et 74 ; tir. à part, p. 49 et 50.

DEGLAND et GERBE. — *Op. cit.*, t. I, p. 288.

LEMETTEIL. — *Op. cit.*, *Granivores*, p. 90 ; tir. à part, t. II, p. 46.

GENTIL. — *Op. cit.*, *Passereaux*, p. 167 ; tir. à part, p. 155.

DUBOIS. — *Op. cit.* : texte, t. I, p. 597 ; atlas, t. I, pl. 139, et pl. XXVIII, figs. 124.

La Linotte commune habite les taillis, les champs, les haies épineuses, les bosquets, les jardins des campagnes, les vignobles, etc., évitant les forêts sombres. Elle est migratrice et sédentaire, et sociable. Elle émigre en bandes. Son naturel est vif et très-doux. Ses mœurs sont diurnes. Son vol est rapide et léger ; en s'élevant, elle va d'abord en ligne droite, mais bientôt elle décrit des ondulations de plus en plus accentuées ; pendant ses migrations elle vole assez haut pour passer au-dessus des forêts ; à terre elle sautille d'une façon assez leste. Sa nourriture se compose principalement de graines, surtout de graines oléagineuses ; elle aime aussi les bourgeons, et les jeunes pousses de certaines herbes. La femelle fait deux ou trois couvées par an : la première de cinq à sept œufs, la seconde de quatre ou cinq. La ponte de la première couvée a lieu dans la première quinzaine d'avril et même dans la seconde quinzaine de mars. La durée de l'incubation est de treize jours. Il n'est pas rare de voir plusieurs couples nicher non loin les uns des autres. Le nid est artistement construit avec des tiges et feuilles sèches de végétaux herbacés, des racines sèches, des bruyères, etc., et garni intérieurement de laine, de crins et de plumes ; il est placé dans un buisson, une haie, sur un arbuste, sur une branche basse d'un Conifère, etc.

Toute la Normandie. — De passage régulier : arrive en mars avant la reproduction et repart en octobre ou novembre, et sédentaire. — T.-C.

2. **Linaria montana** Briss. — Linotte de montagne.

Cannabina flavirostris Brehm, *C. montana* Brehm.
Fringilla flavirostris L., *F. montium* Gm.
Linaria flavirostris Macg., *L. montium* Leach.
Linota flavirostris Saund., *L. montium* Bp.

Linotte à bec jaune, L. montagnarde.

Linot, Petit-cabaret.

DEGLAND et GERBE. — *Op. cit.*, t. I, p. 290.
LEMETTEIL. — *Op. cit.*, *Granivores*, p. 92 ; tir. à part, t. II, p. 48.
GENTIL. — *Op. cit.*, *Passereaux*, p. 167 et 168 ; tir. à part, p. 155 et 156.
DUBOIS. — *Op. cit.* : texte, t. I, p. 602 ; atlas, t. I, pl. 140, et pl. XXIII, figs. 125.

La Linotte de montagne habite, pendant la saison chaude, les rochers et les lieux arides privés d'arbres élevés, dans les montagnes, et, pendant la saison froide, les endroits cultivés et les plaines presque ou complétement dépourvues d'arbres. Elle est migratrice et sédentaire, et très-sociable. Elle émigre en bandes. Son naturel est vif et très-doux. Ses mœurs sont diurnes. Son vol est rapide ; à terre elle sautille avec légèreté. Sa nourriture se compose de graines, principalement de graines oléagineuses. Le nid est construit avec des tiges et feuilles sèches de plantes herbacées, des radicelles sèches, de la mousse et des lichens, et garni intérieurement de laine, de plumes ou de poils; il est placé sur un arbuste ou dans un buisson.

Seine-Inférieure :

Espèce mentionnée, sans aucune indication géonémique, comme ayant été observée plus d'une fois dans la Seine-Inférieure. [J. HARDY. — *Op. cit.*, p. 288].

Dieppe, décembre, deux individus. [Collection de Josse HARDY, au Musée de Dieppe].

Cette espèce « se montre dans nos localités de passage très-irrégulier. Ses apparitions y sont fort rares... Ces Oiseaux se sont montrés cette année (1869) sur les alluvions de Saint-Vigor où ils volaient en bandes nombreuses, serrées, pirouettantes ; fuyant de fort loin, fréquentant le bord des criques, les blancs bancs, les vases molles. M. Ch. Vasse, observateur profond, se trouvant au marais le 23 février, remarqua les allures rapides, les évolutions capricieuses et le cri particulier de ces petits Oiseaux. Il reconnut bien vite qu'il avait affaire à une espèce rare. Étant parvenu, avec beaucoup de peine, à les tirer une seule fois et de fort loin, il abattit un individu qu'il nous a offert avec sa bienveillance ordinaire. C'était une femelle ayant l'ovaire bien garni et prenant déjà la robe de noces ». [E. LEMETTEIL. — *Op. cit.*, *Granivores*; p. 93; tir. à part, t. II, p. 49].

Calvados :

« Se rencontre avec les Linottes, et quelquefois en petites volées sur les bords de la mer... Je possède un jeune de l'espèce ». [LE SAUVAGE. — *Op. cit.*, p. 193].

« M. Eudes-Deslongchamps annonce que son fils a
tué en chasse, à la fin d'octobre 1848, un grand
nombre d'individus : *Gros-bec de montagne* ou *à
gorge rousse*, Oiseau de passage qui se voit assez
rarement dans nos contrées ». [Note, in Mémoir.
de la Soc. linnéenne de Normandie, ann. 1843-48,
p. xxvii].

Manche :

« Très-rare et très-irrégulier dans son passage. Un
chasseur en tua sept près du Grand-Vey, en novembre 1857 ; et le 14 janvier 1858, deux autres furent
tués sur le bord de la Vire, près de Saint-Lô ». [J. Le
Mennicier. — *Op. cit.*, p. 28].

OBSERVATION.

Linaria citrinella L. (Linotte venturon).

Noury dit (*Op. cit.*, p. 94) que cette espèce est de passage
accidentel en Normandie, sans donner aucune indication
géonémique.

Je n'ose pas, d'après ce vague renseignement, le seul que
je connaisse à cet égard, inscrire le *Linaria citrinella* L.
au nombre des Oiseaux venus d'une façon naturelle en Normandie.

5ᵉ Genre. *FRINGILLA* — PINSON.

1. **Fringilla coelebs** L. — Pinson commun.

Passer spiza Pall.
Struthus coelebs Boie.

Pinson ordinaire, P. vulgaire.

Glaumet, Mistradiei, Moisseron, Pigeonnet, Pinchard, Pin-
cheron, Pinchon, Pinchton, Pinsard, Pinseron, Quien-
quien, Quinquin, Thuin.

Bert. — *Op. cit.*, p. 73 et 74 ; tir. à part, p. 49 et 50.
Degland et Gerbe. — *Op cit.*, t. I, p. 271.
Lemetteil. — *Op. cit.*, *Granivores*, p. 96 ; tir. à part,
t. II, p. 52.
Gentil. — *Op. cit.*, *Passereaux*, p. 164 ; tir. à part, p. 152.
Dubois. — *Op. cit.* : texte, t. I, p. 584 ; atlas, t. I, pl. 135,
et pl. XXIII, figs. 126.

Le Pinson commun habite les bois, les forêts, les bosquets, les jardins des campagnes, et, d'une façon générale,
les divers endroits pourvus d'arbres ; il évite les lieux très-
humides. Il est sédentaire, errant et migrateur, et peu
sociable. Il émigre en grandes bandes ; rarement les deux
sexes voyagent ensemble ; d'ordinaire les mâles précèdent
d'une quinzaine de jours les femelles. Son naturel est vif, et
paisible en dehors de l'époque de la reproduction, pendant
laquelle il est querelleur. Ses mœurs sont diurnes. Son vol
est rapide et en ligne ondulée ; quand il franchit un court
espace il vole presque au ras du sol ; dans le cas contraire
il s'élève assez haut, et, pendant ses migrations, il vole à
une grande hauteur ; à terre il progresse en sautillant et en
marchant. Sa nourriture se compose de graines, surtout de
graines oléagineuses, d'Insectes et d'Araignées. La femelle
fait deux couvées par an : la première de cinq ou six œufs
et la seconde ordinairement de trois et rarement de plus de
quatre. La ponte de la première couvée a lieu en avril et
celle de la seconde en juin. La durée de l'incubation est de
quatorze jours. Cette espèce niche isolément. Le nid, arrondi,
assez profond et à parois épaisses, est très-artistement
construit avec des lichens, de la mousse, des radicelles
sèches et des tiges et feuilles sèches de plantes herbacées,

réunis par des toiles d'Araignées ou de Chenilles, et tapissé
intérieurement de duvet végétal, de laine, de poils, de plumes et de crins ; il présente l'un des innombrables cas de
mimétisme que l'on observe dans le monde animal ; celui de
la seconde couvée annuelle est construit un peu moins soigneusement. Le nid est placé sur un arbre, exceptionnellement dans une haie ou sous un toit de chaume, etc.

Toute la Normandie. — Sédentaire. — T.-C.

2. **Fringilla montifringilla** L. — Pinson d'Ardennes.

Fringilla lulensis L., *F. septentrionalis* Brehm.
Struthus montifringilla Boie.

Pinson des Ardennes, P. des montagnes.

Canari, Dardannais, Mouesson des Ardennes.

BERT. — *Op. cit.*, p. 73 et 74 ; tir. à part, p. 49 et 50.
DEGLAND et GERBE. — *Op. cit.*, t. I, p. 274.
LEMETTEIL. — *Op. cit.*, *Granivores*, p. 99 ; tir. à part,
t. II, p. 55.
GENTIL. — *Op. cit.*, *Passereaux*, p. 164 et 165 ; tir. à
part, p. 152 et 153.
DUBOIS. — *Op. cit.* : texte, t. I, p. 589 ; atlas, t. I, pl. 136,
et pl. XXX, figs. 127.

Le Pinson d'Ardennes habite, pendant la saison chaude, les
forêts et les bois, de préférence ceux de Conifères, et, pendant
la saison froide, les bois, les forêts, les champs, les environs
des villages, etc. Il est migrateur et errant. Il émigre en
bandes. Son naturel est vif, et fort paisible en dehors de
l'époque de la reproduction, pendant laquelle il est fort querelleur. Ses mœurs sont diurnes. Son vol est rapide ; pendant ses migrations il vole à une très-grande hauteur. Sa

nourriture se compose principalement de graines ; il mange aussi des Insectes (surtout des Diptères) et des Araignées. La femelle ne fait annuellement qu'une couvée, de cinq ou six œufs. La ponte a lieu en juin ou dans la première dizaine de juillet. Cette espèce niche isolément. Le nid, dont les parois sont épaisses, est artistement construit avec des lichens, des brins d'herbes secs, de la mousse, des poils, des plumes et du duvet végétal, et tapissé intérieurement de poils, de plumes et de duvet végétal ; il est solidement fixé sur un arbuste, un arbre, etc.

Toute la Normandie. — De passage presque régulier : arrive en novembre ou décembre pendant les froids rigoureux et repart en février, mars ou avril, avant la reproduction. — C.

Note. — J. Le Mennicier dit (*Op. cit.*, p. 27) que cette espèce niche parfois dans la Manche. Ce fait me semble fort douteux.

OBSERVATION.

Fringilla nivalis Briss. (Pinson niverolle).

C.-G. Chesnon dit (*Op. cit.*, p. 228) que cette espèce ne se trouve que très-rarement et seulement pendant l'hiver en Normandie, sans donner aucun renseignement géonémique ; et Noury la mentionne (*Op. cit.*, p. 94), sans aucune indication géonémique, comme étant de passage accidentel dans la Normandie.

Je n'ose pas, d'après ces vagues renseignements, les seuls que je connaisse à cet égard, inscrire le *Fringilla nivalis* Briss. au nombre des Oiseaux venus d'une façon naturelle en Normandie. Il faut ajouter que cette espèce a été tuée dans les environs d'Amiens (Somme), en automne, (C.-D. Degland et Z. Gerbe. — *Op. cit.*, t. I, p. 278), et qu'en conséquence il est fort possible qu'elle se soit montrée dans cette province.

6ᵉ Genre. *COCCOTHRAUSTES* — GROS-BEC.

1. **Coccothraustes vulgaris** Pall. — Gros-bec vulgaire.

Coccothraustes atrigularis Macg., *C. deformis* K.-L. Koch, *C. europaeus* Sws., *C. minor* Brehm.
Fringilla coccothraustes B. Meyer.
Loxia coccothraustes L.

Gros-bec commun, G. ordinaire.

Geai d'Espagne, Pinson d'Angleterre, P. d'Ardennes, P. royal.

Bert. — *Op. cit.*, p. 73; tir. à part, p. 49.
Degland et Gerbe. — *Op. cit.*, t. I, p. 266.
Lemetteil. — *Op. cit.*, *Granivores*, p. 105 ; tir. à part, t. II, p. 61.
Gentil. — *Op. cit.*, *Passereaux*, p. 163; tir. à part, p. 151.
Dubois. — *Op. cit.*: texte, t. I, p. 651 ; atlas, t. I, pl. 149 et 150, et pl. XXI, figs. 115.

Le Gros-bec vulgaire habite les bois et les forêts, évitant ceux composés uniquement de Conifères, les bosquets entourés de champs cultivés, les grands jardins des campagnes, les vergers; il va dans les champs cultivés, et, en automne, visite volontiers les champs de choux. Il est migrateur, errant et sédentaire, et peu sociable. Il émigre en petites bandes. Son naturel est paresseux et querelleur. Ses mœurs sont diurnes. Son vol est rapide, lourd et ondulé; pendant ses migrations il vole à une assez grande hauteur ; il ne va que peu à terre, où il sautille d'une façon maladroite. Sa nourriture se compose de graines, de bourgeons et d'Insectes (surtout de Coléoptères). La femelle ne fait annuellement qu'une couvée, de quatre à six œufs. La ponte a lieu dans la seconde quinzaine d'avril ou la première quinzaine de mai. La durée de l'incubation est d'environ quinze jours. Cette espèce niche isolément. Le nid, peu profond et dont les parois ne sont pas épaisses, est construit, d'une façon artiste et légère, avec des bûchettes, des radicelles sèches, des brins d'herbe secs et quelquefois de la mousse ou des lichens, et garni intérieurement de radicelles sèches et parfois aussi de laine, de poils et de crins ; il est placé sur un arbre ou un arbuste.

Toute la Normandie. — Sédentaire, excepté lorsque la saison froide est particulièrement rigoureuse. — P. C.

7ᵉ Genre. *LOXIA* — BEC-CROISÉ.

1. **Loxia curvirostra** L. — Bec-croisé commun.

Crucirostra abietina B. Meyer, *C. europaea* Leach, *C. pinetorum* Brehm.

Loxia europaea Macg.

Bec-croisé ordinaire, B. vulgaire.

Bec-tord.

BERT. — *Op. cit.*, p. 72, et pl. I, fig. 20 ; tir. à part, p. 48, et même fig.

DEGLAND et GERBE. — *Op. cit.*, t. I, p. 261.

LEMETTEIL. — *Op. cit.*, *Granivores*, p. 109 ; tir. à part, t. II, p. 65.

GENTIL. — *Op. cit.*, *Passereaux*, p. 162 ; tir. à part, p. 150.

Dubois. — *Op. cit.*: texte, t. I, p. 639 ; atlas, t. I, pl. 146, et pl. XXI, figs. 119.

Le Bec-croisé commun habite les forêts et bois de Conifères, de préférence dans les montagnes ; pendant ses errations et migrations, il n'est pas rare de le voir dans les plaines cultivées, dans les jardins des campagnes, les vergers, etc., et parfois assez loin des forêts et bois de Conifères ; on ne le trouve presque jamais dans les forêts et bois composés d'autres essences. Il est migrateur, errant et sédentaire, et très-sociable. Il émigre en bandes. Son naturel est vif. Ses mœurs sont diurnes. Son vol est facile, léger, ondulé et rarement de longue durée ; pendant ses migrations il vole généralement haut. Sa nourriture se compose de graines, principalement de graines de Conifères ; il mange aussi des bourgeons. La femelle ne fait annuellement qu'une couvée, de trois ou quatre œufs. La ponte a lieu à toutes les époques de l'année, celle de la mue exceptée, mais ordinairement en février ou dans la première quinzaine de mars. Cette espèce niche isolément ou en petite société. Le nid est construit avec des bûchettes de Conifères, des bruyères, des Graminées sèches, de la mousse et des lichens, ou seulement avec des brindilles sèches et des lichens ; l'intérieur est garni de lichens plus tendres, de brins d'herbe secs, et parfois aussi de radicelles sèches ou de plumes. Il est placé sur un Conifère élevé.

Normandie :

« Les Becs-croisés ne viennent dans notre pays qu'à des époques absolument indéterminées et très-rares. Leur apparition dans le temps de la récolte des pommes est un fléau, car ces Oiseaux dévastent les vergers pour extraire les pepins des pommes et des poires, dont ils se nourrissent à défaut de graines de Pins. Ils arrivent par troupes très-nombreuses, vont toujours de compagnie, sont beaucoup moins farouches

lors de leur arrivée ; il m'est arrivé d'en tuer dix-
sept à coups de fusil dans le même Pommier sans
que les autres quittassent l'arbre ». [C.-G. Chesnon.
— *Op. cit.*, p. 224].

Espèce mentionnée, sans aucune indication géonémique, comme étant de passage régulier en Normandie. [Noury. — *Op. cit.*, p. 94]. — Il doit y avoir
erreur dans le signe conventionnel, et c'est presque certainement de passage accidentel qu'il faut lire.
[H. G. de K.].

Seine-Inférieure :

Espèce mentionnée, sans aucune indication géonémique, comme ayant été observée plus d'une fois
dans la Seine-Inférieure. [J. Hardy. — *Op. cit.*,
p. 288].

« Ils ne font dans nos climats que des apparitions
irrégulières et assez rares. On les voit au commencement de juillet, par bandes plus ou moins nombreuses, mais toujours serrées... Le plus souvent,
les individus qui nous arrivent en juillet sont des jeunes en premier plumage, et ils sont alors si peu farouches qu'on peut les tuer à coups de bâton. J'ai vu, il
y a quelques années, une volée nombreuse de Becs-
croisés s'abattre dans un Poirier. Une vingtaine de
ces Oiseaux s'étaient groupés, comme une grappe,
sur une branche flexible qui ployait sous leur poids.
Un premier coup de feu en abattit sept et fit une
trouée dans la bande ; les autres restèrent crampon-
nés sur la branche, que le coup de feu faisait osciller.
Il s'en est fait en 1838, en juillet, en août et en septembre, un passage très-considérable, et nos cultiva-
teurs parlent encore des ravages qu'ils exercèrent
dans les Pommiers; ils hachaient les pommes pour
saisir les pepins, qu'ils mangeaient avec une grande
avidité. Pareil fait s'est renouvelé cette année (1868):

nous avons vu une petite tribu de Becs-croisés, qui s'était établie dans notre voisinage, mettre des pommes en pièces en quelques secondes ». [E. LEMETTEIL. — *Op. cit.*, *Granivores*, p. 108 ; tir. à part, t. II, p. 64].

Cette espèce est venue dans le canton d'Eu, en octobre 1870 et en décembre 1877. [Louis-Henri BOURGEOIS, renseign. manuscrit, 1888].

« Je l'ai observé et l'ai vu tuer, en été, dans les bois de Sapins à Pissy-Pôville ». [Raoul FORTIN, renseign. manuscrit, 1889].

Eure:

Espèce mentionnée comme ayant été observée dans le canton de Gisors. [Charles BOUCHARD. — *Op. cit.*, p. 21].

Calvados :

« Quand ces Oiseaux arrivent au temps de la maturité des pommes, ils les coupent avec une étonnante facilité pour en avoir les pepins, et ils en font une grande destruction. Il a niché en hiver dans les Sapins d'Harcourt (Dr Chaperon) »... Une grande migration a eu lieu en 1835, en hiver. [LE SAUVAGE. — *Op. cit.*, p. 191].

M. Eugène Eudes-Deslongchamps fait savoir que cette espèce est venue, pendant l'été et l'automne de 1859, dans le Calvados, où on ne l'avait pas vue depuis plus de vingt ans. [Note sans titre, in Bull. de la Soc. linnéenne de Normandie, ann. 1859-60, p. 12].

Presque chaque année, on m'a signalé sa venue dans le Calvados. Au mois de novembre 1887, une vingtaine de ces Oiseaux furent tués aux portes de Lisieux. [Emile ANFRIE, renseign. manuscrit, 1888].

Manche:

« Très-irrégulier dans son passage, non-seulement quant aux saisons, mais encore quant aux années ». [Emmanuel CANIVET. — *Op. cit.*, p. 15].

« Son apparition dans la Manche est très-irrégulière et assez rare. Elle a été vue aux environs de Saint-Lô :

1° Dans l'hiver rigoureux de 1855 à 1856 ;

2° En juin 1861, elle ne séjourna que quelques jours ;

3° En 1862, du 8 au 10 janvier, une bande de douze individus apparut au Burel près de Saint-Lô, sur des pommes que ces Oiseaux mettaient en pièces pour manger les pepins ; neuf furent tués, c'étaient neuf mâles (vieux et jeunes) ;

4° En novembre 1868, plusieurs individus ont été tués dans un jardin, route de Villedieu ;

5° Enfin, en 1873, de juillet à décembre, on en vit quelques-uns aux environs de la ville ». [J. LE MENNICIER. — *Op. cit.*, p. 28].

2. Loxia pityopsittacus Bchst. — Bec-croisé perroquet.

Crucirostra pinetorum B. Meyer, *C. pityopsittacus* Brehm.

DEGLAND et GERBE. — *Op. cit.*, t. I, p. 263.

LEMETTEIL. — *Op. cit.*, *Granivores*, p. 111 ; tir. à part, t. II, p. 67.

DUBOIS. — *Op. cit.* : texte, t. I, p. 644 ; atlas, t. I, pl. 147, et pl. XXI, figs. 118.

Le Bec-croisé perroquet habite les forêts et bois de Conifères, de préférence dans les montagnes ; il y recherche les clairières et les lisières et n'aime pas les endroits sombres ; pendant ses errations et migrations, il va rarement dans les forêts et bois composés de Bouleaux, de Chênes et de Hêtres, et dans les jardins des campagnes, à moins qu'ils ne possèdent des Conifères, et ne va que par exception dans des lieux découverts. Il est migrateur, errant et sédentaire, et très-sociable. Il émigre en bandes. Son naturel est vif. Ses mœurs sont diurnes. Son vol est facile, léger, ondulé et rarement de longue durée ; pendant ses migrations il vole très-haut ; à terre il progresse avec difficulté. Sa nourriture se compose de graines de Conifères ; au besoin, il mange d'autres graines, des bourgeons et même des Insectes. La femelle ne fait annuellement qu'une couvée, de trois ou quatre œufs. La ponte a lieu à toutes les époques de l'année, celle de la mue exceptée. Le nid, assez profond et à parois épaisses, est artistement construit avec des brindilles sèches de Conifères, des lichens et de la mousse, et garni intérieurement de lichens plus tendres, de feuilles de Conifères et parfois aussi de brins d'herbes secs et de plumes ; il est placé sur un Conifère, à une grande hauteur.

Seine-Inférieure :

« Cette espèce se montre rarement dans notre département ; cependant il paraît établi que quelques individus y ont été abattus en 1838. C'étaient peut-être des jeunes, entraînés à la suite des Becs-croisés ordinaires, dans la grande émigration qui se fit à cette époque ». [E. Lemetteil.— *Op. cit.*, *Granivores*, p. 111 ; tir. à part, t. II, p. 67].

Calvados :

« Se jette sur nos pays par volées nombreuses à des périodes irrégulières ». [Le Sauvage. — *Op. cit.*, p. 191]. — Ce renseignement me paraît fort douteux. [H. G. de K.].

3. **Loxia leucoptera** Gm. var. **bifasciata** Brehm —
Bec-croisé leucoptère var. à double bande.

Crucirostra bifasciata Brehm, *C. taenioptera* Brehm.
Curvirostra bifasciata Brehm.
Loxia bifasciata Selys, *L. leucoptera* var. *bifasciata*
Dubois, *L. taenioptera* Glog.

Bec-croisé à deux bandes, B. à double bande, B. bifascié.

Degland et Gerbe. — *Op. cit.*, t. I, p. 264.
Lemetteil. — *Op. cit.*, *Granivores*, p. 109; tir. à part,
t. II, p. 65.
Dubois. — *Op. cit.*: texte, t. I, p. 649; atlas, t. I, pl. 148,
et pl. XXXVIᵃ, figs. 120.

Cette variété, qui est migratrice, errante et sédentaire, a
le même genre de vie que le Bec-croisé commun (*Loxia curvirostra* L.).

Calvados :

« Il a été tué cet hiver, ainsi que sa femelle, dans
les environs de Bavent, au temps de la grande
migration du Bec-croisé commun (*Loxia curvirostra*) qui a eu lieu cette année (1835). Il est dans ma
collection ». [Le Sauvage. — *Op. cit.*, p. 191]. — Il
est presque certain que ce couple, mentionné par Le
Sauvage (*loc. cit.*) sous le nom de Bec-croisé leucoptère (*Loxia leucoptera* Temm.), appartient à la var.
bifasciata Brehm du *L. leucoptera* Gm.; en outre,
il est presque certain aussi que le mâle de ce couple
est le même que celui indiqué ci-dessous, d'autant
plus que Bavent est à 14 kilomètres environ à l'Est-
Nord de Caen. [H. G. de K.] : « En France, on peut
citer la capture, faite à 16 kilomètres environ de
Caen, d'un beau mâle adulte. (Collect. Le Sauvage)».
[C.-D. Degland et Z. Gerbe. — *Op. cit.*, t. I, p. 265].

8ᵉ Genre. *PYRRHULA* — BOUVREUIL.

1. **Pyrrhula rubicilla** Pall. — Bouvreuil commun.

Loxia pyrrhula L.
Fringilla pyrrhula B. Meyer.
Pyrrhula coccinea Selys, *P. europaea* Vieill., *P. major*
    Brehm, *P. pileata* Macg., *P. rufa* K.-L. Koch, *P. vul-*
    garis Temm.

Bouvreuil écarlate, B. ordinaire, B. ponceau, B. vulgaire.

Bourgeonnier, Bouvrail, Bouvreil, Bouvreux, Pionne.

Bert. — *Op. cit.*, p. 72; tir. à part, p. 48.
Degland et Gerbe. — *Op. cit.*, t. I, p. 250 et 251.
Lemetteil. — *Op. cit.*, *Granivores*, p. 114; tir. à part,
    t. II, p. 70.
Gentil. — *Op. cit.*, *Passereaux*, p. 161; tir. à part,
    p. 149.
Dubois. — *Op. cit.* : texte, t. I, p. 627; atlas, t. I, pl. 144
    et 144ᵇ, et pl. XXIII, figs. 123.

Le Bouvreuil commun habite les forêts, les bois, les bosquets, et va, pendant les neiges, dans les vergers, les jardins des campagnes, etc. Il est migrateur et sédentaire, et
n'est pas très-sociable. Il émigre en bandes qui, souvent,
ne sont composées que de mâles ou de femelles, et ce sont
tantôt les uns et tantôt les autres qui arrivent les premiers.
Son naturel est vif et doux. Ses mœurs sont diurnes. Son
vol est assez lent, facile et en ligne ondulée; à terre il est
assez maladroit et y progresse en sautillant. Sa nourriture
se compose de graines, de bourgeons et d'Insectes. La
femelle fait une et souvent deux couvées par an : la première
de cinq ou six œufs et la seconde de quatre. La ponte de la
première couvée a lieu en mai et celle de la deuxième dans
la seconde quinzaine de juin ou la première quinzaine de

34

juillet. La durée de l'incubation est de quinze jours. Cette espèce niche isolément. Le nid, peu compacte et en forme de coupe, est proprement construit avec des bûchettes, des bruyères, des radicelles sèches, des lichens, et souvent des tiges et feuilles sèches de Graminées, et garni intérieurement de poils, de crins et parfois aussi de laine ou de plumes ; souvent aussi l'intérieur est tapissé de fines radicelles sèches, de brins d'herbes secs et de mousse. Il est placé sur un arbre peu élevé, sur un arbuste, dans un buisson, dans une haie, sur une branche basse d'un Conifère, etc.

Toute la Normandie. — Sédentaire. — A. C.

OBSERVATION.

Pyrrhula enucleator L. (Bouvreuil dur-bec).

C.-G. Chesnon dit (*Op. cit.*, p. 223) que cette espèce est très-rare en Normandie, sans donner aucune indication géonémique.

Je n'ose pas, d'après ce vague renseignement, le seul que je connaisse à cet égard, inscrire le *Pyrrhula enucleator* L. au nombre des Oiseaux venus d'une façon naturelle en Normandie.

9° Genre. *LIGURINUS* — VERDIER.

1. Ligurinus chloris Briss. — Verdier commun.

Chloris flavigaster Sws.
Chlorospiza chloris Bp., *C. chlorotica* Bp.
Coccothraustes chloris Steph.
Fringilla chloris B. Meyer.

Ligurinus chloris K.-L. Koch.

Loxia chloris L.

Passer chloris Briss.

Serinus chloris Boie.

Verdier ordinaire, V. vulgaire.

Bruant, Linot brillant, Linot vert, Montain, Tarin, Verdière, Verdri, Verdrie, Verdrier, Verdrix, Vergné, Vert-
linois, Vert-linot.

BERT. — *Op. cit.*, p. 73; tir. à part, p. 49.

DEGLAND et GERBE. — *Op. cit.*, t. I, p. 269.

LEMETTEIL. — *Op. cit.*, *Granivores*, p. 118; tir. à part,
t. II, p. 74.

GENTIL. — *Op. cit.*, *Passereaux*, p. 163; tir. à part, p. 151.

DUBOIS. — *Op. cit.* : texte, t. I, p. 581; atlas, t. I, pl. 134,
et pl. XXIII, figs. 115.

Le Verdier commun habite les lisières des bois et des
forêts, les bosquets, les vergers, les jardins isolés des campagnes, les haies, etc., d'où il va dans les champs pour y
chercher sa nourriture; il aime surtout les endroits près
desquels se trouve un cours d'eau et le voisinage des marais
bordés de Saules, arbres pour lesquels il a une grande pré-
dilection ; bien qu'il séjourne volontiers près des villages, il
ne pénètre cependant pas dans les cours des fermes, même
pendant l'hiver; il évite les grandes forêts. Il est migrateur
et sédentaire, et sociable. Il émigre en grandes bandes. Ses
mœurs sont diurnes. Son vol est assez facile et ondulé :
pendant ses migrations il vole généralement haut ; à terre
il progresse en sautillant. Sa nourriture se compose principalement de graines, surtout de graines oléagineuses ; il
mange aussi les bourgeons et les feuilles de différents végétaux herbacés, des baies et des Insectes. La femelle fait deux
ou trois couvées par an : la première de quatre à six œufs,
la seconde habituellement de quatre. La ponte de la pre-

mière couvée a lieu vers la fin d'avril, celle de la deuxième vers la fin de juin, et celle de la troisième en août. La durée de l'incubation est de quatorze jours. Le nid, assez profond et pas très-solide, est assez artistement construit avec des brindilles et radicelles sèches, des tiges et feuilles sèches de végétaux herbacés, de la mousse, des lichens et de la laine, et tapissé intérieurement de brins d'herbe secs, de crins, de poils, et quelquefois de laine, de radicelles sèches, de duvet végétal et de plumes ; il est placé sur un arbre, sur un arbuste, dans un buisson, dans une haie, etc.

Toute la Normandie. — Sédentaire. — A.C.

10° Genre. *PASSER* — MOINEAU.

1. **Passer domesticus** Briss. — Moineau domestique.

Fringilla domestica L.
Pyrgita domestica Boie.

Moineau franc.

Grand-pillery, Gros-bec, Gros-pillery, Guillery, Mogneau, Moigneau, Moineau de pot, Moisseron, Moisset, Moisson, Mouesson, Mougnot, Mouisson, Passe, Pierrot, Pillery, Pirli.

Bert. — *Op. cit.*, p. 73 ; tir. à part, p. 49.
Degland et Gerbe. — *Op. cit.*, t. I, p. 241.
Lemetteil. — *Op. cit.*, *Granivores*, p. 125 ; tir. à part, t. II, p. 81.
Gentil. — *Op. cit.*, *Passereaux*, p. 159 ; tir. à part, p. 147.
Dubois. — *Op. cit.* : texte, t. I, p. 565 ; atlas, t. I, pl. 131, et pl. XX, figs. 113.
Olphe-Galliard. — *Op. cit.*, fasc. XXXIII, p. 4.

Le Moineau domestique habite les villages, les villes et les

environs des maisons isolées, surtout quand ils possèdent
des arbres, mais il n'aime pas les hameaux et les habitations
humaines situés au sein des forêts ; il va dans les champs
cultivés. Il est sédentaire et accidentellement migrateur, et
très-sociable en dehors du temps de la reproduction, pendant lequel chaque couple vit, en général, dans un certain
isolement. Son naturel est assez querelleur. Ses mœurs sont
diurnes. Son vol est rapide et légèrement ondulé ; rarement il s'élève à une grande hauteur ou franchit sans
arrêt un long espace ; les individus qui habitent le haut
des constructions élevées, montent le plus souvent en ligne
très-oblique pour gagner leur demeure, et, en la quittant,
se laissent tomber jusqu'à une certaine hauteur avant de
prendre leur essor ; à terre il sautille d'une façon lourde
et assez vive. Il est pour ainsi dire omnivore ; les adultes
se nourrissent principalement de graines et autres substances végétales, et les jeunes presque uniquement d'Insectes. La femelle fait généralement trois couvées par an :
la première de cinq à huit œufs et les deux autres de moins
en moins nombreuses. La ponte de la première couvée a lieu
en mars quand l'année est favorable. La durée de l'incubation est de quatorze jours. Cette espèce niche isolément ou
en société. Le nid est construit avec des tiges et feuilles
sèches de Graminées, des bûchettes, des feuilles sèches, des
chiffons, du papier, de la laine, des poils, etc., et garni
intérieurement de plumes. Il est placé dans des endroits
très-différents : sous un toit, dans une cavité de mur, dans
un trou d'arbre, dans un nid abandonné d'Oiseau, sur un
arbre, dans un buisson, etc. Il est grossièrement construit
lorsqu'il est placé dans un trou, mais d'une façon assez
artiste, en ovoïde et avec l'entrée latérale, quand il est placé
sur un arbre ; dans le premier cas, il est généralement
isolé ; par contre, le même arbre en possède souvent
plusieurs.

Toute la Normandie. — Sédentaire. — T.-C.

NOTE. — « Le Moineau, dit A.-E. Brehm (*Op. cit.*, t. I, p. 128), s'empare volontiers des nids d'Hirondelles, même lorsque celles-ci les habitent encore. Dans ce cas, l'effronté pillard tue les jeunes, détruit les œufs, les jette en bas du nid, et ne s'inquiète nullement des plaintes de la mère. On a dit et redit que l'Hirondelle savait se venger, et qu'elle murait le Moineau pendant que celui-ci est en train de couver : ce n'est là qu'une fable ; jamais naturaliste n'a observé un pareil fait ».

2. **Passer montanus** Briss. — Moineau friquet.

Fringilla montana L.
Loxia hamburgia Gm.
Passer campestris Briss.
Pyrgita montana Cuv.

Moineau des bois.

Guillery, Moineau tête rouge, Moisson d'Arbanète, Moisson d'Arbanie, Mougnot de bois, Muraillot, Petit-moineau, Petit-pillery.

BERT. — *Op. cit.*, p. 73 et 74 ; tir. à part, p. 49 et 50.
DEGLAND et GERBE. — *Op. cit.*, t. I, p. 246.
LEMETTEIL. — *Op. cit.*, *Granivores*, p. 128 ; tir. à part, t. II, p. 84.
GENTIL. — *Op. cit.*, *Passereaux*, p. 159 et 160 ; tir. à part, p. 147 et 148.
DUBOIS. — *Op. cit.* : texte, t. I, p. 572 ; atlas, t. I, pl. 132, et pl. XX, figs. 112.
OLPHE-GALLIARD. — *Op. cit.*, fasc. XXXIII, p. 28.

Le Moineau friquet habite, en Europe, les bois, à l'exception de ceux de Conifères, les champs cultivés et les prairies pourvus d'arbres, le voisinage des habitations humaines isolées, les bords ombragés des cours d'eau, les villages, etc. ; « dans l'extrême Orient, dit Alphonse Dubois (*Op.*

cit., texte, t. I, p. 574), il n'a pas les mêmes habitudes que chez nous, et au lieu de s'établir dans les forêts et dans les montagnes, il passe sa vie dans les villes et dans les villages; à Java, il ne se montre même que peu dans les villages des indigènes et se tient presque toujours près des maisons habitées par des Européens. Il est donc probable que si, dans nos contrées, il habite la pleine campagne et les bois, c'est que le Moineau domestique, plus fort et plus robuste, le chasse du voisinage des habitations »[1]. Il est sédentaire, errant et migrateur, et très-sociable. Son naturel est vif. Ses mœurs sont diurnes. Son vol est fort rapide. Sa nourriture se compose de graines, surtout de graines farineuses, d'Insectes et d'Araignées. Les femelles adultes font trois couvées par an, et les femelles de l'année précédente seulement deux : la première couvée des adultes ordinairement de six ou sept œufs, et la première couvée des jeunes seulement de cinq. La durée de l'incubation est de treize ou quatorze jours. Le nid est grossièrement construit avec des tiges et feuilles sèches de Graminées, des radicelles sèches, de la laine, des poils, des fibres végétales, etc., et garni intérieurement de plumes. En Europe, il est surtout placé dans un trou d'arbre dont l'entrée est à une certaine hauteur, et se trouve aussi dans une cavité de rocher ou de mur, sur un arbre, etc. « Le Dr Bernstein, dit Alphonse Dubois (*Op. cit.*, texte, t. I, p. 576), a constaté qu'à Java, le Moineau friquet niche uniquement sous les toits et dans les trous de murailles, et surtout à l'intérieur des bambous, qu'on emploie presque partout à Java dans la construction des toitures, si le diamètre de ces bambous est suffisant pour le nid ; pourtant les arbres creux ne manquent pas dans cette île, mais les Moineaux n'en profitent guère ».

Toute la Normandie. — Sédentaire. — T.-C.

---

1. Il est bon de rappeler ici que le Rat surmulot *(Mus decumanus* Pall.), qui habite les villes, a repoussé dans les campagnes le Rat noir *(Mus rattus* L.), beaucoup plus faible que lui. [H. G. de K.].

3. **Passer stultus** Briss. — Moineau soulcie.

Coccothraustes petronia Cuv.

Fringilla bononiensis Gm., *F. petronia* L., *F. stulta* Gm.

Passer bononensis Briss., *P. petronia* K.-L. Koch., *P. silvestris* Briss.

Petronia rupestris Bp., *P. stulta* Blyth.

Pyrgita petronia Brehm, *P. rupestris* Brehm.

Soulcie des rochers.

BERT. — *Op. cit.*, p. 73; tir. à part, p. 49.

DEGLAND et GERBE. — *Op. cit.*, t. I, p. 247.

LEMETTEIL. — *Op. cit.*, *Granivores*, p. 130; tir. à part, t. II, p. 86.

GENTIL. — *Op. cit.*, *Passereaux*, p. 159 et 160; tir. à part, p. 147 et 148.

DUBOIS. — *Op. cit.* : texte, t. I, p. 577; atlas, t. I, pl. 133, et pl. XX, figs. 114.

Le Moineau soulcie habite les champs et les lieux boisés, surtout dans les montagnes, les parois escarpées de ces dernières, les plaines caillouteuses pourvues d'arbres, etc., et aussi les lieux habités par l'Homme. Il est migrateur et sédentaire, et très-sociable. Son naturel est assez querelleur. Ses mœurs sont diurnes. Son vol est rapide ; à terre il sautille avec assez d'agilité. Sa nourriture se compose d'Insectes, d'Araignées et de graines. La femelle fait deux et peut-être trois couvées par an, la première de cinq ou six œufs. Cette espèce niche isolément ou en petite société. Le nid est grossièrement construit avec du chanvre ou autres matières analogues, des écorces d'arbres, etc., et parfois des chiffons, et tapissé intérieurement de plumes, de poils, de laine, etc. ; il est placé dans un trou d'arbre, dans une cavité de rocher ou de mur, etc.

Normandie :

« Très-rare en Normandie ». [C.-G. Chesnon. —
Op. cit., p. 222].

Seine-Inférieure :

Deux individus ont été tués sur un coteau du bois
de Beaumont près Eu, en juillet 1880. [Louis-Henri
Bourgeois, renseign. manuscrit, 1888 et 1890]. [L'un
de ces deux individus est dans la collection de Louis-
Henri Bourgeois, à Eu (Seine-Inférieure)]. — J'ai
examiné l'autre individu, qui était, au commencement de l'année 1890, dans la collection de Moynier,
à Ponts-et-Marais près Eu (Seine-Inférieure). [H. G.
de K.].

Calvados :

« Doit être bien rare. J'en ai vu un, il y a quelques années, chez feu l'artiste Canivet. Il est dans
ma collection ». [Le Sauvage. — *Op. cit.*, p. 192].

Il y a quelques années (pas de note prise, peut-être
huit ou dix ans), vers le printemps, j'ai cru recon-
naître (je conserve cette conviction), une petite bande
de Moineaux soulcies, sautillant dans les arbres d'une
cour plantée touchant la rivière La Toucques, à quatre kilomètres environ sous Lisieux. Ces Oiseaux, peu
sauvages, m'ont permis de les examiner d'assez près
et de distinguer la tache jaune de la gorge. J'ajoute-
rai que je connaissais bien cette espèce dont j'avais
plusieurs exemplaires dans ma collection. [Émile
Anfrie, renseign. manuscrit, 1890].

ADDENDA ET ERRATA.

P. 95, l. 18, ajouter :

« Dieppe, 19 mai, femelle ; et Dieppe, octobre 1844, jeune ». [Collection de Josse HARDY, au Musée de Dieppe]. [Examinés par H. G. de K.].

P. 98, l. 4, ajouter :

« Dieppe, janvier, jeune femelle ». [Collection de Josse HARDY, au Musée de Dieppe]. [Examinée par H. G. de K.].

P. 98, l. 10 en remontant, ajouter :

« Dunes de Merville, 21 octobre 1864, jeune femelle ». [Albert FAUVEL, renseign. manuscrit, 1890]. [Collection de Albert FAUVEL, à Caen].

P. 102, l. 8 en remontant, ajouter :

Dieppe, 25 octobre, un individu ; dans la même semaine on en tua un près du Havre et un près de Rouen. Passage du 15 au 25 octobre. [Josse HARDY. — *Manusc. cit.*, p. 41].

Dieppe, 25 octobre, un individu. [Collection de Josse HARDY, au Musée de Dieppe]. [Examiné par H. G. de K.].

P. 122, l. 18, ajouter :

Genre. *ELANUS* — ÉLANION.

1. **Elanus caeruleus** Desf. — Élanion blac.

Buteo vociferus Vieill.
Elanoides caesius Vieill.

Elanus caeruleus Strickl., *E. caesius* Sav., *E. melanopterus* Leach, *E. minor* Bp.
Falco caeruleus Desf., *F. melanopterus* Daud., *F. vociferus* Lath.
Gampsonyx melanopterus Kaup.

Élanion mélanoptère.

DEGLAND et GERBE. — *Op. cit.*, t. I, p. 68.
BREHM. — *Op. cit.*, t. I, p. 407.
DUBOIS. — *Op. cit.* : texte, t. I, p. 41 ; atlas, t. I, pl. 9, et
pl. XIII, figs. 9.

L'Élanion blac habite les lieux formés de bois et d'endroits
découverts pourvus d'arbres isolés, les îlots des fleuves, les
jardins ; il évite les grandes forêts. Il est sédentaire et
migrateur, et vit par couples. Ses mœurs sont diurnes. Son
vol est assez rapide, aisé, silencieux et à une moyenne hauteur. Sa nourriture se compose principalement de petits
Mammifères et de Sauterelles ; par exception, il mange
des petits Oiseaux et des Lézards. La ponte, ordinairement
de trois œufs, a lieu aux différentes époques de l'année,
suivant la région. Le nid, arrondi, peu profond et assez
compacte, est construit avec des bûchettes et des tiges et
feuilles sèches de végétaux herbacés, et tapissé intérieurement de feuilles sèches, de tiges et feuilles sèches de végétaux herbacés, de radicelles sèches, de fibres végétales et
de poils ; il est placé sur un arbre.

Seine-Inférieure :

« Dieppe, 1er septembre 1841, mâle ». [Collection
de Josse HARDY, au Musée de Dieppe]. [Examiné par
H. G. de K.]. — Au sujet de cet individu, j'ai trouvé
le renseignement suivant dans le *Manusc. cit.* de
Josse Hardy (p. 79) : « 1er septembre 1841, vent de
Sud, Sud-Ouest, prolongé et chaud ».

P. 137, l. 4, ajouter : Fauvette.

P. 180, l. 3, ajouter :

   M. A. Delaporte, antiquaire, personne digne de
foi, m'a dernièrement assuré qu'il avait vu à loisir,
en ville (à Lisieux), un Tichodrome de muraille dont
il n'a pu s'emparer. [Émile Anfrie, renseign. manuscrit, 21 juillet 1890].

P. 184, l. 13, ajouter :

   « Dieppe, octobre, mâle ». [Collection de Josse
Hardy, au Musée de Dieppe]. [Examiné par H. G.
de K.].

P. 195, l. 19. — Cette phrase n'est pas la dernière du
travail en question.

P. 195, l. 2 en remontant. — Le véritable titre du travail
en question est : *Causeries ornithologiques,* in Revue, etc.

P. 197, l. 10, ajouter :

   « Offranville, 20 mai 1828, mâle ». [Collection de
Josse Hardy, au Musée de Dieppe]. [Examiné par
H. G. de K.].

P. 207, l. 6, ajouter : Pinson de vigne.

P. 214, l. 8, lire : Bec-fin effarvatte ou de roseaux, au
lieu de : Bec-fin effarvatte de roseaux.

P. 222, l. 3, ajouter :

OBSERVATIONS.

Locustella certhiola Pall. (Locustelle certhiole) et
Locustella fluviatilis M. et W. (Locustelle fluviatile).

Locustella certhiola Pall.

Charles Bouchard mentionne cette espèce (*Op. cit.*, p. 20),
sous le nom de *Sylvia certhiola* (Bec-fin trapu), comme
ayant été observée dans le canton de Gisors (Eure). Il y a
presque certainement confusion avec un autre Oiseau, car
le *Locustella certhiola* Pall. n'est jamais venu, que je
sache, dans l'Europe occidentale.

Locustella fluviatilis M. et W.

Noury mentionne cette espèce (*Op. cit.*, p. 90), sous le nom
de *Sylvia fluviatilis* (Bec-fin riverain), sans aucune indication géonémique, comme venant en Normandie pour le temps
de la reproduction. Je n'ose pas, d'après ce vague renseignement, le seul que je connaisse à cet égard, inscrire le
Locustella fluviatilis M. et W. au nombre des Oiseaux
venus d'une façon naturelle en Normandie. Il y a évidemment erreur de signe conventionnel, et c'est de passage
accidentel qu'il faut lire, si l'on admet que cet Oiseau se
soit montré dans la Normandie, ce dont je doute très-fort.

P. 222, ajouter à la l. 16 : Petit-Béruchet ; à la l. 19 :
Rébétrit ; à la l. 20 : Réblette ; et à la l. 21 : Répétrit.

P. 239, l. 10, ajouter :

« Gatteville, Morville ». [A^d Benoist. — *Op. cit.*,
p. 233].

— 351 —

P. 241, l. 9 en remontant, ajouter : Oriot.

P. 256, l. 9 en remontant, ajouter :

OBSERVATION.

Saxicola aurita Temm. (Traquet oreillard).

Calvados :

« Traquet oreillard, *Saxicola aurita* Temm.,
observé une seule fois, sur le bord de la route de Caen
à Harcourt, par MM. Eugène Eudes-Deslongchamps
et Périer, qui alors n'avaient point leurs fusils ».
[Note, in Mémoir. de la Soc. linnéenne de Normandie, ann. 1849-53, p. xi]. — Étant donné que l'Oiseau
en question a été *vu seulement* par ces deux observateurs, qu'il ressemble beaucoup au *Saxicola stapa-
zina* Gm. (Traquet stapazin), et qu'il n'y a pas, du
moins à ma connaissance, de raison sérieuse pour
que ce soit plutôt l'une que l'autre de ces deux
espèces qui se soit montrée dans le Calvados, je
crois devoir ne pas indiquer le *Saxicola aurita*
Temm. parmi les Oiseaux venus d'une façon naturelle en Normandie.

TABLE ALPHABÉTIQUE [1]

DES NOMS LATINS ET FRANÇAIS DES ESPÈCES ET VARIÉTÉS

INDIQUÉES DANS CETTE FAUNE DES OISEAUX

(CARNIVORES, OMNIVORES, INSECTIVORES ET GRANIVORES)

DE LA NORMANDIE.

A

---

1. Je ne mentionne dans cette table, pour ne pas lui donner une extension trop grande, que les noms des espèces et variétés, latins et français, imprimés en caractères saillants.

B

C

ROUEN. — IMPRIMERIE JULIEN LECERF.

www.ingramcontent.com/pod-product-compliance
Lightning Source LLC
Chambersburg PA
CBHW060424200326
41518CB00009B/1473